U0204535

山东省重点研发计划资助（2021ZLGX04）

海洋经济发展
理论与实践探索

刘曙光 等著

中国财经出版传媒集团
经济科学出版社
Economic Science Press

·北 京·

图书在版编目（CIP）数据

海洋经济发展理论与实践探索/刘曙光等著.
北京：经济科学出版社，2024.6. -- ISBN 978 - 7 - 5218 -
6074 - 0

Ⅰ . P74

中国国家版本馆 CIP 数据核字第 2024GT6473 号

责任编辑：周国强
责任校对：靳玉环
责任印制：张佳裕

海洋经济发展理论与实践探索

HAIYANG JINGJI FAZHAN LILUN YU SHIJIAN TANSUO

刘曙光　等著

经济科学出版社出版、发行　新华书店经销
社址：北京市海淀区阜成路甲 28 号　邮编：100142
总编部电话：010 - 88191217　发行部电话：010 - 88191522
网址：www. esp. com. cn
电子邮箱：esp@ esp. com. cn
天猫网店：经济科学出版社旗舰店
网址：http://jjkxcbs. tmall. com
北京季蜂印刷有限公司印装
710 × 1000　16 开　19. 25 印张　300000 字
2024 年 6 月第 1 版　2024 年 6 月第 1 次印刷
ISBN 978 - 7 - 5218 - 6074 - 0　定价：116. 00 元
（图书出现印装问题，本社负责调换。电话：010 - 88191545）
（版权所有　侵权必究　打击盗版　举报热线：010 - 88191661
QQ：2242791300　营销中心电话：010 - 88191537
电子邮箱：dbts@ esp. com. cn）

前　言

　　海洋经济活动内生于波澜壮阔的人类经济发展历史画卷，海洋经济发展写入联合国可持续发展整体议程，融入习近平新时代中国特色社会主义建设蓝图，党的二十大报告明确提出"发展海洋经济，保护海洋生态环境，加快建设海洋强国"，凸显海洋经济发展问题研究的至关重要性。本论文集基于作者主持的国家社科基金重大专项、教育部哲学社会科学研究重大课题攻关项目子课题、教育部人文社会科学重点研究基地重大项目等涉海洋经济课题，选取 2007～2023 年发表于《人民日报》《中国工业经济》《人民论坛·学术前沿》《经济地理》等国内权威报刊的海洋经济发展研究成果，集中展示本人及合作者在海洋经济研究前沿进展、海洋经济高质量发展、海洋经济开放合作、海洋经济发展战略等方面的研究成果。本书主要内容分为以下四篇：

　　第一篇以海洋经济研究进展为主题，展示近年来海洋经济理论与实践探索的历史源流与发展态势。《中国海洋经济研究 30 年：回顾与展望》（发表于《中国工业经济》2008 年第 11 期）整体展现中国特色海洋经济研究及海洋经济学科发展历程，后续论文聚焦海洋产业发展、深海开发活动、海洋空间规划等领域发展趋势与面临的挑战，为后续海洋经济发展研究提供学术线索。

　　第二篇以海洋经济高质量发展为主题，侧重探讨海岸带与海洋经济创新、协调、绿色发展过程及机理。《区域经济活动的沿海化布局规律探析——国内外历史经验及启示》（发表于《社会科学辑刊》2012 年第 3 期）探讨不同历史时期区域经济活动布局与海洋的动态关系，归纳提升经济沿海集聚对海洋资源环境承载力影响，后续论文深入分析我国沿海城市经济发展与资源环境承载协调关系，探讨沿海城市群创新促进绿色发展机理，指出海洋环境恶化对于海洋产业发展的阻碍，为新发展理念指导下的海洋经济发展质量研究提供思路。

第三篇以海洋经济国际合作发展为主题，探讨我国跨海经济贸易网络建设及涉海国际经济发展特征。《中国与小岛屿发展中国家贸易特征与影响因素》（发表于《经济地理》2019 年第 3 期）探讨我国与全球主要小岛屿国家跨海贸易关系特征，后续论文研究我国与"一带一路"国家贸易网络结构，我国海洋航运服务与国际航运市场动态适应关系，为我国海洋经济国际化发展研究提供借鉴。

第四篇以海洋经济发展战略为主题，侧重海洋经济理论研究成果与国际实践经验的国内应用转化。《海洋经济发展走向多元》（发表于《人民日报》2011 年 11 月 23 日，第 22 版）作为报社特约稿向国内读者引介海洋经济国际理论与实践研究进展，后续文章侧重分析并预见深海经济发展趋势，探讨公海海域问题研究的经济学基础，解读海洋强国战略推进过程的海洋经济发展支撑，提出渤海海域绿色高质发展对策建议，为国家海洋经济发展战略制定提供决策参考。

海洋经济活动在人类历史长河中占据重要地位，其研究与发展日益受到国际社会的关注。本书汇聚了本人及团队成员近年来在海洋经济领域的研究成果，展现了海洋经济理论与实践的深度融合。衷心感谢山东省重点研发计划资助（2021ZLGX04），为我们深入开展海洋经济领域研究提供了坚实后盾。期望本书的出版能够为我国海洋经济的未来发展提供有益的参考和启示，也期待与更多学者和决策者共同携手，为推动国家海洋经济繁荣发展贡献力量。

目　录

第三篇｜海洋经济国际合作发展

第四篇｜海洋经济发展战略

第一篇 | 海洋经济研究进展

中国海洋经济研究 30 年：回顾与展望*

刘曙光　姜旭朝**

【摘要】随着我国 1978 年开始的改革开放进程，海洋经济研究也刚好走过了 30 年的发展历程。本文基于对"中国海洋经济研究 30 年学术研讨会"研究论文和交流成果的分析，尝试对我国海洋经济研究的基本概念和理论体系演变、研究方法论建设，以及研究领域的拓展进行初步总结，并对海洋产业经济、海洋区域经济等分支学科的发展进行专题评述，尝试提出全球海洋问题日益严重背景下我国海洋经济理论、方法和实践领域的发展方向。

【关键词】海洋经济研究　回顾与展望

由教育部人文社会科学重点研究基地及国家"985"工程哲学社会科学创新基地中国海洋大学海洋发展研究院主办、中国工业经济杂志社协办、中国海洋大学经济学院海洋经济研究中心承办的"中国海洋经济研究 30 年学术研讨会"于 2008 年 9 月 25～26 日在中国海洋大学召开。来自国家海洋局、中国海洋报社、中国海洋发展研究中心、东岳论丛杂志社的领导及专家，以

---

　*　本文发表于《中国工业经济》2008 年第 11 期。

　**　刘曙光，1966 年出生，男，博士，中国海洋大学经济学院、经济发展研究院教授，博士生导师，研究方向：海洋经济、区域创新与国际经济合作。姜旭朝，1960 年出生，男，山东大学经济学院教授、中国海洋大学经济学院教授、博士生导师。

及山东省社会科学院海洋经济研究所、山东大学、辽宁师范大学、上海水产大学、广东海洋大学、福州市委党校、浙江海洋学院等 20 多家单位的专家共计 40 余人，通过会议论文交流和问题研讨，就我国改革开放 30 年来在海洋经济研究的整体和主要分支领域进行了初步总结，并对全球化背景下我国海洋经济学科建设进行了展望。

一、海洋经济概念演变

（一）海洋经济概念的提出

广东海洋大学海洋研究所所长徐质斌教授，中国海洋大学经济学院院长、山东省人文社会科学重点研究基地海洋经济研究中心主任姜旭朝教授等研究表明，我国学者对海洋经济的定义有着明显的时代特征。20 世纪 70 年代末到 80 年代，是我国海洋经济概念的初步提出时期，许多学者从自身专业背景、研究思路及实践经验入手，从不同角度对海洋经济进行了定义。海洋经济这个概念最早是由著名经济学家于光远在 1978 年提出的，他在全国哲学和社会科学规划会议上提出了建立"海洋经济学"学科的建议，并建议建立一个专门研究所。1980 年 7 月，在著名经济学家、中国社会科学院经济研究所所长许涤新亲自指导下，召开了我国第一次海洋经济研讨会，并且成立了中国海洋经济研究会。[①] 此时，"海洋经济"这个词才广泛出现在各种专业论文上，但此时还没有一个系统、完整的定义。有些学者如中国社会科学院农村发展研究所研究员程福祜等较早给出了海洋经济的定义：所有这些人类在海洋中及以海洋资源为对象的社会生产、交换、分配和消费活动，统称为海洋经济（程福祜和何宏权，1982）。海洋经济活动的范围是在海洋，就空间地

---

① 海洋经济座谈会在北京召开 ［J］. 经济学动态，1981（8）：16 – 17.

理位置来说有别于陆地，故称海洋经济。同时期，国家海洋局战略研究所杨金森研究员认为海洋经济是以海洋为活动场所和以海洋资源为开发对象的各种经济活动的总和。中国海洋大学管理学院院长权锡鉴教授将海洋经济活动定义为：人们为满足社会经济生活的需要，以海洋及其资源为劳动对象、通过一定的劳动投入而获取物质财富的劳动过程，亦即人与海洋自然之间所实现的物质变换的过程（权锡鉴，1986）。

（二）海洋经济概念的多元化发展

20世纪90年代之后，随着海洋经济开发活动不断深入，以及西方经济学思想、方法的引进，学者对"海洋经济"的看法也呈现多元化特征。韩国海洋研究所柳时融等指出，海洋经济是主体投入物和产出物与海洋这一地理的、空间的特殊环境和需要及供给有关的所有产业的总和。广东省省长朱森林认为，海洋经济不但是产业概念，也是地区概念。徐质斌教授强调，海洋经济是产品的投入和产出、需求和供给，与海洋资源、海洋空间、海洋环境条件直接或间接相关的经济活动的总称，并对海洋经济进行了分类（徐质斌，2000）。山东省人大常委会副主任何宗贵等认为，海洋经济分布在国家颁布的《国民经济行业分类与代码GB/T 4754—94》规范的第一、二、三产业的33个中类45个小类中。徐质斌教授进一步定义海洋经济为活动场所、资源依托、销售或服务对象、区位选择和初级产品原料对海洋有特定依存关系的各种经济的总称，指出国家海洋局制定的《海洋产业分类与代码》列举的16个大类、54个中类、102个小类就是概念的外延。国家海洋信息中心科技委员会主任许启望等从资源开发角度出发，从产业发展的角度对海洋经济进行定义，将其视为围绕海洋资源进行的一系列生产、分配、交换、消费活动的总和以及其所形成的一系列上下游产业。

（三）海洋经济概念的综合与提升

21 世纪以来的海洋经济概念，逐步显现出从陆域经济体系的附庸到与其对立的新的经济体系，以及综合考虑海陆经济一体化因素的概念升级过程。初期的多数学者仍然从资源经济的角度进行定义，将海洋经济看作陆域经济的附属，甚至有人认为海洋经济实质上就是区域经济。还有学者从沿海区域资源经济、产业经济和滨海区域经济相结合的角度来理解海洋经济的内涵，认为"从科学、系统的角度理解，它是对沿海区域资源经济、产业经济和滨海区域经济的有机综合"（陈万灵，1998）。也有部分学者坚持资源经济论的同时，注意到以海洋空间作为活动场所的经济行为规模不断上升的客观现实，并将其纳入了自身的理论中去，或者是从资源开发角度出发，从产业发展的角度对海洋经济进行定义，将其视为围绕海洋资源进行的一系列生产、分配、交换、消费活动的总和以及其所形成的一系列上下游产业。徐质斌等将海洋经济在体系上从陆地经济中剥离出来，使其成为一个具有同等地位的经济体系，也从客观上说明了对海洋经济这一特殊经济体系进行相关理论研究的必要。也有学者从海洋经济与陆地经济的对立入手，从区域角度来确定其范畴，认为广义上的海洋经济，主要是指与海洋经济难以分割的海岛上的陆域产业海岸带的陆域产业及河海体系中的内河经济等，包括海岛经济和沿海经济。2004 年《中国海洋经济统计公报》中的海洋经济是指开发、利用和保护海洋的各类产业活动，以及与之相关联活动的总和，体现出较为综合的海洋经济定义特征。徐质斌教授对于海洋经济的重新定义是：从一个或几个方面利用海洋的经济功能的经济，是活动场所、资源依托、销售对象、服务对象、初级产品原料与海洋有依赖关系的各种经济的总称（徐质斌，2000）。从区域意义上，可以把海洋经济占优势的一定地域看作海洋经济。从这一定义，可看出海洋经济概念综合与提升的特征。

二、海洋经济理论体系形成

（一）海洋经济理论研究的简要回顾

新中国成立后我国海洋经济学理论的发展历程，经历了一条"点—线—面—空间"系统化的理论发展演化脉络。总体来说，海洋经济研究的历史可以分为前、后两大阶段，其分界线为 1978 年。1978 年全国哲学社会科学规划会议上一些学者提出建立"海洋经济"学科和专门研究机构。1949～1978年，虽然我国并未提出"海洋经济"这一概念，但此时国内已经存在规模不小的海洋相关产业，如海洋渔业和海洋运输业，因此，出现了一些围绕这些产业的个别问题研究的成果，文献散见于渔业经济、运输经济或农业经济各研究领域之中，并未形成系统的研究方法和学科体系，因此，可以称为我国海洋经济研究的"萌芽时期"。1978 年，著名经济学家于光远、许涤新等在全国哲学社会科学规划会议上提出建立"海洋经济学"新学科以及针对其的专门研究所。1980 年 7 月，我国召开了第一次海洋经济研讨会，并且成立了中国海洋经济研究会。以此为标志，我国海洋经济体系逐步建立，相关研究工作开始踏上正轨，涌现了一大批杰出的专家、学者。从文献数量可以看出，自 1979 年开始，我国海洋经济相关文献数量不断上升，先后经历了 20 世纪80 年代的平稳增长阶段、90 年代的迅猛发展阶段，以及 21 世纪以来的成熟阶段。至此，我国海洋经济的学科体系已经逐步得以完善。

（二）海洋经济理论发展的逻辑脉络

早期的海洋经济理论研究多具有离散的特点，可以分为产业（行业）研究、区域研究、资源开发研究，但整体上与当时海洋开发水平是协调的，研究区域仅仅限定在海岸线的界定区间或者近海、浅海区域。随着社会经济的进一步发展，海洋科学与海洋产业不断分化，以及我国海洋开发实践的不断进步，海洋经济研究进程也沿着纵横两条轨迹不断扩展和演进，经历了纵横发展到纵横结合的过程（姜旭朝和黄聪，2008）。其中：①横的轨迹是指由单一部门海洋经济学不断综合的演进过程，20世纪80年代初期的许多学者将零散研究成果简单加总起来，形成了最初的海洋经济理论；80年代后期，有部分文献开始注意到海洋经济学研究对象的综合性和全面性；90年代以后，许多学者开始利用西方宏观经济、产业经济的相关理论，对涉海各经济部门进行横向综合研究，将海洋经济理论研究扩展到包括关于海洋经济各方面的研究工作。②纵的轨迹则是从海洋资源的开发和利用出发，将经济科学与海洋科学结合起来，逐渐由海洋资源开发的研究向海洋资源的深加工，再到资源的产业化发展，资源产业化对区域经济、环境经济的影响，最后发展到对国民经济和世界一体化趋势的影响研究，从纵向贯穿海洋经济理论的整个体系。③海洋经济理论横、纵两条发展主线在21世纪初期交织在一起，开始有学者将海洋产业经济观点与海洋资源经济观点融合起来，建立起海洋"大区域经济理论"，也有学者运用最新发展起来的集成创新理论与系统创新观，按照社会经济活动的纵横结构规律和经济科学的分类要求，将海洋经济学定义为是在海洋空间范围内人类的经济活动与各种海洋因素之间相互关系的一门科学，将海洋资源、环境经济、海洋产业经济和海洋区域经济结合为一个密切联系的系统（见图1）。

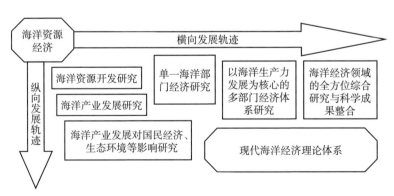

图1 海洋经济理论体系发展轨迹

三、海洋经济研究方法论建设

（一）海洋经济问题研究的多学科整合

海洋经济的流动性、公有性、立体性、自然性和国际性，使得海洋经济问题研究的多学科交叉和多方法整合变得十分必要。而30年来我国的海洋经济学科体系建设实践也证明了这一点。海洋经济学发展过程的学科交叉主要表现为内涵性交叉和外延性交叉。其中，海洋经济学外延性交叉主要体现在其与其他相关学科的交叉研究之上，此时期海洋经济外延上的扩展主要体现在与社会人文学科的融合，20世纪80年代较为盛行的海洋技术经济研究和对资源开发的经济效果研究便是典型的例子。90年代以来，随着海洋事业整体水平的发展，海洋人文社会科学的战略价值逐步得到认可和提升，与海洋经济研究形成相互促进的格局，许多学者将其他社会学科方法论和经济学理论结合，对海洋经济活动进行研究。海洋经济研究的学理理论交叉必然带来相应的研究方法之间的借鉴、渗透与整合，赋予研究者以更为强大的方法论武器，更加适应日益复杂的海洋经济实践活动。

（二）海洋经济研究方法论发展历程

海洋经济研究的方法论变迁，可以认为经历了调查研究基础下的定性分析（1949～1987年）、基本经济理论指导之下的理论定性分析（1988～2000年）、具体经济学理论与先进的经济学模型为基础的定量分析（2001年至今）这三个阶段，体现了方法论由低级向高级跃迁的演化过程。虽然在这种跃迁中明显受到了其他外来因素的干扰，如"文化大革命"、西方经济理论的逐步引入，但从本质上讲，出现这种跃迁轨迹并不是偶然的，而是海洋经济特性所决定的。最为显著的证据就是，除海洋经济宏观体系体现出了这种特征外，在具体到个别海洋部门的经济理论研究中也体现出了这种特点，如在 20 世纪 90 年代才开始出现的海洋旅游经济研究的演化进程之中，也出现了这种演化进程，一是对各地海洋旅游状况进行调查、分析，提出制约因素和解决方法（20 世纪 90 年代前期）；二是引入西方旅游经济的一般理论对其作深入的理论分析（20 世纪 90 年代后期）；三是开始构造数量模型进行因素分析（进入 21 世纪以来）。可以认为，海洋经济研究方法的这种变化具有十分复杂的影响因素，很难在以陆域经济为主的传统经济理论中找到现成的理论进行解释。

（三）海洋经济研究方法论体系构建

21 世纪初我国海洋经济活动体系的逐步形成，促进了海洋经济研究的方法论体系建设。而 20 世纪 90 年代以来以钱学森为代表提出的综合集成方法，给包括海洋经济问题在内的一系列复杂社会经济问题研究带来方法论上的革命。海洋经济研究领域的多方法运用和方法间架构逐步展开，逐步形成应用导向型的多方法导入、整合与提升，融入人本主义、结构主义、逻辑实证主义的方法论理念，将经济学传统研究方法与人文社会学（尤其包括历史学、法学等）、自然科学（尤其是地理学、生态科学等）研究方法结合，纳入海洋经济研究方法体系中。同时，数学和现代系统科学方法的引入，使海洋经济的研究方法进入定量与定性相结合的发展阶段，为科学构建方法论体系奠定了基础。

四、海洋经济实践领域拓展

（一）重视海洋经济基础问题研究（20 世纪 80 年代初）

1979 ~ 1990 年，由国家海洋信息中心主持，国家科委、国家海洋局和国家测绘局等参加完成的"中国海岸带和海洋资源综合调查"，调动 500 多个单位及近 2 万人，在 35 万平方千米的海岸带上取得各种观测数据 5 800 万个，编写各种报告 6 000 万字，绘制图件数千个，初步弄清了海洋资源的存量和开发状况。此后，国家又于 1983～1989 年、1987～1992 年，先后组织 20 多个单位进行了全国海岛资源综合调查、世界大洋多金属结核资源调查，获得了大量基础性的数据。1988 年海洋出版社出版了《中国海洋年鉴（1986）》，其中就包括了部分海洋经济统计资料，1989 年国务院赋予国家海洋局的职责中明确提出由国家海洋局"负责海洋统计"的工作。国家海洋局组织开展了《海洋统计指标体系》的研究和前期准备工作，自当年起，《中国海洋经济统计年鉴》陆续出版，为海洋经济研究提供了系统的经济信息资源。至此，我国海洋基础数据工作基本完成。受生产力条件所限，20 世纪 80 年代的海洋经济活动仍以资源开发为主题，以海洋渔业和海洋运输产业为主流，海洋盐业、滨海矿砂开采、海洋石油开发为辅。而文献分布也与此相适应，1978～1990 年各学术期刊共有海洋经济相关文献 480 篇，其中研究海洋渔业与海洋运输业发展的占 80% 以上。此外，海洋区域经济研究与海洋资源经济研究也占一定比例，分别为 10.63% 和 5.21%，这突出体现了 20 世纪 80 年代海洋研究以实效性、政策性为主，缺乏基础理论研究的特点。

（二）海洋经济发展战略问题研究（20 世纪 90 年代）

1991 年 1 月，北京召开了全国首次海洋工作会议，确定了 20 世纪 90 年代我国海洋工作的基本指导思想：以开发海洋资源、发展海洋经济为中心，围绕"效益、资源、环境、减灾"主题开展工作。1996 年，《中国海洋 21 世纪议程》正式发布，是我国实施海洋可持续开发利用的政策指南，其基本战略原则是以发展海洋经济为中心，适度快速开发，海陆一体化开发，科教兴海和协调发展。此后，随着 1998 年"国际海洋年"的到来，我国开始掀起海洋经济发展研究的高潮，各种合作协议、学术研讨会、知识培训、考察访问活动层出不穷，我国学者还广泛参与海洋领域的国际合作与交流活动。在此基础上，许多学者撰文分析了我国发展海洋经济的重要性，提出了"海上中国"的说法。此后围绕政治、主权、国家安全、经济发展、资源开发等领域开展了一系列战略性研究。在国家海洋经济发展战略的研究热潮之下，我国沿海各省市也出现"蓝色国土"开发热，这些研究主要是从海洋经济发展和地区资源禀赋特点出发，对地方各省、市、县的海洋相关产业发展进行了战略性研究，众多说法开始出现，如"海上山东""海上辽宁""海上浙江""海上广东"等，形成一系列"战略性构想""发展规划""综合开发""发展方向""经济跳跃发展"等新概念，并取得一系列成果。

（三）海洋可持续发展问题研究（21 世纪以来）

我国提出海洋可持续发展理论研究的历史较长，从 20 世纪 80 年代中期就开始追踪国际相关动向，并先后在 1994 年和 1996 年颁布《中国 21 世纪议程》和《中国海洋 21 世纪议程》，提出中国海洋事业要走可持续发展的道路。但直到 2001 年，受经济发展条件所限，学者对可持续发展的意识并不强烈。虽然许多海洋经济研究相关论文均提到海洋可持续发展问题，但专门针对该问题的理论研究成果并不多。2001 年国家海洋局印发了《海洋工作"十五"计划纲要》，提出了以满足社会经济发展对海洋资源不断增长的需要为基本出发点，推动海洋经济可持续发展的主题。与之相适应的经济学科主要是资源与环境经济学。从具体研究成果看，海洋资源经济学（marine resource economics）领域的探讨集中在海洋资源的产权确定与转让、资源价值评估与价格决定、海洋资源竞争与博弈行为、海洋资源开发的国内财政补贴与国际政策协调等方面；而海洋环境经济学（marine environmental economics）研究侧重于研究海洋生态环境保护与服务价值问题，研究方向主要有：海洋资源合理开发、海洋权益维护与海域管理、海洋灾害与环境安全、海洋生态系统价值及评估等。而海洋旅游经济则是从产业经济侧面，提出了可持续性开发海洋资源的道路，并开始建立海洋旅游经济基础理论、海洋旅游资源开发、海洋旅游可持续发展、海洋区域旅游开发、海洋旅游产业进程等一系列研究方向。

五、海洋产业经济专题研究

（一）海洋产业结构研究

中国海洋大学海洋发展研究院副院长韩立民教授在海洋产业概念探讨的基础上（韩立民和都晓岩，2007；徐敬俊和韩立民，2008），对海洋产业结构的演化规律起步阶段进行了划分，认为我国近30年来的海洋产业结构演进可以归纳为四阶段，即：①传统海洋产业发展阶段，在该阶段人类的海洋开发利用活动主要局限于近海的渔盐之利和舟楫之便。在资金和技术条件不成熟的情况下，这一阶段海洋产业一般以海洋水产、海洋运输、海盐等传统产业作为发展重点。②海洋第三、第一产业交替演化阶段。随着海洋经济发展水平的提高以及资金和技术的逐步积累，部分传统海洋产业在总量上虽然仍在进一步扩大，但在增长速度上逐渐进入低增长或零增长，一些新型海洋产业开始出现并快速发展。③海洋第二产业大发展阶段。资金和技术积累到一定程度后，海洋产业发展的重心将逐步转移到海洋生物工程、海洋石油、海上矿业、海洋船舶等海洋第二产业，海洋经济也随之进入高速发展阶段，从而推动海洋产业结构在这一阶段进入"二、三、一"型。④海洋产业发展的高级化阶段，又称海洋经济的"服务化"阶段。该阶段一些传统海洋产业采用新技术成果成功实现了技术升级，规模进一步扩大，发展模式也更加集约化；同时，为了适应海洋第一、第二产业升级和快速发展的需要，海洋第三产业重新进入高速发展阶段，尤其是海洋信息、技术服务等为海洋第一、第二产业配套服务的新型海洋服务业开始快速发展，从而推动海洋第三产业重新成为海洋经济的支柱，海洋产业结构再次演变为"三、二、一"顺序类型。韩立民教授进一步认为，海洋产业与陆地产业结构演化存在差异，其原因是海洋地理条件的特殊性，以及海洋资源与空间开发对技术水平的更高要求，使得建立海洋工业体系较之陆地产业的难度更大，这些产业大多是作为陆域产业的替代或延伸产品而存在，旺盛的市场需求又为这些产业的发展提供了广阔的生存和发展空间，种种因素导致海洋第一、第三产业发展较快而第二产业发展却比较迟缓。值得关注的是，我国海洋产业结构存在着"同构化"和"低度化"的发展趋势，对海洋产业结构的升级提出了巨大挑战。

（二）海洋产业组织研究

尽管还缺乏对海洋产业组织研究的直接文献，但是，国际学术界在涉海产业经济领域的研究却有着深厚的基础和丰富的成果，尤其是海洋资源问题的动态博弈研究，海洋交通运输卡特尔（shipping cartel）与企业兼并研究，海洋制造业与临港服务业的产业集聚研究，海洋产业环境问题的规制研究等方面，成为与主流经济学接轨的研究热点领域，并开始成为我国海洋经济研究关注的重要动向。国内学者于谨凯等尝试将西方主流产业组织理论应用于我国的海洋产业可持续发展问题研究，提出了基于拉巴赫·阿米尔（Rabah Amir）模型和SCP范式的海洋产业市场绩效模型，认为海洋产业绩效评价准则应通过资源配置效率、技术效率以及企业规模等方面来分析，提出通过推进技术创新、优化产业结构、破除市场壁垒等途径提升我国海洋产业运行绩效。国内学者朱意秋教授运用产业组织理论中的垄断竞争理论，对国际范围内的海洋运输组织行为进行了文献综述，指出20世纪90年代以来的海洋运输卡特尔形成及运输垄断巨头的出现，使得我国海洋运输企业处于被动竞争地位，而我国在航运产业政策方面逐步放弃航运保护政策，实施航运自由化，使航运企业无论在运输规模和全球航运市场份额上获得同步提高，海运企业已经初步拥有参与国际航运市场独立竞争的能力，但是，仍需要提升相对自由开放的国内航运市场环境。还有学者在海洋产业集群概念探讨的基础上，对上海市海洋产业集群发展问题进行了实证研究，认为上海海洋产业集群存在领军企业缺乏、结构水平低下、支撑体系薄弱、整体规划滞后等问题，应该制定科学的海洋产业集群培育政策，做好海洋产业集群发展规划，加快海洋产业集群基础和公共平台体系建设。

（三）涉海国际产业经济研究

中国海洋大学经济学院教授、海洋发展研究院海洋研究所戴桂林所长，中国海洋大学经济学院邵桂兰教授等总结了将海洋产业经济与国际经济贸易理论相结合的内在机理，认为海洋资源与环境约束对于涉海产品与服务的国际贸易产生直接或间接影响，而涉海企业对于国际竞争规则的适应，尤其是国际规则制定的参与（participation of global standard setting），对于提升涉海产业的国际竞争力至关重要（苏萌和戴桂林，2007；邵桂兰和姚春花，2005）。中国海洋大学经济学院高金田教授等分析了国内海洋产业组织与国际海产品价格形成的内在逻辑（高金田和孙丽燕，2007），并以挪威出口到中国的海产品的高定价为例进行了解释。广东外语外贸大学国际经济贸易学院陈万灵教授则对海洋渔业的国际产业政策协调机制与合作模式进行了分析，以我国参与东南亚国家国际渔业合作为例进行了实证分析，认为我国与周边国家之间在渔业国际合作领域存在良好基础，而这种合作可进一步为中国南海资源的可持续利用提供更大有利空间。

六、海洋区域经济专题研究

（一）海洋经济空间动态研究

海洋经济空间活动问题是我国海洋经济地理学研究的主要对象，以辽宁师范大学海洋经济与可持续发展研究中心张耀光教授等为代表的一批经济地理学者对我国海洋经济空间问题进行了长期持续研究，所取得的研究成果在提高国民海洋国土意识、加快海洋资源合理开发、优化海洋产业结构、加大海洋保护力度等方面做出了贡献（张耀光，1988；栾维新，1991；韩增林等，2004）。张耀光教授运用海洋区域经济地理学理论，通过回顾和评价诸如区位商、洛伦兹曲线和集中化指数、威弗组合指数、塞尔系数等相关研究方法，以及多元统计中的主成分分析和因子分析方法等研究方法，选择海洋区域结构变化的"三轴图"方法，对辽宁省海洋区域经济时空特征进行了动态描述。作为对海洋区域经济地理学科的初步总结，张耀光教授认为海洋区域经济地理学发展的主要任务包括：①重视区域海洋经济地理的理论与实证相互促进，对我国海洋经济区域的形成与发展进行深入持续研究；②强化海陆一体发展和沿海经济带建设问题研究；③建立和展开从陆地、海岸海洋到深海大洋的海洋区域经济研究序列；④关注人海关系地域系统的时空演变规律研究；⑤注重海洋区域经济地理研究方法的借鉴与集成，改变传统的以定性描述为主的研究方法。

（二）海洋保护区经济研究

中国海洋大学海洋发展研究院刘洪滨教授、山东省社会科学院海洋经济研究所刘康研究员等对国际学术界在海洋保护区（marine protected area，MPA）的经济学研究进行了系统引介，认为在过去20多年间，世界海洋保护区建设取得突破性进展，海洋保护区数量快速增长，有关海洋保护区的研究急剧增长。但与此同时，有关海洋保护区的经济学研究却很少，且多数属于理论研究，部分原因在于经济学实证研究的困难。在进行深入的经济学实证分析之前，政策制定者需要对海洋保护区的生物及经济成本效益做出预测，但这面临两方面的困难：一是决定产出的内在生物经济学驱动因素并不明确，具体取决于特定的渔业类型；二是目前针对海洋保护区的研究很少对其影响的评估结果进行描述或对不同模型之间的假设条件进行比较。对于目前的海洋保护区经济学研究，国外学者认为主要存在两个方向：一是决定海洋保护区净经济价值的成本效益分析，除传统的海洋保护区渔业价值外，主要考虑非消耗性开发活动，如游憩机会增加的可能性。这种价值主要通过条件价值法、享乐定价法和旅行成本法等常见的非市场价值方法来进行评估；二是生物经济学模型，主要突出生物经济学理论模型的应用。

（三）海陆区域经济协调研究

中共福州市委党校叶向东教授在综述国际国内关于海洋区域经济问题研究的基础上，对我国经济发展的海陆统筹问题进行了阐述（叶向东，2008），认为应该从海陆统筹所内含的经济学意义出发，综合运用板块构造学说、海岸带复杂系统与人海关系调控、区域经济和产业发展等理论，借鉴国际海陆产业一体化发展的经验和我国实践，对海陆一体化的生态系统建设、分产业布局和分空间尺度协调，以及相应的支撑体系建设，构建海陆经济统筹发展的模式。刘洪滨教授对于我国近期共同关注的海陆一体化和海陆统筹问题进行了评价和比较，认为该领域研究在内涵上应该借鉴国际相对规范的海岸带综合管理（integrated coastal zone management）研究经验和成功模式（刘洪滨，1992，1999，2003）。

七、总结与展望

（一）我国海洋经济理论体系建设任重而道远

山东省社会科学院海洋经济研究所研究员、山东省政府参事蒋铁民教授总结认为，30 年来我国海洋经济理论研究的发展经验表明，应该不断将经济学主流理论引入海洋经济研究之中，同时注意学科引进过程的兼收并蓄，并符合海洋经济学科发展的实际需要，学科建设应该尊重其自身过程和规律，通过学术团队培育和研究者充分交流，稳步促进海洋经济理论的提升和学科体系构建（蒋铁民，1998，2006）。山东大学经济学院臧旭恒教授强调海洋经济研究应该从战略上重视主流经济学理论研究的范式（臧旭恒，1992，2007），注重积累和总结海洋特色经济学科建设对于传统经济学主流理论的贡献。韩立民教授认为，海洋经济学科发展的历史总结十分重要，今后还应该进行深入和专题总结，得出更加科学和可靠的学科发展经验与教训，以指导今后的学科发展。戴桂林教授通过总结和梳理山东社会科学院海洋经济研究所、中国海洋大学经济学院等海洋经济研究团队的发展历程，认为学术积累和团队成员密切合作是提升海洋经济理论研究水平的重要途径，联合国关于21世纪是海洋世纪的倡导，以及我国海洋强国战略的不断推进，为我国海洋经济研究的深入及研究团队的成长提供了更加理想的国际、国内氛围。

（二）海洋经济研究方法论建设需要提升和交流

中国工程院丁德文院士认为，今后的海洋经济学科体系应该关注当今在解决重大现实问题方面的应用学科群建设和边缘跨学科渗透（丁德文等，2007），建议引入拉卡托斯（Lakatos）的科学研究纲领方法论（the methodology of scientific research programmes）思想，探讨海洋经济学理论体系的硬核和保护带，建立结构化的海洋经济理论与方法体系。山东省社会科学院海洋经济研究所所长孙吉亭研究员提出海洋经济与海洋产业研究思路方法的创新，认为全球传统产业发展和工业化进程已经导致了一系列负面影响，未来将会出现新的产业革命范式，而海洋经济和海洋产业的发展应该遵循新产业革命的路径，海洋经济新兴领域的拓展也应该具有新的思路和模式（孙吉亭，2007；孙吉亭和孟庆武，2008）。刘洪滨教授认为，我国海洋经济研究者应该与国际同行进行充分交流，他特别指出，在诸如"海洋经济""海岸带管理""海陆统筹"等大的研究领域，从海洋经济理论的研究规范到应用方法程序，都应该吸取国际同行的成功经验，必须在国际同行认可的语境中来展开各种问题的研究，在充分交流和对比的基础上凝练中国特色的海洋经济研究方法。

（三）海洋经济新领域拓展要与传统领域深化并重

与会学者从多个角度探讨了海洋经济研究领域的拓展取向。认为在海洋经济研究的空间拓展方面，应该继续关注海岸带和海洋专属经济区的经济现象和规律；同时，研究国际深海、大洋和极地的海洋经济问题。在海洋经济研究的内涵方面，刘康研究员认为海洋可持续发展依然是今后海洋经济研究领域的重要主题，而海洋生态服务价值评估、环境资源价值评估、海洋生态补偿，以及海洋资源环境承载力等问题，都是今后研究的重要方向（刘康和姜国建，2006）。在海洋经济新领域拓展与传统领域继承关系方面，陈万灵教授提出在重视海洋经济研究新领域开拓的同时，还应该注重对传统海洋经济领域（如传统渔业产业、近海海域经济问题等）加以持续性、系统性和规范性的研究。

参 考 文 献

［1］陈万灵（1998）. 关于海洋经济的理论界定. 海洋开发与管理，（3）：30－34.

［2］程福祜和何宏权（1982）. 发展海洋经济要注意综合平衡. 浙江学刊，（3）：34－35.

［3］丁德文等（2007）. 海岸带系统复杂性与人海关系调控. 中国地理学会2007年学术年会论文摘要集.

［4］高金田和孙丽燕（2007）. WTO框架下的绿色壁垒对我国水产品出口的影响及对策. 海洋信息，（1）：22－25.

［5］韩立民和都晓岩（2007）. 海洋产业布局若干理论问题研究. 中国海洋大学学报（社会科学版），（3）：1－4.

［6］韩增林等（2004）. 海洋经济地理学研究进展与展望. 地理学报，（S1）：183－190.

［7］姜旭朝和黄聪（2008）. 中国海洋经济理论演化研究. 中国海洋经济评论，2：83－113.

［8］蒋铁民（1998）.21 世纪我国海洋经济可持续发展的展望.青岛海洋大学学报（社会科学版），（2）：46－50，77.

［9］蒋铁民（2006）.正确处理海洋环境与经济关系 促进经济增长方式的转变.科学发展观：理论·模式·实践——山东省社会科学界 2006 年学术年会文集（2）.山东社会科学院，12.

［10］刘洪滨（1992）.中国海洋开发基本状况及对策.海洋与海岸带开发，（2）：11－15.

［11］刘洪滨（1999）.中国海洋和海岸自然保护区.海洋地质与第四纪地质，（1）：108.

［12］刘洪滨（2003）.环渤海地区经济发展与海洋产业结构调整.东岳论丛，（1）：37－40.

［13］刘康和姜国建（2006）.海洋产业界定与海洋经济统计分析.中国海洋大学学报（社会科学版），（3）：1－5.

［14］刘曙光（2007）.海洋产业经济国际研究进展.产业经济评论，（1）：170－190.

［15］栾维新（1991）.论海洋经济地理条件的评价.经济地理，（2）：13－16.

［16］权锡鉴（1986）.海洋经济学初探.东岳论丛，（4）：20－25.

［17］邵桂兰和姚春花（2005）.简析技术性贸易壁垒及其对我国水产品出口的影响.生态经济，（10）：166－168.

［18］苏萌和戴桂林（2007）.论述 WTO 国际渔业贸易的争端解决程序及案例.中国渔业经济，（3）：38－43.

［19］孙吉亭（2007）.基于渔业增长方式转变视角的休闲渔业发展研究.2007 中国渔业经济专家论坛——渔业增长方式转变学术研讨会论文摘要集，1.

［20］孙吉亭和孟庆武（2008）.中国渔业剩余劳动力转移成因分析及对策研究.中国渔业经济，（1）：19－24.

［21］徐敬俊和韩立民（2007）.“海洋经济”基本概念解析.太平洋学报，（11）：79－85.

［22］徐质斌（2000）.建设海洋经济强国方略.泰山出版社.

［23］许启望（1998）.关于海洋经济可持续发展的若干问题.海洋信息，（2）：1－3.

［24］叶向东（2008）.海陆统筹发展战略研究.海洋开发与管理，（8）：33－36.

［25］臧旭恒（1992）.“范式”和经济学方法.山东社会科学，（1）：29－31，45.

［26］臧旭恒（2007）．从哈佛学派、芝加哥学派到后芝加哥学派——反托拉斯与竞争政策的产业经济学理论基础的发展与展望．东岳论丛，（1）：15－20，1.

［27］张耀光（1988）．海洋经济地理研究与我国的进展．国外人文地理，（1）：52－56，79.

海洋产业经济国际研究进展[*]

刘曙光[**]

【摘要】海洋问题的产业经济学研究在国际上有着较长的历史传统和丰富的文献基础。本文通过对 1995～2006 年海洋产业经济研究文献进行初步整理，从产业内部涉海企业间竞争、海洋产业组织行为、海洋产业结构调整、海洋港口空间组织及海洋产业规制与政策等方面，对国际海洋产业经济研究进行了初步综述，认为尽管存在一般产业组织理论研究与海洋经济实证研究的相对脱节，但是已经取得的成就对我国开展中国特色海洋产业经济研究具有重要的借鉴意义。

【关键词】海洋产业经济　国际研究

如果忽略欧洲文明早期跨地中海的经济活动，以及中世纪后期南北欧之间的海上贸易，那么从 16 世纪以来欧洲国家主导的跨越全球大洋的地理大发

---

* 本文发表于《产业经济评论》2007 年第 1 期。笔者感谢夏大慰教授、谭国富教授、张军教授、林平教授、臧旭恒教授、刘志彪教授、荣朝和教授等对于海洋经济与产业经济研究结合的指点，以及诸多国际专家通过电子邮件对该问题的见解；同时，感谢中国海洋大学经济学院国际贸易、区域经济学研究生在初期文献整理方面的工作。

** 刘曙光，1966 年出生，男，博士，中国海洋大学经济学院、经济发展研究院教授，博士生导师，研究方向：海洋经济、区域创新与国际经济合作。

现，以及 17 世纪海上贸易扩张，18 世纪英国主导的跨海近代工业分工，19 世纪的跨海垄断资本扩张和占领，由此推延到 20 世纪第二次世界大战以后的跨国直接投资与区域性合作，都客观地说明了西方经济发达国家的经济发展与海洋有着全面和深刻的联系，进而不难理解海洋问题在西方经济学应用理论和实证研究中的重要地位和作用。而我国现有的海洋问题的经济学应用理论研究，尤其从产业经济学视角的研究，与国际相关问题的研究还有着一定的差距。本文通过对 1995~2006 年发表的海洋产业经济相关领域论文的整理，以及就相关问题对国际知名产业组织研究专家和海洋经济专家的网上问卷调查，试图梳理近年来国际学术领域对于海洋产业经济的理论和实证研究结果，以期了解这一领域的研究动态。

一、海洋产业竞争行为

（一）海洋资源竞争的博弈

博弈论方法是海洋产业经济研究的重要分析方法，随着博弈论方法本身的不断发展，同时基于海洋资源时空一体化背景下的动态演化特征（Amarson，2002），国际产业经济学文献中对于海洋资源的分析趋于利用动态博弈模型[①]。

约根森和杨（Jorgensen and Yeung，1996）对公共海域商业性渔业问题进行了随机微分博弈。他们确定了一个反馈纳什均衡，得出了均衡收获策略，给出作为可更新自然资源的渔业资源静态分布状态。罗贝克（Grønbæk，

---

① 这也进一步印证了谭国富（2006）教授的观点，谭教授认为：美国和加拿大学者对于海洋生物资源竞争过程的演化博弈研究，已经成为海洋产业经济研究的一个热点领域。编辑自《产业经济评论》编委会年会暨产业经济学发展研讨会（青岛）大会发言纪要，2006 年 5 月 14 日。

2000）概括描述了渔业经济建立博弈论模型的方式和过程，这些模型包括潜在生物学模型和博弈理论计算模型，不同类型的渔业活动类型适用不同的博弈模型，但是模型本身随着博弈论的发展而不断发展。维莱纳和查韦斯（Villena and Chavez，2005）提出渔业资源研究中的领土使用权力规制（terri-torial utility right regulation）概念，并在演化博弈论（evolutionary game theory）概念下提出资源获取动态模型。巴塔巴亚尔和博雷第（Batabyal and Beladi，2006）对可更新资源（包括渔业资源在内）国际贸易问题进行了斯塔克尔伯格（Stackelberg）差异博弈模型。他们分析了可更新资源在一个买者和多个竞争性卖者之间的国际交易行为，探讨进口国政府是否可以利用贸易政策（单位从价税）间接提升可更新资源的保护程度。

辛蒂娅（Cynthia，2007）研究了海洋石油资源生产的多阶段投资定期博弈（multi-stage investment timing game）问题。其利用结构性经济计量模型（structural econometric model）分析海上墨西哥湾美国海域石油盲目钻探过程的投资定期博弈行为，利用本模型进行博弈分析得出的结论显示，开采外部性比信息外部性更占优势，而且减少租赁期间可以增加开发利用前的海域资源价值，从而增加政府获益。

（二）海洋交通运输市场的博弈

海洋运输市场博弈涵盖线路选择、经营方式选择、报价竞争、远期合约竞争、航线与港口物流企业关系等方面。其中，科里利斯等（Korilis，Lazar and Orda，1997）研究了如何通过斯塔克尔伯格路径选择策略实现海洋运输整体网络的最优。宋东旭和帕纳伊德斯（Song and Panayides，2002）则探讨了合作博弈理论在海洋航线经营战略联盟中的应用，认为航线间的竞争都很激烈，而结成战略联盟成为一种重要选择。塔斯（Trace，2002）对集装箱海洋运输全球化竞争问题进行了南北航线上的实证研究。其认为激烈的全球航线竞争致使航线经营者采取创新性、成本节约型战略，并且大型集装箱船强化了诸如钟摆式运输、全球不间断运输、多航线运输等服务创新措施。卡武萨诺斯等（Kavussanos et al.，2004）对场外交易的远期运输期货合约（FFA）与现货交易价格波动性关系问题进行了探讨。通过对太平洋和大西洋各两条干散货贸易航线的实证研究，他们认为 FFA 仅对太平洋航线价格波动的不对称性具有一定影响，但却提高了大部分航线信息流动的质量与速度，通过引入可能影响价格波动的控制变量，结果显示只有在具体航线上的远期运输期货合约贸易，才对降低现货交易价格波动有影响。卡武萨诺斯等（Kavussanos et al.，2004）进一步证明，1~2 个月的远期合约价格能够较为准确地影响所有航线现期运输价格，3 个月的远期合约对于太平洋航线运价影响较为直接，而对大西洋航线运价影响存在一定偏差。冷和帕瑞安（Leng and Parian，2005）分析了电子商务企业进行中立国船运输报价竞争博弈问题。模型认为该问题是买者（先者）和卖者（后者）在完全信息情况下的博弈，首先确定买者对于任何给定的卖者出价的最佳响应函数，并给出相应的结构性结果，然后，计算模型的斯塔克尔伯格解。博伊尔和西奥法尼斯（Boile and Theofanis，2006）则研究了定期航运企业与港口共同体内产业的对应关系。他们对航运与港口共同体的角色关系行为进行了斯塔克尔伯格博弈模型分析，估计了特定角色的各种可能性市场供应垄断行为及其影响，尤其航运企业垄断行为引起的运输链上港口共同体中企业间的相应行为，结果表明现代港口共同体应该形成多式联运系统的一个完整体系，并建立相应战略和战术决策机制。另外，魏炳旭（Wie，2005）探讨了作为远洋客运市场竞争的邮轮业投资动态博弈问题。其认为邮轮产业是供不应求的垄断市场，有限的邮轮公司在一个固定的起点上互相竞争以寻求利益最大化，该寡头垄断竞争属于多方非零和不合作动态博弈。

（三）渔业资源拍卖与转让

渔业资源拍卖设计与实验。斯通汉姆等（Stoneham et al.，2005）运用信息经济学分析方法，探讨了渔业资源租金改革问题。他们认为渔业中的自然资源有效管理要求最小成本的渔业操作，而信息经济学原理告诉我们企业拥有政府不易获得的有关企业成本的信息，为了进行有效的渔业资源分配，需要确保这些信息的披露，渔业资源拍卖可以达到这一目的。安费洛娃等（Anferova et al.，2005）则剖析了俄罗斯远东捕鱼配额拍卖的一个失败试验案例。

可转移渔业配额转让研究①。摩根（Morgan，1995）对可转移配额管理系统（transferable quota management system）下的最佳渔业配额分配问题进行了研究。其认为尽管可转移配额管理的概念作为一种比投入控制方法更加适当的管理技术正快速地获得接受，但如何在渔业中的参与者及潜在参与者中间分配原始配额，还没有得到足够的理论重视，现行的由行政决定的分配方法可能已不能令人满意，而且正形成经济上的无效率，通过借鉴其他产业（如通信、航空及金融业）关于稀有资源分配中得到的实证经验，可以重新审视渔业中的相对效率、流通效率和可转移配额分配系统。杜邦特等（Dupont et al.，2002）研究了个别可转让配额（individual transferable quotas，ITQs）的引入对多产品私有渔场中的有效生产能力和过剩生产能力调节的影响问题，通过对加拿大新斯科舍省个体渔业企业的数据进行分析，得出这种所有权转移机制对多产品产业及特定产品有效生产能力具有明显影响，认为规制制定者趋向于使用基于市场的方法来提高多产品产业的效率。

二、海洋产业组织行为

（一）全球化与海洋产业集群升级

关于海洋产业集群问题的研究，多数文献侧重于研究如何通过参与全球

---

① 关于该问题的专题综述参见慕永通：《个别可转让配额理论的作用机理与制度优势研究》，载《中国海洋大学学报（社会科学版）》2004年第2期，第10~17页。

化竞争与合作，恢复或者实现本土集群的升级。其中，切蒂（Chetty，2002）以波特集群理论为框架，对新西兰海洋产业集群演化与国际竞争力提升进行了动态关联分析，结果发现集群演化过程是一个组织成长和结构调整综合作用的结果。组织成长主要表现为集群领军企业的带头示范和催化作用，而支持型机构在规划和结构框架下扮演提供设施服务和催化中介作用，集群的演化过程受到各种力量的影响。莉须卡（Lizuka，2003）探讨了全球标准与智利大马哈鱼产业集群可持续性问题。其认为全球环境标准成为要打入发达国家市场的发展中国家必须顺从的标准，而智利大马哈鱼产业具有产业集群的某些特征，只是缺乏与本地的传统和历史联系，重点需要建立全球标准与地方生产体系的相互作用关系，而这种关系对地方环境产生进一步影响。维塔宁等（Viitanen et al.，2003）发现芬兰的海洋产业集群内的企业、机构存在着密切联系，领军企业担当着国家参与国际竞争的重任，集群在国家服务产业建设中也起到相当重要的作用，而政府的资助行为扭曲了海洋运输和造船业的竞争力，如何提升形象和解决劳动力短缺成为当前需要解决的问题。贝尼托等（Benito et al.，2003）对挪威海洋产业集群研究结果认为，集群内企业、机构间的互相依赖，尤其是历史曾经的创新和创业行为促进了集群发展，但是近年来的创新活动慢下来，海洋服务业和制造业相对脱节，国际竞争力逐步受到影响。尼杰达姆和兰根（Nijdam and Langen，2003）研究了荷兰海洋产业集群中的领军企业行为。他们认为集群的竞争优势取决于领军企业行为以及企业间的相互作用关系，集群中的领军企业通过投资带来对集群其他企业的利益，具体途径包括鼓励创新、促进国际化以及提升本地劳动力群体质量。西澳大利亚大学企业管理与创新研究中心（CEMI）的马扎罗尔（Mazzarol，2004）对澳大利亚海洋综合体的产业网络进行了研究。通过对西澳大利亚的企业行为分析，他认为澳大利亚海洋综合体（australian marine complex）已经形成一个具有强劲国际竞争实力的海洋产业集群，政府部门在附近进行的大量投资，支持了本区海洋产业的发展，支持产业和主导产业之间已经建立起较为密切的产业联盟和技术联系，每一个海洋产业都有具备国际竞争力的领军企业，这些企业都已经形成稳定的国际化核心客户群和主要供应商网络。同时，这些企业与本地的供应商、分包商以及其他相关支持产业具有密切联系，行业协会和专业团体起到了人力资源流动和思想交流的良好作用。但是，缺乏专业化劳动力市场支撑、国际竞争力经理人匮乏、与本地大学和研究机构联系弱，是制约集群进一步发展的重要问题。

（二）海洋产业组织的形成与强化

公共问题解决过程中的民间组织行为。西伯格－埃尔维尔费尔特（Seeberg-elverfeldt，1997）探讨了私人行业在实行波罗的海共同综合环境方案计划的作用。波罗的海共同综合环境方案计划（JCP）是一个旨在重建波罗的海生态平衡的国际环境计划，其主要任务是转移主要的污染源。赫尔辛基委员会的行动目录已经确认了行动的可能空间，这亟须各种契约化私人组织的投资参与。尼尔森和维德斯曼（Nielsen and Vedsmand，1997）基于丹麦经验，探讨了渔业管理决策过程中的渔民组织角色。他们认为未来世界渔业将会遇到来自管理体制、技术和市场的挑战，需要实施共同管理，进行建设性的机构间对话，鼓励渔民组织的发展是为了提升他们参与渔业共同管理的效果。此外，他们还讨论了渔民组织应该做出的努力。彼得森（Petersen，2002）探讨了太平洋地区经济政策、渔业协会职能和渔业发展的关系。其认为不健全的渔业经济政策使得太平洋地区的岛屿国家很难从资源上获得重要的经济租金。该地区海域是世界上最大而且最有价值的金枪鱼产地，但落后的政策正阻碍着强大而有效的协会对渔业活动管制的执行，而这正是该地区渔业发展所必需的，让渔业协会发挥更大作用势在必行。多诺修（Donohue，2003）给出了民间机构参与的、多机构合作处理大面积污染问题的例证。在夏威夷群岛，海洋循环模式使该地堆积了相当多的海洋污染，虽然一些政府权力机构承担着对这些岛屿的管理责任，但是单独处理本海域的污染物却力不从心。1998 年夏威夷海洋污染物处理协调工作组织成立，非政府组织和私人行业也参与进来，与行业管理部门和非政府机构一起工作，已经从西北夏威夷群岛转移了 195 吨渔业传动装置废弃物。

海洋渔业资源卡特尔（Cartel）的双重作用。坎贝尔（Campbell，1996）论述了金枪鱼资源拥有者卡特尔对于其成员利润最大化的作用。关于资源卡特尔的研究集中于两个问题，一是卡特尔的构造能够在多大程度上提高其成员的利润水平，二是利润是否能够吸引其成员不至于脱离卡特尔。以太平洋群岛区为一个资源拥有者组织为例证，他分析了金枪鱼卡特尔成员的潜在利润与卡特尔行为的关系模式，并运用罐装金枪鱼市场供需弹性的有限可得信息构建了一个简单的供需模型，模型分析结果认为该组织存在着干预运行的一些力量。阿德勒（Adler，2005）侧重探讨资源保护卡特尔对资源保护所起到的作用。其认为反垄断法通过禁止减少产出和提高价格的行为和安排为消费者带来福利，而资源保护则通过限制非持续资源开发，保证自然资源长期利用，提高人们的福利水平。资源保护行动可能引起短期资源性产品价格上涨，但却会通过保证长期供应来增加消费者福利。

海洋运输产业的卡特尔行为。斯拉克（Slack，2002）基于对全球航线1989 年、1994 年和 1999 年三年的实证研究，认为航线经营者通过各种联盟方式实现成长过程，战略联盟在运营方式的转换、班轮的发展，以及挂靠港的调整等 3 个方面促进了航线企业发展。肖斯特罗姆（Sjostrom，2004）则对海洋运输卡特尔研究进行了文献综述，认为定期航运企业构成的班轮公会成员之间形成垄断性卡特尔和破坏性竞争两种模式。在这两种模式下，他对企业决策行为对班轮公会效率和收益问题进行了具体分析，尽管对于班轮公会是一个卡特尔还是阻止破坏竞争的机构还有争论，但班轮公会通过建立进入壁垒保持了该组织的稳定性。马丁内利和斯柯特（Martinelli and Sicotte，2004）研究了海洋运输卡特尔中的投票行为。为了研究合法卡特尔的投票行为，他们假设卡特尔寻求利益最大化，研究了其在不清楚需求和成本的情况下如何强行选择投票方式，卡特尔将面临两难的抉择，即采取严格意义上的多数原则所带来的执行上的便利，以及由此产生的灵活性的丧失。博弈分析的结果显示，拥有更多企业的卡特尔既不偏向全体一致，也不偏向简单多数，博弈模型同时显示异质型卡特尔不会偏向简单多数。20 世纪 50 年代美国"海洋运输大会"的实证分析证实了这一模型。他们同时指出卡特尔进入壁垒较低情况下可能导致采用中间性超级多数规则（intermediate super majority rules）。

（三）涉海物流企业兼并

格利高里（Gregory，2000）利用施蒂格勒生存原则（Stigler's survivorship principle）分析了国际定期航运规模经济追求与现今航运企业合并行为。随着全球技术驱动型经济增长、规制变革，以及全球贸易物流攀升，班轮公司不断通过兼并和收购实现全球联盟。这么做的目的在于谋求规模效益，但问题在于是否真正存在规模效益，并且这种规模效益的追求对于产业竞争格局的影响又将如何。通过利用施蒂格勒生存原则，格利高里（Gregory，2000）对 20 年来的数据进行了三阶段时序分析，结果显示三个阶段都存在规模报酬递增，在每一个生存竞争实验中，中小企业在整个行业中的地位明显下降，大企业地位明显上升，该实证研究验证了班轮企业规模经济的不断加强。布鲁克斯（Brooks，2000）则提供了 1990 年以来全球班轮航运产业竞争格局调整的发展与演化过程的实证分析，认为全球集装箱海运产业正在经历以兼并和收购为基本手段的全球联盟阶段。其以海陆（Sealand）和马士基（Maersk）之间关系为例，解剖了一个最终兼并决策背后的高层决定框架程序。帕纳伊德斯和龚希和（Panayides and Gong，2002）对计划中的定期航运企业兼并和收购行为宣布后股市的反应进行了实证分析。利用在金融研究中常用的标准市场模型（standard market model），结果表明兼并结局的宣布对于班轮运输关联企业的股市价格行为影响十分明显。诺特布姆（Notteboom，2002）分析了欧洲集装箱作业的合并与竞争行为，包括集装箱码头经营者的垂直和水平整合。这种产业结构中的企业间充分合并现象提出了一个基本问题，就是这种行为是否能够充分阻止市场力量的滥用。通过运用可竞争性市场理论（theory of contestable markets），诺特布姆对可能阻止其他企业进入的因素进行了定性和定量分析，并提出行业市场竞争级别的首要指数。科尔曼等（Coleman et al.，2003）对联邦贸易委员会（Federal Trade Commission）的邮轮业兼并进行了实证研究。在总结潜在兼并竞争者行为定性经济分析方法的基础上，他们描述了联邦商务委员会如何对所属油轮航线经营者中的潜在兼并者进行评价和分析，并对具体案例进行了剖析，重点考察了如何对未来兼并过程的协调与互动能力的潜在能力评估。

三、海洋产业间关系

（一）关联产业间的冲突与协调

施通（Schittone，2001）通过对佛罗里达西部附近海域的案例考察，分析了海洋旅游业与商业捕鱼业的冲突。作为历史传统的商业捕鱼业曾经是本区最重要的经济活动，然而过去 20 年以来，海洋旅游业发展压缩了这一传统产业活动的生存空间，这种矛盾的来源实际上是本区地方政府偏袒旅游产业发展，因为该部门能够带来更多的地方经济收益。

赫雷拉和霍格兰德（Herrera and Hoagland，2006）则探讨了商业捕鲸与海洋生态旅游、国际贸易、商业捕鱼等相关产业的关系。商业捕鲸本身就是引起高度争议的，尤其会受到野生动物权益保护组织的威胁和抵制，而捕鲸拥护者争辩说，鲸鱼的资源存量足以支持现有的捕鲸产业活动。从单纯经济效率角度分析，捕鲸参与国的决策取决于捕鲸产业、生态均衡和国际市场需求所带来的租金以及抵制的潜力。通过分析包括国家政策介入的捕鲸行为，发现鲸鱼观赏（属于海洋生态旅游范畴）和捕鱼交易额确实具有经济合理性，同时也给捕鲸津贴提供了经济学理论依据。

伊格尔等（Eagle et al.，2004）研究了三文鱼养殖与捕捞之间的产业竞争，分析了为什么养殖三文鱼比捕捞三文鱼有市场竞争力。在过去的 1/4 世纪，三文鱼水产养殖产业迅速发展，世界范围内三文鱼产量增加导致的价格下跌（尤其是在阿拉斯加）给三文鱼捕鱼业带来了沉重的打击。通过对比考察发现，养殖三文鱼除了固有的市场优势外，还受益于对天然三文鱼的捕鱼业能力的限制。

（二）海洋产业结构调整

权胜俊等（Kwaka et al.，2005）利用投入产出分析方法研究了海洋产业在韩国国民经济中的作用。他们认为国内外环境的改变和海洋科技发展需要人们对海洋产业的重新认识，这要求研究者能够提供可靠的海洋产业地位与作用的信息。该研究运用投入－产出法分析了1975～1998年海洋产业对韩国国民经济的作用，旨在探讨海洋产业在短期经济运行中的具体功能。研究表明本国海洋产业具有明显的前向与后向产业关联，以及明显的生产拉动效应，但是对供应短缺和市场价格变化的反应不敏感。他们基于该研究结果还提出了针对性的政策建议。

道森（Dawson，2006）对美国个体捕鱼配额（IFQ）施行后的大比目鱼行业垂直整合问题进行了跟踪研究。在一些渔业产业中，有人声称配额计划的实行会导致行业的垂直整合。为控制配额和捕鱼者，美国制定了特定的大比目鱼配额计划，用来保持渔业产业中的小型船只的比例。通过调研，道森认为大比目鱼行业的垂直结构已经产生了明显的变化，结果揭示赋予特定权利对于产业垂直结构有很大的影响。

四、海洋产业的空间组织：区域港口群博弈与演化

（一）一般理论探讨

随着全球经济一体化程度的加深，以及现代海洋运输技术（包括电子商务技术）的运用，区域港口群之间的竞争模式出现了诸多新的变化，对于现代港口群（尤其是集装箱港口群）的竞争与合作问题研究日益深入。港口之

间实际上存在一种竞合（co-opetition）关系（Song，2003），区域港口群非均衡的竞争逐步形成一种垂直分工体系（Yeo and Song，2006），而个别港口应该在一定的港口竞争秩序之下考虑自己的发展方向和规模（Zeng and Yang，2002）；港口群的这种竞争与合作受制于航线运营商的港口选择（Nir，Link and Liang，2003；Yap and Lam，2004）、港口群对腹地的分工与竞争（Notteboom and Rodrigue，2005）；现代港口群已经形成一种价值链关联模式，港口群与腹地、航线运营商，以及港口群内各个港口之间价值链联系，成为驱使港口群演化的重要动力（Robinson，2002）。

（二）区域港口群实证研究

欧洲港口群的发展与演化经历了近2000年的历史，形成了地中海、波罗的海、大西洋沿岸等区域港口群，而20世纪70年代以后集装箱运输的发展，又为欧洲港口群的发展和变革带来新的动力，其中地中海港口群受全球航线运营商和码头投资商兼并影响（Heaver，2000），在干线枢纽港和支线喂给—分拨港的竞争中出现调整（Ridolfi，1999）；同样的情况出现在大西洋沿岸和波罗的海港口群竞争之中（Marcadon，1999；Baird，2006），这种受制于全球市场驱动的港口群竞争已经引起欧洲联盟的重视，如何制定相应的协调政策是近期关注的重要话题（Perez-Labajos and Blanco，2004）。

亚洲港口群随着雁形模式的产业转移和包括中国在内的工业化加速发展而迅速崛起，这同时也改变着原来的港口竞争格局（Slack and Wang，2002）。日本作为东亚工业化较早国家，已经建立起相对完善的沿海港口群体系，但是随着工业空心化的加剧和本土产业的升级，其相对分散的集装箱港口组织体系和相对封闭的沿海近距离轮渡网络已经缺乏效率（Baird，2000；Terada，2002）；而东亚国家之间的港口群竞争日益激烈，虽然中国香港和韩国釜山在过去30年从港口间区域竞争中受益，但是随着物流重心向中国迁移，主要物流中心和邻近港口之间的激烈竞争将不可避免，应该从理性角度予以分析（Yap and Lam，2006；Lam and Yap，2006；Lee，Chew and Lee，2006）。

中国作为亚洲乃至全球经济增长的引领性国家，其 30 年来的改革开放政策也引起了港口群的发展与区域港口竞争（Comtois，1999），但是与国际港口群相比，中国的港口群发展有着相对明显的治理体系（Wang，Ng and Oliviera，2004）。具体而言，珠江三角洲周围港口的发展给中国香港地区的国际枢纽地位带来了挑战，而中国国家政府的政策协调，以及来自中国香港地区的周边港口投资，促进了整个珠江三角洲港口群竞争－分工秩序的形成（Wang，1998；Wang and Slack，2000；Song，2002）；随着 20 世纪 90 年代初期的浦东开发，长江三角洲地区经济发展和港口竞争已经成为学者关注的焦点，但是这种竞争也体现着一种具有港口群治理色彩的垂直分工秩序（Wang and Slack，2004；Cullinane，Teng and Wang，2005）。

东非港口群作为发展中国家的港口群系统，印证了地理大发现以来殖民地港口发展的轨迹和一般模式。服务于肯尼亚、坦桑尼亚，与全球存在历史传统和现实经济联系的非洲东部港口群，已经形成既相互竞争又相互依存的关系，根据塔菲和巴克提出的港口竞争模型，可以将东非港口划分为离散布局、港口腹地孤立拓展、腹地铁路修筑支持下的主要港口（蒙巴萨和达累斯萨拉姆）形成阶段，主要港口间竞争，以及港口腹地拓展和多元化背景下港口群的重新整合阶段（Hoyle and Charlier，1995；Hoyle，1999）。

五、海洋产业规制与政策

（一）海洋渔业产权变革

贝丝和哈特（Bess and Harte，2000）分析了产权在新西兰海产食品业发展中扮演的角色。自从 1986 年新西兰配额管理系统创立以来，财产权以及管理渔场和海上农业的制度上的安排日趋成熟，商业渔场权利变革会鼓励可转移配额所有者和渔民自愿组织协会，以更好管理海上渔业资源。这些协会强调对海上生态系统的产出能力的共同管理。马歇尔（Marshall，2001）讨论了渔业产权改变加拿大东海岸一个小捕鱼社区渔民的挑战问题。政府在 2000 年 10 月提出一项通过水产养殖点分配改变原所有权方式的政策，该政策在本区渔民中产生强烈反响，认为这种创新财产制度反映了一种根本不同的意识形态，使得社区失去对渔业资源的控制，进而威胁那些靠天然渔场谋生渔民的经营活动。福克斯等（Fox et al.，2003）研究了渔业产权的规制变革和企业绩效问题。他们在不列颠哥伦比亚大比目鱼产业的案例研究中引入一种指标分解方法，在自然渔业资源储量变化前提下，分别寻求产出价格、各种要素投入价格、固定资产投入成本等与渔业企业利润的微观经济关系模式。该模式提供了可用于所有企业在单位资源存量前提下与利益最大企业的相应的指标对比，进而为企业和规制制定者提供了关于提升整个行业绩效的客观依据。

（二）海洋产业规制

产业环境规制问题。巴顿（Barton，1997）以智利三文鱼生产为例，分析了商业性渔业环境、可持续性和产业规制的关系。自 20 世纪 80 年代以来，智利的商业化三文鱼水产养殖显示了强劲增长的势头，虽然价格水平降低，但增长没有减缓迹象。三文鱼养殖业的效率和利润主要取决于两个因素，即以最小的成本获得最大增长率的饵料投入，以及对三文鱼死亡率的人为控制。但对这些因素的管理带来了生产基地的淡水和海洋环境污染问题，控制这些负面影响的产业规制将决定该产业的可持续性。研究结果指出，应该由国家政府对三文鱼水产养殖实施产业监视和规制，控制智利三文鱼产业扩张的程度，使得在目前扩张速度下实现可持续发展。理查兹等（Richards et al.，2000）剖析了英国产业发展和海洋环境协调过程的环境规制问题。英国工业污染政策的实施主要由综合污染控制（integrated pollution control）检查员负责完成，他们通过综合考虑环境、技术和经济因素做出相应的决定。对立法者和工业经营者的访问揭示了两者相似的观点，在相关谈判过程中要利用科学、技术和经济信息。对于已建立的环境质量标准和已经授权的排放限制被两者视为有效和易于管理的，然而在现实情况中，因为检察员的官僚政治、较差的执行力和不考虑工业化学品污染的危险而受到环境小组的指责，大家一致认为社会需要更多的环境监测。

规制实施及其产业影响。莱恩和斯蒂芬森（Lane and Stephenson，2000）讨论了政府－行业（渔业）合作过程中的制度安排与组织建设问题。他们认为过去几十年间政府代理机构在建立渔业管理制度中的突出作用导致了自上而下的普遍管理模式，而渔业部门通常被排除在管理之外，这种制度安排是进行更有效管理改革的主要障碍。而另一种自下而上的制度和参与渔业的决策有着诸多好处，这种更加有效的制度安排往往要求建立真实的持股人和政府的合作关系。卡普兰和鲍威尔（Kaplan and Powell，2000）探讨了政府对市场规制的波及效应。对于商业化捕鱼业来说，海上安全是一个严肃的问题。通过对一个普通港口（新贝德福德）的调查，他们认为一些主要用于减轻渔业股票压力的规制，同时可导致渔民压力的增加和海上安全的降低。马丁（Marin，2003）以美国海事局为例，研究了管理权力分拆对所管行业的影响。最近一些经济学对公共官僚组织结构被所管行业俘获的难易程度进行探讨：认为规制权力分离将减少被所管行业俘获的危险。从投资者对重组美国海事局（United States Maritime Bureaucracy）管理职能一分为二的反应发现，此次机构分拆对海上运输者是有害的。

规制调整及其影响。霍克和斯韦德（Hauck and Sweijd，1999）探讨了对非洲南部鲍鱼偷猎进行管理的重新规制问题。非洲南部的渔业管理改革面临着许多对目标有潜在威胁的不确定因素，违法捕捞对海洋资源的持续利用非常不利。关于鲍鱼偷猎活动合法和非法性的犯罪学研究明确表明了问题的严重性和复杂性，并且这种消极效应涉及环境、社会、经济和政治等诸多领域。不合法的规章制度，对权威人士的不信任和腐败，资源利用者之间的仇恨和经常的暴力冲突以及在社团中蔓延的恐惧，增加了合作管理组织的挑战性。虽然历史上曾经依靠法律执行和犯罪控制来解决违法捕捞问题，但公认的解决方法是管理权的转移。考虑到上面所说的一系列问题，这种转移需要用极端的方法进行。塔利（Talley，2004）分析了规制和解除规制对美国港口不同就业者工资水平差异的影响。调查发现，规制和解除规制条件下的多式联运和港口工资有所不同。在规制时期工会规定的卡车司机、路轨工程师和港口码头工人的工资率是可比的，而在解除规制期间，工会规定的卡车司机和路轨工程师的工资率相对那些码头工人下降了。这些结果反映的问题在于，在解除规制期间，码头工人、卡车司机和铁路工程师的讨价还价能力相对增加和减少。

（三）海洋产业反垄断

阿德勒（Adler，2004）认为反垄断是海洋资源保护的一个障碍，主张通过合谋实现资源保护。反垄断原则和海洋公共资源保护存在一定矛盾。海洋渔业资源保护的理论研究和实践表明，作为具有流动性的公共资源，如果不从可持续生产水平考虑，无论通过产权约束，还是提高社会道德规范意识，以及强化政府法规，都会导致海洋渔业资源"公地悲剧"的结局。基于提高市场效率理念的反垄断，应该寻求与保护公共资源的私人努力协调统一。政府应该通过法律手段支持私人合作渔业组织的资源保护行为，在任何一种情况下，反垄断法都不应该与非政府资源保护行为相抵触。哈尔德鲁普等（Haldrup et al.，2005）在大马哈鱼市场反垄断问题研究中，给出了序贯市场（sequential market）与同步市场（simultaneous market）的量化描述方式。相关市场描述是反垄断案例的重要任务，这方面的标准化方式是进行序贯描述，然后定义地域空间同步市场，生产过程与地理分布上共同供给与需求替代一般强于各自的供需替代。通过利用挪威和苏格兰大马哈鱼价格数据集进行实证分析，他们验证了空间同步市场描述的可行性，并与序贯市场描述进行了对比。

金（King，1999）指出了 OECD 国家造船业发展的新方向及政府对策。世界造船能力已经有近三十年处于相对过剩状态，因此，多年以前 OECD 国家的船坞就通过政府资助被保存起来。从 1989 年起，恢复这些造船设施竞争力的磋商开始进行，在 OECD 赞助下主要造船产业集团都参与进来。5 年以后，他们达成一个协议，但由于至今尚未生效，所以欧洲议会决定单方面启动该计划，同时采取与 OECD 造船协议相配套的政府援助制度，将造船业提升到与其他产业相同的地位。索帕和拜博（Sopa and Baeb，2001）分析了韩国渔业产业长期得到政府补贴的现实。由于面临国际上关于削减和取消渔业补贴的争论，他们认为必须重新审视本国渔业补贴政策与 WTO、OECD、FAO、UNEP 等国际机构的规则协调问题。阿尔塞特（Aarset，2002）阐述了协会对政府政策实施的影响作用，主张政治决策虽然是必要的，但是对于政策实施却未必是最有效的。华盛顿州实证研究显示渔业协会在协助政府政策执行方面的脆弱性，作为能够表达渔业利益冲突中不同利益要求的代表，协会却没有真正参与到政策形成的决策过程中，而美国东南部鲇鱼产业和挪威大马哈鱼产业的实践却提供了相对成功的产业组织案例。纳什（Nash，2004）对美国商务部制定的中长期水产业生产促进规划进行了概括评价。其探讨了该项计划对海洋环境的可能影响，认为需要大量的技术上可行的准备工作；同时，还应面对规划实施过程的诸多非技术障碍，包括如何提升海洋食品的单位消费水平、海洋食品营销问题、海洋资源占用的法规、所需资金的投入来源，以及应对变化的经济社会环境等。每项问题都需要政府和私人机构的共同参与。通过总结近年来在港口竞争政策方面的进展，佩雷斯－拉巴霍斯和布兰科（Perez-Labajos and Blanco，2004）对欧洲商业海港竞争政策进行了深入分析，认为经济全球化和可持续发展需要对国际海运成本和基础设施产生了强烈的影响，港口面临运输"忠诚度"的丢失和"游戏新规则"的出现。为重新赢得他们客户的信赖而不断发展的新策略，主要集中在商业和技术策略、新的法律框架和它对欧盟未来"共同港口政策"的作用上。

六、结　语

对海洋问题的产业经济学研究文献初步分析，以及对海洋产业经济相关问题的调研，初步证实了以下一些观点。

（1）国际产业经济理论研究和海洋经济问题研究依然存在一定的差距。问卷调查结果表明，多数产业组织专家对于海洋领域的案例涉及较少或者没有涉及，而多数海洋经济专家认为研究海洋产业组织问题还有一定的难度，也就是对于海洋经济研究者来说，无论从资料的获取还是模型方法的运用，都存在着不低的"进入壁垒"。

（2）对于海洋问题（尤其是跨国/公共海域的海洋问题）的研究，一般需要涉及包括国际政治、法律、文化、管理、技术等在内的诸多领域，经济问题有时只是这些问题纠缠的结果。因此，在诸多海洋产业经济文献中，海洋问题研究只是一个明确了诸多外部条件的单纯例证，论文的重点似乎侧重理论模型的推演和展示，而对于真正解决海洋问题的应用研究还有一定距离。

（3）因为海洋问题的具体性和复杂性，一些现代经济学基本方法的运用，尤其包括博弈论方法的应用，有时会模糊单纯产业组织理论研究和其他经济学分支，乃至与非经济学研究的界限，如港口博弈问题实际上也是区域经济学必须面对的问题，海洋产业规制问题也是海洋法和海洋政治等学科研究的重要内容。

（4）不同领域的海洋产业活动，对于产业经济研究的侧重点也存在差异，其中，海洋资源问题的动态博弈研究、海洋运输领域的卡特尔组织与企业兼并研究、海洋制造业与临港服务业的产业集群研究、海洋港口群的空间组织与演化博弈研究、海洋产业环境问题的规制研究等相对比较集中。

（5）基于对有限文献的分析，初步认为尚缺乏对整个海洋产业经济的基本理论、整体方法和学科体系的探讨。案例和实证研究的内容相对分散，加上可供评述文献的数量，有时难以总结其一般趋势和主要方向。

尽管本文只是一个初步的文献综述，但是从已经得到的研究结果来看，从产业经济学角度对国际海洋经济问题的研究依然取得了值得学习的诸多成就，为我们运用相对规范和成熟的方法从事海洋经济问题研究，提供了难得的探索和经验。同时，我们也应该结合中国海洋经济活动实践，在借鉴和运用相关理论和方式的同时争取有所创新，为建设中国特色海洋产业经济学科做出努力。

参 考 文 献

［1］Aarset, B. (2002). Pitfalls to policy implementation: controversies in the management of a marine salmon-farming industry. Ocean & Coastal Management, 45 (1): 19 – 40.

［2］Adler, J. H. (2003). Conservation through collusion: antitrust as an obstacle to marine resource conservation. Washington & Lee Law Review, 61 (1): 3 – 78.

［3］Adler, J. H. (2004). Conservation through collusion: antitrust as an obstacle to marine resource conservation. Washington & Lee Law Review.

［4］Alderton, T. and Winchester, N. (2002). Globalization and deregulation in the maritime industry. Marine Policy, 26 (1): 35 – 43.

［5］Anferova, E. , Vetemaa, M. and Hannesson, R. (2005). Fish quota auctions in the Russian far east: a failed experiment. Marine Policy, 29 (1): 47 – 56.

［6］Arbo, P. and Hersoug, B. (1997). The globalization of the fishing industry and the case of Finnmark. Marine Policy, 21 (2): 121 – 142.

［7］Arnarson, I. (2002). Simulating economic processes in time: with an application to the Alaskan fishing industry. Working Paper, Norwegian College of Fishery Science, University of Troms, Norway.

［8］Arnason, R. , Hannesson, R. and Schrank, W. E. (2000). Costs of fisheries management: the cases of Iceland, Norway and Newfoundland. Marine Policy, 24: 233 – 243.

［9］Baird, A. J. (2006). Optimising the container transhipment hub location in northern Europe. Journal of Transport Geography, 14 (3): 195 – 214.

［10］Baird, A. J. (1995). Privatisation of trust ports in the United Kingdom: Review and analysis of the first sales. Transport Policy, 2 (2): 135 – 143.

［11］Baird, A. J. (2000). The Japan coastal ferry system. Maritime Policy & Management, 27 (1): 3 – 16.

［12］Barton, J. R. (1997). Environment, sustainability and regulation in commercial aquaculture: the case of Chilean salmonid production. Geoforum, 28 (3): 313 – 328.

［13］Batabyal, A. A. and Beladi, H. (2006). A stackelberg game model of trade in renewable resources with competitive sellers. Social Science Electronic Publishing.

［14］Benito, G. R. G. et al. （2003）. A cluster analysis of the maritime sector in Norway. International journal of transport management, （1）: 203 – 215.

［15］Bess, R. and Harte, M. （2000）. The role of property rights in the development of New Zealand's seafood industry. Marine Policy, 24 （4）: 331 – 339.

［16］Boile, M. and Theofanis, S. （2006）. Liner shipping and the port community: modeling the players' relationships. National Urban Freight Conference.

［17］Brooks, M. R. （2000）. Restructuring in the liner shipping industry: a case study in evolution.

［18］Butcher, P. A. , Broadhurst, M. K. and Brand, C. P. （2006）. Mortality of sand whiting （Sillago ciliata） released by recreational anglers in an Australian estuary. ICES Journal of Marine Science, 63 （3）: 567 – 571.

［19］Campbell, H. F. （1996）. Prospects for an international tuna resource owners' cartel. Marine Policy, 20 （5）: 419 – 427.

［20］Chang, S. E. （2000）. Disasters and transport systems: loss, recovery and competition at the Port of Kobe after the 1995 earthquake. Journal of Transport Geography, 8 （1）: 53 – 65.

［21］Chetty and Sylvie. （2004）. On the crest of a wave: the New Zealand boat-building cluster. International Journal of Entrepreneurship & Small Business, 1: 313 – 329.

［22］Claytor, R. R. （2000）. Conflict resolution in fisheries management using decision rules: an example using a mixed-stock Atlantic Canadian herring fishery. Ices Journal of Marine Science, （4）: 1110 – 1127.

［23］Coleman, M. T. and Scheffman, M. D. T. （2003）. Economic analyses of mergers at the FTC: the cruise ships mergers investigation. Review of Industrial Organization, 23 （2）.

［24］Comtois, C. （1999）. The integration of China's port system into global container shipping. GeoJournal, 48: 35 – 42.

［25］Cullinane, K. , Teng, Y. and Wang, T. （2005）. Port competition between Shanghai and Ningbo. 2005, Maritime Policy & Management, 32 （4）: 331 – 346.

［26］Cynthia-Lin, C. Y. （2007）. The multi-stage investment timing game in offshore petroleum production: preliminary results from an econometric model. Working Paper.

［27］Davis, D. et al. （1997）. Whale sharks in Ningaloo Marine Park: Managing tourism in an Australian marine protected area. Tourism Management, 18: 259 – 271.

[28] Dawson, R. (2006). Vertical integration in the post-IFO halibut fishery. Marine Policy, 30 (4): 341 – 346.

[29] Dikos, G. , Marcus, H. S. and Papadatos, M. P. (2005). Inverse system dynamics in competitive economic modelling: the case of tanker freight rates. Working Paper.

[30] Donn, C. (2002). Two-tiered employment in the global economy: The world maritime industry management division. Le Moyne College Working Paper Series.

[31] Donohue, M. J. (2003). How multiagency partnerships can successfully address large-scale pollution problems: a Hawaii case study. Marine Pollution Bulletin, 46 (6): 700 – 702.

[32] Dupont, D. P. et al. (2002). Capacity utilization measures and excess capacity in multi-product privatized fisheries. Resource and Energy Economics, 24: 193 – 210.

[33] Eagle, J. , Naylor, R. and Smith, W. (2004). Why farm salmon outcompete fishery salmon. Marine Policy, 28 (3): 259 – 270.

[34] Elverfeldt, N. J. (1997). The role of private industry in implementing the Baltic Sea joint. Marine policy.

[35] Estache, A. , Gonzalez, M. and Trujillo, L. (2002). Efficiency gains from port reform and the potential for yardstick competition: lessons from Mexico. World Development, 30 (4): 545 – 560.

[36] Fox, K. J. et al. (2003). Property rights in a fishery: regulatory change and firm performance. Journal of Environmental Economics & Management, 46 (1): 156 – 177.

[37] Gabriel, R. G. et al. (2003). A cluster analysis of the maritime sector in Norway. International Journal of Transport Management, 1 (4): 203 – 215.

[38] Gouvernal, E. , Debrie, J. and Slack, B. (2005). Dynamics of change in the port system of the Western Mediterranean. Maritime Policy & Management, 32 (2): 107 – 121.

[39] Gregory, K. V. (2000). Economies of scale in international liner shipping and ongoing industry consolidation: an application of Stigler's survivorship Principle. Working Paper.

[40] Grønbæk, L. (2000). Fishery economics and game theory, university of southern Denmark. University of Southern Demark.

[41] Haldrup, N, Mollgaard, P. and Nielsen, C. K. (2005). Sequential versus simulta-

neous market delineation: The relevant antitrust market for salmon. Working Papers, 4 (3): 893 – 913.

[42] Harte, M. (2001). Opportunities and barriers for industry-led fisheries research. Marine Policy, 25 (2): 159 – 167.

[43] Hauck, M. and Sweijd, N. A. (1999). A case study of abalone poaching in south Africa and its impact on fisheries management. ICES Journal of Marine Science, (6): 1024 – 1032.

[44] Heaver, T. et al. (2000). Do mergers and alliances influence European shipping and port competition? . Maritime Policy & Management, 27 (4): 363 – 373.

[45] Herrera, G. E. and Hoagland, P. (2006). Commercial whaling, tourism, and boycotts: An economic perspective. Marine Policy, 30 (3): 261 – 269.

[46] Hilborn, R. et al. (2004). Recent developments: when can marine reserves improve fisheries management? . Ocean & Costal management, 47: 197 – 205.

[47] Hoyle, B. , Charlier, J. (1995). Inter-port competition in developing countries: An east African case study. Journal of Transport Geography, 13 (2): 87 – 103.

[48] Hoyle, B. (1999). Port concentration, inter-port competition and revitalization: The case of Mombasa, Kenya. Maritime Policy & Management, 26 (2): 11 – 174.

[49] Iizuka, M. (2003). Global standards and local producers; environmental sustainability in the Chilean salmon industry. Clusters and Clobal Value Chains in the North and the Third World.

[50] Jansson, J. O. (2002). Ericsson R. Unification of accounts and marginal costs for transport efficiency Annex A6: Swedish seaport case study: Price Relevant marginal cost of Swedish WIO seaport services. University of Leeds.

[51] Jargensen, S. and Yeung, D. W. K. (1996). Stochastic differential game model of a common property fishery. Journal of Optimization Theory and Applications, 90 (2): 381 – 403.

[52] Kaplan, I. M. and Kite-Powell, H. L. (2000). Safety at sea and fisheries management: fishermen's attitudes and the need for co-management. Marine Policy, 24 (6): 493 – 497.

[53] Kavussanos, M. G. , Visvikis, I. D. and Batchelor, R. A. (2004). Over-the-counter forward contracts and spot price volatility in shipping. Transportation Research Part E: Logistics

and Transportation Review, 40: 273 - 296.

[54] Kavussanos, M. G. , Visvikis, I. D. and Menachof, D. (2004). The unbiasedness hypothesis in the freight forward market: evidence from cointegration tests. Review of Derivatives Research, 7 (3): 241 - 266.

[55] Kim, I. (2002). Ten years after the enactment of the oil pollution act of 1990: a success or a failure. Marine Policy, 26 (3): 197 - 207.

[56] King, J. (1999). New directions in shipbuilding policy. Marine Policy, 23 (3): 191 - 205.

[57] Klink, H. A. V. and Berg, G. C. V. D. (1998). Gateways and inter-modalism. Journal of Transport Geography, 6 (1): 1 - 9.

[58] Korilis, Y. A. , Lazar, A. A. and Orda, A. (1997). Achieving network optima using Stackelberg routing strategies. Networking, IEEE/ACM Transactions, 5 (1): 11 - 173.

[59] Kronbak, L. G. (2002). The Dynamics of an open access: the case of the Baltic Sea cod fishery. University of Southern Denmark.

[60] Kwaka, S. J. , Yoob, S. H. and Chang, J. I. (2005). The role of the maritime industry in the Korean national economy: an input-output analysis. Marine Policy, 29 (4): 371 - 383.

[61] Lalwani, C. S. and Stojanovic, T. (1999). The development of marine information systems in the UK. Marine Policy, 23 (4 - 5): 427 - 438.

[62] Lam, J. and Yap, W. (2006). A measurement and comparison of cost competitiveness of container ports in Southeast Asia. Transportation, 33: 641 - 654.

[63] Lane, D. E. and Stephenson, R. L. (1999). Fisheries-management science: A framework for the implementation of fisheries-management systems. ICES Journal of Marine Science, 56: 1059 - 1066.

[64] Lane, D. E. and Stephenson, R. L. (2000). Institutional arrangements for fisheries: alternate structures and impediments to change. Marine Policy, 24 (5): 385 - 393.

[65] Lee, L. H. , Chew, E. P. and Lee, L. S. (2006). Multicommodity network flow model for Asia's container ports. Maritime Policy & Management, 33 (4): 387 - 402.

[66] Leng, M. and Parlaro, M. (2005). Free shipping and purchasing decisions in B2B transactions: a game-theoretic analysis. IIE Transactions, 37: 1119 - 1128.

[67] Marcadon, J. (1999). Containerisation in the ports of Northern and Western Europe. Geo-Journal, 48: 15 – 20.

[68] Marin, P. L. (2003). Does the separation of regulatory powers reduce the threat of capture? Evidence from the US maritime bureaucracy. Discussion Paper, University of Vermont.

[69] Marshall, J. (2001). Landlords, leaseholders & sweat equity: changing property regimes in aquaculture. Marine Policy, 25: 335 – 352.

[70] Martinelli, C. and Sicotte, R. (2004). Voting in cartels: theory and evidence from the shipping industry. Discussion Paper.

[71] Matthiasson, T. (2001). The Icelandic debate on the case for a fishing fee: a non-technical introduction. Marine Policy, 25: 303 – 312.

[72] Mazzarol, T. (2004). Industry networks in the Australian marine complexR. CEMI Report.

[73] Morgan, G. R. (1995). Optimal fisheries quota allocation under a transferable quota (TQ) management system. Marine Policy, 19 (5): 379 – 390.

[74] Morris, A. J. (1999). Discharge regulation of the UK nuclear industry. Marine Policy, 23 (4 – 5): 359 – 373.

[75] Mutual, P. B. (2001). Mutual risk: P&I insurance clubs and maritime safety and environmental performance. Marine Policy, 25: 13 – 21.

[76] Myongsopa, P. and Moonaeb, J. (2001). Korea's fisheries industry and government financial transfers. Marine Policy, 25: 427 – 436.

[77] Nash, C. E. (2004). Achieving policy objectives to increase the value of the seafood industry in the United States: the technical feasibility and associated constraints. Food Policy, 29 (6): 621 – 641.

[78] Nielsen, J. R. and Vedsmand, T. (1997). Perspectives for fisheries co-management based on Danish fisheries. Marine Policy.

[79] Nijdam, M. H. and Langen, P. W. (2003). Leader firms in the Dutch maritime cluster C. The ERSA Congress.

[80] Nir, A. , Link, K. and Liang, C. (2003). Port choice behaviour from the perspective of the shipper. Maritime Policy & Management, 30 (2): 165 – 173.

[81] Notteboom, T. E. and Rodrigue, J. (2005). Port regionalization: towards a new

phase in port development. Maritime Policy & Management, 32 (3): 297 – 313.

[82] Notteboom, T. E. (2002). Consolidation and contestability in the European container handling industry. Maritime Policy & Management, 29 (3): 257 – 269.

[83] Orams, M. B. (2000). Tourists getting close to whales, is it what whale-watching is all about?. Tourism Management, 21 (6): 561 – 569.

[84] Pak, M. S. and Joo, M. B. (2002). Korea's fisheries industry and government financial transfers. Marine Policy, 26: 429 – 435.

[85] Panayides, P. M. and Gong, X. H. (2002). The stock market reaction to merger and acquisition announcements in liner shipping. International Journal of Maritime Economics, 4 (1): 55 – 80.

[86] Perez-Labajos, C. and Blanco, B. (2004). Competitive policies for commercial sea ports in the EU. Marine Policy, 28 (6): 553 – 556.

[87] Petersen, E. H. (2002). Economic policy, institutions and fisheries development in the Pacific. Marine Policy, 26: 315 – 324.

[88] Richards, J. P., Glegg, G. A. and Cullinane, S. (2000). Environmental regulation: Industry and the marine environment. Journal of Environmental Management, 58 (2): 119 – 134.

[89] Ridolfi, C. (1999). Containerisation in the Mediterranean: between global ocean routeways and feeder services. Geo-journal, 48: 29 – 34.

[90] Rijnsdorp, A. D. et al. (2000). Effects of fishing power and competitive interactions among vessels on the effort allocation on the trip level of the Dutch beam trawl fleet. ICES Journal of Marine Science.

[91] Robinson, R. (2002). Ports as elements in value-driven chain systems: The new paradigm. Maritime Policy & Management, 29 (3): 241 – 255.

[92] Ruckes, E. (2001). Evolution of the international regulatory framework governing international trade in fishery products. International Institute of Fisheries Economics and Trade.

[93] Ryan, T. P. (2001). The economic impacts of the ports of Louisiana and the maritime industry. University of New Orleans, Working Paper.

[94] Sankaran, J. K. (2005). Innovation and value-chains of nutraceuticals: the case of marine natural products. Working Paper.

［95］Schitone, J. (2001). Tourism vs. commercial fishers: development and changing use of key west and stock island, Florida. Ocean & Coastal Management, 44: 15 – 37.

［96］Seebergelverfeldt, N. (1997). The role of private industry in implementing the Baltic sea joint comprehensive environmental action programme. Marine Policy, 21 (5): 481 –491.

［97］Sjostrom, W. (2004). Ocean shipping cartels: a survey. Review of Network Economics, 3 (2): 107 –134.

［98］Slack, B. and Wang, J. J. (2002). The challenge of peripheral ports: an Asian perspective. Geo-Journal, 56: 159 –166.

［99］Slack, B., Comtois, C. and Mccalla, R. (2002). Strategic alliances in the container shipping industry: a global perspective. Maritime policy and management, 29 (1): 65 – 76.

［100］Smith, H. D. and Lalwani, C. S. (1999). The call of the sea: The marine knowledge industry in the UK. Marine Policy, 23 (4 –5): 397 –412.

［101］Song, D. and Panayides, P. M. (2002). A conceptual application of cooperative game theory to liner shipping strategic alliances. Maritime Policy & Management, 29 (3): 285 – 301.

［102］Song, D. (2003). Port coopetition in concept and practice. Maritime Policy & Management, 30 (1): 29 –44.

［103］Song, D. W. (2002). Regional container port competition and co-operation: the case of Hong Kong and South China. Journal of Transport Geography, 10: 99 – 110.

［104］Stoneham, G. et al. (2005). Reforming resource rent policy: an information economics perspective. Marine Policy, 29: 331 –338.

［105］Talley, W. K. (2004). Wage differentials of intermodal transportation carriers and ports: deregulation versus regulation. Review of Network Economics, 3 (2): 207 –227.

［106］Terada, H. (2002). An analysis of the overcapacity problem under the decentralized management system of container ports in Japan. Maritime Policy & Management, 29 (1): 3 – 15.

［107］Trace, K. (2002) Clobalisation of container shipping: Implications for the North-South liner shipping trades. A paper for XIII World Congress of Economic History, Buenos Aires.

［108］UN Economic and Social Commission for Asia and the Pacific (2002). Commercial

Development of Regional Ports as Logistics Centres, New York.

[109] Valentines, P. S. et al. (2004). Getting closer to whales: passenger expectations and experiences, and the management of swim with dwarf minke whale interactions in the Great Barrier Reef. Tourism Management, 25: 647 – 655.

[110] Veenstra, A. W. (2002). Nautical education in a changing world: the case of the Netherlands. Marine Policy, 26 (2): 133 – 141.

[111] Viitanen, M. et al. (2003). The Finnish maritime cluster. Technology Review, National Technology Agency, Helsinki.

[112] Villena, M. G. and Chavez, C. A. (2005). The economics of territorial use rights regulations: a game theoretic approach. Working Paper Series: 1 – 42.

[113] Walker, P. A. et al. The tourism futures simulator: a systems thinking approach. Environmental Modelling & Software, 1999, 14: 59 – 67.

[114] Wang, J. J. (1998). A container load center with a developing hinterland: a case study of Hong Kong. Journal of Transport Geography, 6 (3): 187 – 201.

[115] Wang, J. J. and Slack, B. (2004). Regional governance of port development in China: a case study of Shanghai international shipping center. Maritime Policy & Management, 31 (4): 357 – 373.

[116] Wang, J. J. and Slack, B. (2000). The evolution of a regional container port system: the Pearl River Delta. Journal of Transport Geography, 8 (4): 263 – 275.

[117] Wang, J. J., Ng, K. Y. and Olivier, D. (2004). Port governance in China: a review of policies in an era of internationalizing port management practices. Transport Policy, 11 (3): 237 – 250.

[118] Whitmarsh, D. et al. (2000). The profitability of marine commercial fisheries: a review of economic information needs with particular reference to the UK. Marine Policy, 24: 257 – 263.

[119] Wie, B. W. (2005). A dynamic game model of strategic capacity investment in the cruise line industry. Tourism Management, 26 (2): 203 – 217.

[120] Yap, W. Y. and Lam, J. S. (2006) Competition dynamics between container ports in east Asia. Transportation Research, 40: 35 – 51.

[121] Yap, W. Y. and Lam, J. S. L. (2004). An interpretation of inter-container port re-

lationships from the demand perspective. Maritime Policy & Management, 31 (4): 337 – 355.

[122] Yeo, G. T. and Song, D. W. (2006). An Application of the hierarchical fuzzy process to container port competition: policy and Strategic Implications. Transportation, 33 (4): 409 – 422.

[123] Zeng, Z. and Yang, Z. (2002). Dynamic programming of port position and scale in the hierarchized container ports network. Maritime Policy & Management, (2): 163 – 177.

海平面上升对策问题国际研究进展[*]

刘曙光　刘　洋　尹　鹏[**]

【摘要】 全球气候变暖导致的海平面上升已成为沿海地区可持续发展所面临的重大问题，迫切需要相关国家制定科学有效的对策体系。论文通过解读领域研究文献，从适应性转变、制定、实施等方面展示了海平面上升问题对策研究的国际研究进展。研究结果显示，海平面上升相关对策的适应性转变包括由减排向适应的转变、改变环境的适应、改变人类活动的适应以及基于生态系统的适应，海平面上升对策的制定与实施包括有效治理系统构建、联合管理框架设计、科学政策关系协调、"邪恶问题"应对以及公众参与障碍削减等。已有研究结论对我国制定海平面上升应对策略具有参考价值。

【关键词】 海平面上升　对策措施　国际研究进展　启示

温室气体排放已经引起显著全球气候变化，海气相互作用导致海平面上升。政府间气候变化专门委员会（IPCC）第四次报告（AR4）指出，21世纪末

  ＊ 本文发表于《中国海洋大学学报（社会科学版）》2017年第6期。本文系国家社科基金重大项目"海平面上升对我国重点沿海区域发展影响研究"（项目号：15ZDB170）阶段性成果。

  ＊＊ 刘曙光，1966年出生，男，博士，中国海洋大学经济学院、经济发展研究院教授，博士生导师，研究方向：海洋经济、区域创新与国际经济合作。刘洋，1984年出生，男，中国海洋大学经济学院博士研究生。尹鹏，1987年出生，男，中国海洋大学经济学院博士/博士后。

全球海平面将平均上升 0. 18 ~ 0. 38 米（B1 情形下）或 0. 26 ~ 0. 59 米（AIFI 情形下）（Solomon，2007），有学者认为至少会上升 1 米（Rahmstorf，2007；Kopp et al. ，2009）。海平面上升已经对全球沿海区域自然环境、经济发展和社会保障产生复杂影响，从中长期深刻改变人与沿海环境的作用关系，需要研究沿海地区面向海平面上升威胁应对策略。本文通过检索 21 世纪以来关于海平面上升影响应对策略和模式等方面国际权威文献，梳理海平面上升影响应对策略类型，评析已有应对措施的科学性和缺憾，以期为我国制定海平面上升系统对策提供基础研究参考。

一、海平面上升对策的适应性转变

（一）由减排转向适应

减少温室气体排放被认为是解决海平面上升问题的根本途径。适应概念最早由伯顿（Burton）提出 IPCC 第三次评估报告（TAR）认为在实际或预期气候变化影响下，需要强化自我调整与适应（McCarty et al. ，2001）。很长时间里，学者们担心人们将注意力放在减排上，戈尔（Al Gore）认为适应会阻碍政治正确反应（McMasters，1989）。由于减排措施面临着巨大现实困难和复杂国际博弈，至今未达成有效国际监督机制，适应措施逐渐被重视。皮尔克等（Pielke et al. ，2007）指出，气候变化因素在所难免，非气候因素逐步增加，适应才是解决潜在威胁的实际方式。欧盟（European Commission，2013）认为适应是应对气候变化的一个核心功能，《联合国气候变化框架公约》和斯特恩报告等也表达了类似观点。

（二）改变环境的适应

改变环境的适应最根本做法是通过改变自然环境来减缓海平面上升的损害，维护人类现有利益。苏格兰为减少潜在海岸线退化，延长了原先是自然系统的岩石抵御设施，然而，这很可能会破坏邻近海滩和沙丘，长期来看将对农业用地和景观造成负面影响，加重维护负担（Cooper and Pile，2014）。英国于1984年建设泰晤士河堰坝（Thames barrage），不断上涨的海平面导致新大坝规划出炉（Lonsdale et al.，2008）。这种适应会鼓励人们更加忽视海平面上升的危害，最终加大沿海地区生态脆弱性。尽管对海岸稳定存在缺陷，但现有研究文献大多集中在此类适应上，其原因为：第一，政策制定往往寻求最好最快的成本收益，建设抵御设施顺理成章成为最受欢迎的政策；第二，技术修复思维定式、工程解决方案偏好和对资源控制观念，导致人们忽视对其长期影响的评估。尼科尔斯等（Nicholls et al.，2010）认为通过修建堤坝和人工育滩造成的损失将比什么都不做要小得多；阿德勒等（Adger et al.，2009）认为抵御设施可能丧失技术和经济的可行性。

（三）改变人类活动的适应

减少干预类措施一般是指人们有计划地减少对当地自然生态系统的干预甚至撤出以利于当地生态环境的恢复，增强对海平面上升的抵御能力，包括解构甚至放弃影响生态环境恢复的人类设施，不开发受威胁地区，以及人口迁移。英国马利恩湾社区决定让港口恢复原来自然状态（DeSilvey，2012）。越南湄公河三角洲的100万居民得到重新安置（Mart and Peter，2011）。美国阿拉斯加一些社区也出现了迁移需要（NAS，2010）。

改变人类活动的适应是指通过改变日常活动设施功能减缓海平面上升带来的危害，包括制定早期预警和疏散规划（Obrien et al.，2006）、改变基础设施的风格和功能。梅耶（Meyer，2008）提出减少建筑使用寿命来应对气候变化的不确定性和未来更为频繁的基础设施更换；冰岛通过改变新建筑标准或改造老建筑的方法来增强抵御能力（Grannis，2011）。

（四）基于生态系统的适应

基于生态系统的适应是指利用自然栖息地和自然过程来改善或避免自然灾害影响。由于意识到改变自然生态环境的适应在长期不是有效对策，基于生态系适应越来越受到重视。许多评估显示，高生态弹性地区的沿海系统能够更好地应对灾害压力（Steneck et al.，2002；Adger et al.，2005）。促进沿海生态恢复被认为是应对包括海平面上升和风暴等灾害在内气候变化的有效对策。印度洋红树林的恢复（Feagin et al.，2010）和美国切萨皮克地区的海恢复（Orth et al.，2006）都是出于此种考虑。现有几个对保存和恢复红树林的评估报告显示，仅将木材、支持渔业、固碳和海岸保护计算在内，计划和维护的收入－成本比大于4∶1（Balmford et al.，2002；Ronnback，Crona and Ingwall，2007）。生态恢复工程对地区维护成本、延长寿命和提高生态服务水平都有很强的正面影响（Sano et al.，2011；Huxham et al.，2010）。

二、海平面上升对策的制定与实施

（一）构建有效治理系统

有效的治理系统能够支持社会－文化和经济过程，大幅改善生态系统的动力，全球范围内的治理被认为是解决社会生态系统可持续性至关重要的举措（Ludwig，2001）。杜特拉（Dutra et al.，2015）提出一个比较完备的海平面上升应对治理框架（见图1）。

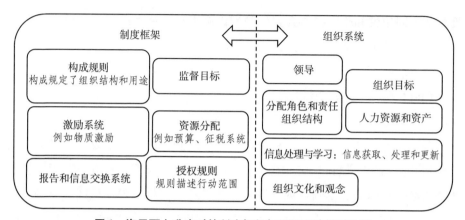

图 1　海平面上升应对的制度框架与组织系统相互作用

资料来源：Dutra et al.（2010）。

（二）联合管理框架

联合管理框架的提出是由于传统治理系统在解决气候问题时相关利益者与公众未参与其中，造成效果不理想。菲利普和琼斯（Phillips and Jones，2006）指出，利益相关者和政策制定者联合参与的海岸联合管理框架至关重要。目前，尚未形成比较合理和高效的气候变化联合管理框架，这是由于：第一，管理、组织和生态系统界限与程序不匹配（Dutra et al.，2015）；第二，政策制定的科学方法不完备；第三，框架设计忽视科学共识与公共认识的脱节。

（三）协调科学政策关系

目前尚未形成一个被普遍接受的海平面上升应对政策制定模型。哈维和斯托特（Harvey and Stocker，2015）通过对澳大利亚各州应对海平面上升对策分析发现，仅一个州制定政策时完全用科学方法。纯科学方法不能发挥主导作用可能原因包括：第一，不同学科甚至同一学科内对同一现象的研究结果有时相互矛盾；第二，不同维度上往往需要制定不同的政策；第三，一种现象在不同角度和政策制定维度上往往具有不同含义；第四，人们往往只是专注于技术解决方案和物理措施；第五，科学共识与公共认识之间的脱节非常大。越来越多沿海城市开始将重点转向利益相关者参与、规划工具应用和治理流程改进等方向，而不再专注于技术解决方案与物理措施（Hunt and Watkiss，2011）。

（四）应对"邪恶问题"

气候环境政策制定被普遍认为是一个"问题—关注"周期循环过程（Downs，1972），其复杂性会放大复合和异质性社区公共决策的挑战，这就是里特尔和韦伯（Rittel and Webber，1973）提出的"邪恶问题"。其原因包括该问题对公众的意义模糊性，以及对问题背后临时关系理解的不确定性，"邪恶问题"政策制定既不能通过合理计算和调查得出最好政策选项，也不能通过相关利益者讨价还价的纯政治活动解决（Schon and Rein，1995）。在荷兰围海造地地区，协商一致原则已成为解决海平面上升和风暴潮等问题合法集体行动的基石（Van Koningsveld，2008）。但社会异质性经常会导致水管理陷入无休止争论和争议（Lach，Rayner and Ingram，2005），造成规划困境。

（五）消减公众参与障碍

海平面上升应对的科学共识与公共认识脱节影响到民众的参与度（Lieske，Wade and Roness，2014），进而影响对策制定效率和实施效果。这是因为：第一，在气候联合管理框架下，公众代表作为相关利益者参与政策制定；第二，对策实施需公众配合；第三，公众自觉适应措施是适应组成部分。

"心理距离"能够解释人们对气候变化的关注度与意愿度。斯宾塞等认为，拥有低自省心理距离的人更加关注气候变化和减少对能源需求（Spence，Poortinga and Pidgeon，2012）；灾害风险直接体验者和灾害易发地区居民更关注这些问题（Spence et al.，2011）。减少心理距离可以通过灾害场面可视化宣传，家庭层面认知培育（Koerth et al.，2013），促进精英和非精英对话（Arnall and Kothari，2015）等措施实现。

三、结论与启示

通过对海平面上升问题对策研究国际进展阐述，得出如下结论：

（1）海平面上升对策有着从"减排"到"适应"的演化过程。人们逐渐认识到短期无法阻止海平面上升情况下，改变环境的适应和改变人类活动的适应，前者解决当前问题比较有效，后者和由此发展出的基于生态系统的适应才是解决长期问题的有效方法。

（2）海平面上升应对体系建设出现上层治理体系建设与基层利益相关者参与的复杂作用。有效的治理系统是解决海平面上升问题的有效举措，但强调政府发挥作用的治理一般忽视利益相关者的诉求与公众参与，降低解决复杂社会生态问题的有效性，联合管理框架在解决复杂社会生态问题的相关利益者诉求上具有更好效果，但框架设计面临诸如科学方法不主导、"邪恶问题"等问题。

（3）海平面上升应对政策实施过程时回归"人海关系"互动调整进程。需在认知海平面变化趋势等科学性问题基础上，协调和推动沿海区域复杂社会群体形成更大共识，铺平公众参与的可行路径。

国际已有研究对我国的主要启示如下：第一，我国应发挥后发优势，将研究重点放在海平面上升应对的适应措施和市场化措施上；第二，我国应该秉承"借鉴—改造—发展"的思路，结合当今国情和沿海区情，形成融入国土开发战略框架的综合性与协调性兼具的对策治理体系；第三，我国政府应该进一步重视政府规划引导与公众参与的综合治理实践，推动提升公众对于海平面问题应对的参与度和主动性。

参 考 文 献

［1］Adger, W. N. et al. （2005）. Social ecological resilience to coastal disasters. Science, 309 （5737）: 1036 – 1039.

［2］Adger, W. N. et al. （2009）. Adapting to climate change: thresholds, values, governance. Cambridge University Press: 54 – 63.

［3］Arnall, A. and Kothari, U. （2015）. Challenging climate change and migration discourse: different understandings of timescale and temporality in the Maldives. Global Environmental Change, 31: 199 – 206.

［4］Balmford, A. et al. （2002）. Economic reasons for conserving wild nature. Science, 297 （5583）: 950953.

［5］Cooper, J. A. G. and Pile, J. （2014）. The adaptation-resistance spectrum: a classification of contemporary adaptation approaches to climate related coastal change. Ocean & Coastal Management, 94: 90 – 98.

［6］DeSilvey, C. （2012）. Making sense of transience: an anticipatory history. Cultural Geographies, 19 （1）: 31 – 54.

［7］Downs, A. （1972）. Up and down with ecology: the "issue-attention cycle". The public, 28: 38 – 50.

［8］Dutra, L. X. C. et al. （2015）. Organizational drivers that strengthen adaptive capacity in the coastal zone of Australia. Ocean & Coastal Management, 109: 6476.

［9］European Commission. （2013）. An EU strategy on adaptation to climate change. Brussels, 16.

［10］Feagin, R. A. et al. （2010）. Shelter from the storm? Use and misuse of coastal vegetation bio shields for managing natural disasters. Conservation Letters, 3 （1）: 1 – 11.

［11］Grannis, J. （2011）. Adaptation tool kit: sea-level rise and coastal land use. How governments can use land-use practices to adapt to sealevel rise. Georgetown Climate Center, Washington.

［12］Harvey, N. and Stocker, L. （2015）. Coastal residential waterways, science and policy-making: the Australian experience. Estuarine, Coastal and Shelf Science, 155: A1 –

A13.

［13］Hunt, A. and Watkiss, P. (2011). Climate change impacts and adaptation in cities: a review of the literature. Climatic Change, 104 (1): 13 – 49.

［14］Huxham, M. et al. (2010). Intra-and interspecific facilitation in mangroves may increase resilience to climate change threats. Philosophical Transactions of the Royal Society of London B: Biological Sciences, 365 (1549): 2127 – 2135.

［15］Koerth, J. et al. (2013). Household adaptation and intention to adapt to coastal flooding in the Axios-Loudias Aliakmonas National Park, Greece. Ocean & Coastal Management, 82: 43 – 50.

［16］Kopp, R. E. et al. (2009). Probabilistic assessment of sea level during the last interglacial stage. Nature, 462 (7275): 863 – 867.

［17］Lach, D., Rayner, S. and Ingram, H. (2005). Taming the waters: strategies to domesticate the wicked problems of water resource management. International Journal of Water, 3 (1): 1 – 17.

［18］Lieske, D. J., Wade, T. and Roness, L. A. (2014). Climate change awareness and strategies for communicating the risk of coastal flooding: a Canadian maritime case example. Estuarine, Coastal and Shelf Science, 140: 83 – 94.

［19］Lonsdale, K. G. et al. (2008). Plausible responses to the threat of rapid sealevel rise in the Thames Estuary. Climatic Change, 91 (1 – 2): 145 – 169.

［20］Ludwig, D. (2001). The era of management is over. Ecosystems, 4: 758 – 764.

［21］Mart, A. S. and Peter, A. C. (2011). Environmental change and agricultural sustainability in the Mekong Delta. Springer Science & Business Media, 181 – 204.

［22］McCarty, J. J. et al. (2001). Climate change 2001: impacts, adaptation, and vulnerability. Contribution of working group II to the Third Assessment Report of the intergovernmental panel on climate change. Cambridge University Press.

［23］McMasters, P. (1989). Topic: the ozone shield-nations must join hands against a global threat. USA Today, 4.

［24］Meyer, M. D. (2008). Design standards for US transportation infrastructure: the implications of climate change. Washington, DC: Transportation Research Board.

［25］NAS. (2010). Americas climate choices. Washington DC, National Academies

Press: 144.

[26] Nicholls, R. J. et al. (2010). Economics of coastal zone adaptation to climate change.

[27] Obrien, G. et al. (2006). Climate change and disaster management. Disasters, 30 (1): 64 – 80.

[28] Orth, R. J. et al. (2006). Seagrass recovery in the Delmarva coastal bays, USA. Aquatic Botany, 84 (1): 26 – 36.

[29] Phillips, M. R. and Jones, A. L. (2006). Erosion and tourism infrastructure in the coastal zone: problems, consequences and management. Tourism Management, 27 (3): 517 – 524.

[30] Pielke, R. et al. (2007). Climate change 2007: Lifting the taboo on adaptation. Nature, 445 (7128): 597 – 598.

[31] Rahmstorf, S. (2007). A semi-empirical approach to projecting future sea-level rise. Science, 315 (5810): 368 – 370.

[32] Rittel, H. W. J. and Webber, M. M. (1973). Dilemmas in a general theory of planning. Policy Sciences, 4 (2): 155 – 169.

[33] Ronnback, P., Crona, B. and Ingwall, L. (2007). The return of ecosystem goods and services in replanted mangrove forests: perspectives from local communities in Kenya. Environmental Conservation, 34 (4): 313 – 324.

[34] Sano, M. et al. (2011). The role of coastal set-backs in the context of coastal erosion and climate change. Ocean & coastal management, 54 (12): 943 – 950.

[35] Schon, D. A. and Rein, M. (1995). Frame reflection: toward the resolution of intractable policy controversies. Basic Books.

[36] Solomon, S. (2007). Climate change 2007—the physical science basis: working group I contribution to the fourth assessment report of the IPCC. Cambridge University Press.

[37] Spence, A. et al. (2011). Perceptions of climate change and willingness to save energy related to flood experience. Nature climate change, 1 (1): 46 – 49.

[38] Spence, A., Poortinga, W. and Pidgeon, N. (2012). The psychological distance of climate change. Risk analysis, 32 (6): 957 – 972.

［39］ Steneck, R. S. et al. (2002). Kelp forest ecosystems: biodiversity, stability, resilience and future environmental conservation, 29 (4): 436 – 459.

［40］ VanKoningsveld, M. et al. (2008). Living with sea-level rise and climate change: a case study of the Netherlands. Journal of Coastal Research: 367 – 379.

深海经济问题研究国际动态：2009 年
国际海洋勘测理事会专题会议综述*

刘曙光**

【摘要】国际海洋勘测理事会（The International Council for the Exploration of the Sea，ICES）于 2009 年 4 月 27～30 日在葡萄牙亚速尔群岛奥尔塔召开深海问题专题会议，会议主题为"深海前沿问题：经济、科技、治理的挑战，以及深海活动的机遇"。有 100 多位来自理事会成员国的专家参与论文演讲或展示。会议研讨内容涵盖深海问题的治理与法律问题思考，深海能源矿产勘测与气候变化、海洋酸化，深海技术与生物技术研究，深海渔业与生态可持续性及保护，深海科学国际化，海洋脆弱及生态敏感区等专题。本会议综述主要侧重对深海经济与资源问题进行概括介绍。

【关键词】深海问题　动态　ICES

---

* 本文发表于《中国海洋经济评论》2009 年第 1 期。

** 刘曙光，1966 年出生，男，博士，中国海洋大学经济学院、经济发展研究院教授，博士生导师，研究方向：海洋经济、区域创新与国际经济合作。

一、海洋保护区

里贝罗（Ribeiro，2006）探讨了环境视角下海洋保护区（MPA）的建立所面临的各种法律挑战。他强调了对于把 MPA 保护条例纳入联合国海洋法会议框架中是合法的，首先考虑到在大陆架和专属经济区（EEZ）建立 MPA，最主要的权利和职责在于沿海的国家，尽管沿海的国家在从第三国那里获得有效的采用和效率高的保护时会面临着几个困难，也就是：不能危及航海自由权；生物勘测的发展使得我们更加怀疑我们所考虑的；委员会条例（EEC）专用于渔业政策的技能要求到具有说服力的外交成就。

豪厄尔和戴维斯（Howell and Davies）在东北大西洋建立海洋保护区网的实施进程，提出建立一个生物相关分类系统。这个系统是为了帮助选择东北大西洋海洋保护区的建立，被定义为区域环境评价研究的一个阶段和东北大西洋深海生态系统理论体系总结。影响东北大西洋深海组织的分布因素有大洋流起源、深度以及根基。

桑切斯（Sánchez）基于营养动力学模型研究了 MPA 管理对达努瓦（Le Danois）海山深海生态系统的影响。模型预测显示鱼类以及濒危物种的生物量有显著的增加，溢出效应增加了在坎塔布里安（Cantabrian）海大陆架的商业物种的生物量。其中最主要的影响就是对渔业捕捞量的重新分配，这增加了南部区域的 MPA 分布。

二、深海矿产开发

斯皮尔和克捷得（Speer and Gjerde）认为，人类诱发的影响在超出国家司法权范围的深海区域迅速增强，许多人类在深海的活动依然管理得不好，而且有些并没有服从任何国家间统一的控制。现行对深海垂直生态的调整制度意味着没有协调环境评估的途径，对于不同范围的人类活动会对深海产生潜在的影响，也没有具体的管理部门，这使得很难去综合地实施基于管理的生态系统或建立多部门深海保护区。对于工业活动，海洋的升温和酸化在加快，必要的事是去更新当前的深海制度的片段，用更理智、完整和基于生态系统的管理途径已经变得很紧要。

莫拉（Moura）等以葡萄牙深海黑带鱼渔业为例研究了渔业部门和科技组织的合作，他们认为科技组织对促进管理层和渔民直接的交流有很重要的作用，通过解释行政规制的重要性，不只是为了品种的保护，还有未来渔业的可持续发展而实行。塞辛布拉（Sesimbra）社区在个体延绳渔业上有很久的传统。从 20 世纪 80 年代早期，随着黑叉尾带鱼的开发，这个捕鱼团就很强烈地依赖深海鱼的资源，深海鲨和一些被丢弃的物种也是一种重要的混获，黑叉尾带鱼和深海鲨鱼类一样，是通过总允许捕鱼量的机构管理的，一种降低捕鱼定额的趋势在过去的几年被遵循着，尤其是对于鲨鱼。科学界在提高管理者和渔民之间的交流具有决定性的作用，他们是通过讲解重要的管理规定，不仅是在物种的保护方面，还对渔业本身的维护。"西方水部关于在渔业部门和科学界之间的联合数据收集"项目打算为普遍渔业政策的执行提供一个工具，促进加入捕鱼活动的每个人之间的合作。这个项目的目的是吸引渔民、科学家及在渔业评价中的利益相关者和管理。这项工作给出了对数据的初步分析，数据是由葡萄牙黑叉尾带鱼渔业部的渔民收集的。此外，在自我抽样议定书中建立的主要问题已被支持，并且给出了一定的解决方法。

斯科特（Scott）研究了海底大量的硫矿物的开采发展趋势，深海矿物并非是对陆地矿物的一种取代，它提供了另外一种金属开采来源。

斯托（Stow）对深海石油以及天然气的开发和生产所面临的挑战与环境问题进行了研究，他认为，存在经济成本挑战和技术限制挑战，此外还探讨了海底斜坡的开发行为所引起气候变化之类的环境的变换问题。

巴里格（Barriga）等认为，由于海底矿物的分散分布，若使用原来的开发战略，我们将可能错过许多重要的海底金属矿物，所以他们提出一种新的开发战略。使用自主式水下航行器或是无人遥控潜航器（ROV）进行水下物体搜索或检测工作，另一种探测工具是类似于地球化学勘探的，对覆盖岩石进行化学和矿物学分析，从而寻求这些岩石下存在的现在或者过去的热液运动迹象。

多佛（Dover）研究了海底大量硫化物开发以及生物多样性存在的风险，他提出在深海热液系统中，热液领域所表现出来的生命循环周期大致于人类儿童时期的时间范围。他还认为深海热液系统的开发在遗传学、物种学以及栖息地多样化上的限制是很小的，使得很难预测对环境造成的影响有多大。科研组织也只是开始考虑缓和海洋采矿直接或间接对深海生态系统所造成的影响。

罗伯茨和卡尼（Harry H. Roberts and Robert S. Carney）以墨西哥北海湾大陆架斜坡为例，分析了液态天然气开发和海底响应特征以及化能合成体。

史密斯（Smith）提供信息认为，鹦鹉螺号完成了世界上第一个海底矿产开发所造成的环境影响评估，获得很多海底环境数据。2007~2008 年，鹦鹉螺号进行了两次为期 30 天的无人遥控潜航器海底环境基线的研究。在这些过程中，收集了超过 550 份的生物样本、沉积物样本和水样。

约格尔（Yoerger）对未来深海热液喷口的发现，开发以及取样进行探讨。日前，通过使用自动水下机器 ABE，他们发现了未开发的热液喷口，包括在劳盆地（20S，176W）和在南太平洋海隆（5S，12W）发现的首个热液柱，以及西南印度洋海隆（38S，50W）。

卡洛隆和奥里瓦（Carvalho and Oliveira）研究了东北大西洋中的深海放射性核素，如放射性钋（210Po）和放射性铅（210Pb），他们得出结论显示放射性钋（210Po）在深海中的存量是可变的，有时候甚至比沿海存量更高，这个结论证实了深海动物群并未居住在一个电离辐射保护的环境下。

三、海洋开发的环境影响

巴里和帕尼（Barry and Pane）研究了海洋海水酸化对深海生态系统的影

响，他认为，尽管表层海水的 pH 值已经下降了 0.1 单位，表层海洋（500米）的 pH 值，特别是在有高度的生产价值的海洋之下的稀氧区，CO_2 转为合成为碳酸盐，使得这些海水的缓冲能力被降低。

豪根（Haugan）认为，在 2009 年，由于海水酸化的现象开始危及海洋生物，世界开始关注这个 CO_2 引起的气候变化外的第二个问题。海水酸化是由于 CO_2 排放到大气层而引起的，目前 OSPAR 组织决定开始一项目，将工业排放的 CO_2 储存到地壳层。但是，当存储于地质层时，由于液体 CO_2 的浮力作用，在这次注射过程中，将会引起地质的破碎，从而 CO_2 会泄漏到海洋环境中。相反，直接存储于 3 000 米以下的深海中将会十分稳定。由于目前深海存储是被禁止的，但是，对于这样的直接深海存储需求在未来是会出现的。文章讨论了相关的 CO_2 存储工程，观点以及问题。

皮尔森（Person）等认为由于气候变化或者自然灾害如地震和海啸的出现而导致对海洋潜在的影响，这些问题应该在一个可以将问题充分提出的框架下讨论和解决。许多很重要的问题的解决都需要跨学科、跨区域综合考虑，因此深海观测者需要从地方到国际的各个不同项目的数据资料，例如海洋卫星数据、气候数据、海空界面数据以及海洋生物的分布数量资料。因此，他提出，建立一个深海观测网络，能更好地解决这些需求。

雷蒙德（Raymond）等认为，传统长期的海底探测总是会由于电力以及数据储备的局限而中断，由 MARS 展开的深海探测克服了这些不足，通过 52 千米长的电缆将海岸边的电力及数据传输到 900 米深的海底。

四、海洋基因资源以及渔业资源

埃里克（Arico）分析了海洋基因资源作为海洋经济发展资源的重要性，海洋基因资源领域跟法律政策的远景展望一样成为一个非常热点的话题。当这个话题及相关话题成为一个世界性的讨论热点时，保持及可持续和公正地使用这些资源将会引导经济向有利于全世界利益的方向发展，特别是发展中国家，开始察觉到了。由于当前海洋生物的生存危机，这样一种发展应该是被鼓励的。

格雷昂（Grehan）对珊瑚礁鱼类（coral fish）计划进行阐述，这项计划是欧盟第七框架计划，目的在于通过研究深海冷水珊瑚栖息、鱼及渔业之间的相互关系支持基于生态系统的深海管理方法的实施。

克拉克（Clark）研究了深海海底山渔业的保持与开发之间平衡关系。深海海底山提供了大量品种的鱼类，从 19 世纪 70 年代起，人们为了寻求商业资源不断地开发深海海底山，从海底山捕获的鱼类累积量达到了 225 万吨。但是，由于过量的开发，许多海底山鱼生产量不断减少，而且深海珊瑚也很容易受到影响。因此，为了平衡渔业的可持续发展渔业管理是非常必要的。

帕切尔（Patchell）认为，为了保持生物多样性的同时取得深海渔业的可持续发展，南太平洋深海渔业组织（SIODFA）于 2006 年成立，由在南太平洋进行深海渔业捕捞的行业企业组成。南太平洋深海渔业组织是一个行业内第一个非政府组织，组织成员承诺数据收集计划，包括珊瑚以及鲨鱼捕捞量的公布。南太平洋深海渔业组织与世界自然保护联盟（IUCN）合作建立了一个海洋生态保护区，自发封了 309 150 平方千米的深海海床的拖网捕鱼作业。这项项目由联合国粮食及农业组织（FAO）支持，其后伴随着渔业管理组织（RFMOs）的建立。

菲利普（Large）等发现，东南大西洋渔业组织（SEAFO）被认为是渔业管理组织（RFMOs）在深海保护中的领导者，尽管与其他区域渔业管理组织相比，它的深海渔业压力研究只是一种背景分析。渔业捕捞压力在未来的几年内将会越来越明显，文章强调了缔约方在东北大西洋发展渔业的需要与渔业保护之间的协调所面临的挑战。

皮尔特拉（Portela）等初步研究了在西南大西洋公海区域的渔业捕捞活动与脆弱的海洋生态系统之间的相互关系。通过分析巡航所得资料结合先前商业渔业数据，描述了西班牙在西南大西洋公海区域的捕捞足迹，脆弱鱼类种类和地貌水文特征的空间布局，还分析了人为活动与脆弱海洋生态系统之间的相互作用。

休斯（Hughes）等以安哥拉为例，研究了深海探测与离岸工业的合作。技术的快速发展使得离岸石油气工业可以将它的触角伸向深海。这就为深海生物学家与企业的互利合作提供了一个机会。这种合作包括了海洋环境影响评估、通过科研组织获得"远程操控潜水器技术与数据"项目（SERPENT）、"深海环境长期观测系统"项目（DELOS）。虽然存在很多益处，但是在这种合作中仍然存在着一些局限性，由于离岸工作潜在敏感的商业性质，特别是在开发阶段。

戈德博尔德（Godbold）等研究了北大西洋豪猪海湾（Porcupine Sea-bight）深海底栖鱼类的存量变化。分析表明2500米深处的底栖鱼类的存量已经被影响，此外，自从19世纪70年代末开始商业渔业，生物量就发现显著地减少。他们认为，这些变化是与商业捕捞鱼活动对底栖鱼类的种群结构的消极影响有相关关系的，并且结果还显示，不仅影响到允许商业活动的海洋深度的鱼类，而且对深海盆地的鱼类也有消极的影响。

格列博尔（Gréboval）认为，联合国粮食及农业组织（FAO）发布了对在公海内进行深海渔业管理的指导方针，由于深海渔业从沿海水域向公海领域的延伸，以及由此带来的潜在的对鱼类存量和生物多样性以及栖息地的影响，成为世界性问题。联合国粮食及农业组织（FAO）在遵守《负责任的渔业的行为守则》（*Code of Conduct for Responsible Fisheries*）下，积极地参与对公海海底渔业的管理以及海洋资源和环境的保存活动中。

佩雷斯（Perez）等研究了巴西深水渔业的历史，现状以及未来的发展前景。目前对巴西深水渔业的研究主要是从生物学、经济学以及政治学的角度出发。

圣范妮（Stefanni）等分析了安哥拉带鱼即中间等鳍叉尾带鱼在北部的分布局限。以往的研究认为，中间等鳍叉尾带鱼居住于纬度边界在50°N和35°S之间的有着适度温度热带水的地带。两种线粒体基因（CR和COI基因）使得两种种类在不同程度上显示出序列趋异。

卡塔琳娜（Catarino）等对东北大西洋的八座海底山进行了深海渔业调查。由于对近海渔业存量的过度开发，在过去的世纪内深海生物资源的开发受到了很大的重视。为了获得适合的渔业管理战略，对深海物种的人口统计学以及生命历史特征进行了解是极为必要的。DEECON 项目中进行的两次巡游，目的在于东北大西洋的八座海底山进行深海渔业。硬骨鱼类是捕捞中最多的种类，其中黑腹无鳔鲉是最主要的品种。

普瑞德（Priede）等对 ECOMAR 项目下的中大西洋海岭的生态系统研究进行描述。艾科玛（ECOMAR）项目是由英国组织的对海洋生命全球普查研究计划（Census of Marine Life，CoML）的最大贡献。这项项目由四次巡游构成，分别在 2007 年、2008 年、2009 年和 2010 年进行。

阿布雷乌（Abreu）认为大陆架的延伸计划是海洋发展的未来，大陆架的延伸投资将对经济和社会的繁荣做出很重要的贡献。

研究深海生物需要使用静态方法论或者高精度的实验，静态方法论包括对海洋动物区的生活深度的研究以及行为观测，一些生理学参数的分析。但是，这样的成本是很可观的，主要是由于这样需要一个研究平台比如人造或者智能操控的水下机器。对这种方法以及在过去 40 年中相关的改进，他们进行了一个回顾，并得出对于鱼类或其他水生品对高压和深海的环境适应，压力生物学能从新技术以及运用水生体作为标本的生物学以及生命科学中获得很大的支持。

霍恩德（Haond）等对海洋生物学的发展以及对深海的开发进行了总结和回顾，分析了世界对深海资源的可持续开发所面临的阻碍。近年来，虽然在海洋开发方面的科技技术发展很快，分子生物学中的指数进程的发展能够克服海洋资源开发的各种阻碍。

当前深海开发问题国际研究动态及启示[*]

当前深海开发问题国际研究动态及启示[*]

刘曙光[**]

【摘要】深海开发是我国及世界海洋大国应对全球战略格局调整和引领新一轮经济转型发展的重大举措,其国际进展及趋势需要予以高度重视。在总结前期已有研究和国际学者理论及其实证研究的基础上,初步发现生态学、应用经济学诸多学科构成深海开发的重要学科基础,矿产资源、渔业资源、油气资源和基因资源是当前深海资源开发的主要跟踪研究对象,生物多样性保护、运输联系保障、科学技术支撑和环境影响评价成为深海开发支持体系建设的热点问题,国际合作与协议开发、公海保护区设立、公海立体空间规划等成为国际深海开发利益相关者的重点任务。同时,专门针对深海开发的人文社会科学理论成果较少,远达不到设立"深海开发学"和"深海经济学"的阶段和层次,但是国家向深海进军的巨大需求潜力和国际深海开发的严峻竞争现实,是促进我国开展深海人文社科理论体系建设的重要动力。

【关键词】深海开发 学科基础 支撑保障 参与模式

* 本文发表于《人民论坛·学术前沿》2017 年第 18 期。本文受到国家社科基金重大项目"海平面上升对我国重点沿海区域发展影响研究"(15ZDB170)资助;中国海洋大学经济学院博士后尹鹏对本文亦有贡献。
** 刘曙光,1966 年出生,男,博士,中国海洋大学经济学院、经济发展研究院教授,博士生导师,研究方向:海洋经济、区域创新与国际经济合作。

随着全球人口的持续增加、陆地资源的日渐枯竭以及科学技术的迅猛发展，人类对于海洋的重视程度达到前所未有的高度。世界海洋大国在强化各自管辖海域开发的同时，逐步推进国家管辖外深海与大洋空间的勘探开发。深海作为人类生存与发展的战略新疆域，关系生命起源、气候变化、地球演化等重大科学问题研究的前沿进展，深海空间的巨大资源潜力和环境服务价值日益受到关注，但是深海空间多属于国际公共海域，其"全球公共物品"（global commons）属性使得深海开发合理秩序难以形成。我国近期提出拓展深海、深空、极地、网络四大新空间，将深海进入、深海探测和深海开发过程中关键技术的掌握作为重点发展领域，明确我国深海探测战略目标。2016年2月颁布的《中华人民共和国深海海底区域资源勘探开发法》，为我国参与全球深海开发奠定法理基础。但是，当前我国在深海开发的理论依据、深海开发领域选择、深海开发保障机制建设，以及深海开发国际合作模式设计方面准备不足。本文旨在梳理深海开发领域的有关国际权威文献观点及实践进展，为我国推动深海开发战略提供基础性参考。

一、深海开发的理论及方法论铺垫

（1）海洋生态系统学的大洋生态实践。随着全球气候变暖、冰川融化、海平面上升、珊瑚礁死亡等生态问题的加剧，海啸、海底地震等自然灾害的频发，以及由近浅海污染物扩散导致的深海污染日益明显，全球大洋生态健康及系统恢复问题受到全球关注。在康斯坦萨等对海洋生态系统理论架构的基础上，范宁等（Fanning, Mahon and Mcconney, 2013）以加勒比海生物资源的可持续发展为例，提出以政策周期过程和海洋生态系统多层次性关联为内涵的大海洋生态系统治理框架。罗森和奥尔森（Rosen and Olsson, 2013）通过对大堡礁海洋森林公园近期经营管理改革的研究，指出个人、组织和机构的相互协调是海洋生态系统经营管理模式成功转变的关键。

（2）公共经济学的公海治理探索。在海洋私有化观点遭到质疑和抨击之后，人们再次回归到海洋的公共属性上来，并重新审视公共领域的治理机制。2009 年诺贝尔经济学奖得主奥斯特罗姆（Ostrom，2009a，2009b）试图以新型的参与式治理与公共信托理论化解公海资源衰竭问题，认为集体行动难以调和是其中的重要原因，提出解决集体行动的逻辑，消除个人理性导致的集体非理性，进行合理的合作博弈以促进"公地繁荣"，并创造性地提出自主组织和自主治理理论，以及多中心制度安排、适应性治理等理论，为大洋深海空间的治理开创了新的研究路径。

（3）制度经济学视野的深海拓展。已有的传统制度经济学一般基于国家管辖范围内的经济规制问题，涉及海洋问题的制度经济学探讨也是基于国家专属经济区以内的问题探讨，而国家管辖外海域的规制问题一般划归国际政治与国际经济学研究范畴。耶尔德等（Gjerde et al.，2013）通过分析制度经济理论在海洋治理中的应用实践，指出海洋区域治理行动不仅发生在国家管辖范围内，而且发生在周边国家的司法管辖区和公海范围内，尝试将两者连接为整体，推动跨行政辖区治理的治理制度建设。哈维斯（Havice，2013）批判海洋"新自由主义论"者用太平洋岛屿国家制度软弱性解释海洋资源衰竭的观点，指出太平洋岛屿国家只能通过分析资本积累的竞争态势和国家间不均衡的权力关系，改善其在全球金枪鱼捕捞业中的相对弱势地位，而不是通过简单化的新自由主义来推进国内机构改革。

（4）空间经济学的深海空间展望。空间经济学研究者将人类在国际海域的空间行为作为重要研究对象，侧重国际复杂多元利益主体在特定海域的空间博弈范围、权限、策略、空间轨迹等问题，探讨公海空间作用的时空演化进程模拟，以及多种自相矛盾利益取向的博弈主体的空间复杂行为及其时空变异问题。在方法论层次，国际学者将元胞自动机（cellular automata，CA）和自主体模拟（agent-based modeling，ABM）方法用于海洋空间开发过程的主体行为分析，已经开展的研究领域包括：海洋生态系统过程模拟（Sansores et al.，2016），其中涉及外来海洋物种入侵模式（Johnston and Purkis，2016）和海洋人工栖息地创建策略（Lan，Lan and Hsui，2008）；公海海洋保护区划设（Silvert and Moustakas，2011）；深海休闲渔业效应评价（Gao and Hailu，

2011）与海洋渔业区位选择（Rennie，White and Brabyn，2009）；海洋动物觅食空间动态格局描述（Boschetti and Vanderklift，2015；Morrison and Allen，2017）；陆源污染对海洋污染扩散的深海立体空间轨迹跟踪（Holmgren et al.，2014；de los Santos et al.，2015）；气候环境变化对海洋动物的空间影响评价（Beltran，Testa and Burns，2017），海洋经济、社会与生态可持续管理策略问题等（McDonald et al.，2008；BenDor，Scheffran and Hannon，2009；Chion，Cantin and Dionne，2013）。

总结前期已有研究和国际学者理论及其实证研究，我们发现专门针对深海开发的人文社会科学理论成果较少，远达不到设立"深海开发学"和"深海经济学"的阶段和层次（刘曙光和姜旭朝，2008；刘曙光和宋新兴，2009；刘曙光，2011；刘曙光和尹鹏，2017；刘曙光，2017），但是国家向深海进军的巨大需求潜力和国际深海开发的严峻竞争现实，是促进我国开展深海人文社科理论体系建设的重要动力。

二、深海主要资源开发的国际动向

（1）深海矿产资源开发。国际深海采矿的冲动始于20世纪中叶，但是随着陆地矿产资源勘测新发现、国际金属矿石价格起伏、国际海底矿产资源产权归属困境及环境破坏隐忧，尤其是巨大的前期勘探投入成本与超长回报周期，导致真正的深海矿产商业化开发迟迟难以到来，逼迫国际社会推动国际合作框架下的开发模式建设。2011年，太平洋共同体与欧盟合作发起一项"旨在加强15个太平洋岛国深海采矿管理的六年计划"，该计划总花费440万欧元，涉及科学研究、环境管理和治理框架建设，以实现区域深海采矿良性管理。全球几十年来积累的深海采矿系统概念设计、设备制造、技术设计和海上试验，为深海大规模采矿提供进一步可能，近期关注的主要内容包括太平洋C-C区海底多金属矿产资源综合开采试点、印度中脊热液矿床前期开采试点等。斯科特（Scott，2009）基于地质视角对深海硫化物的研究，探讨深海开矿的可行性，认为海底金属资源的丰富性以及受原材料需求增加的驱动使深海开采成为可能，资金和技术不足不能阻碍开采的尝试。

（2）深海渔业资源开发。20 世纪 70 年代以来，深海渔业研究成为国际热点，主要关注南非、新西兰等国家的深海渔业政策与管理模式建设。考索恩等（Cawthorn et al.，2015）认为由于深海渔业科学与政策分离过于极端，目前渔业管理模式不适合深海渔业发展，渔业管理过程中科学与政策的结合更容易解决棘手问题。维斯和霍华德（Vince and Haward，2009）认为新西兰的海洋政策工作是被动的，渔业和海洋政策的发展体现不同行为主体的博弈关系，深海渔业的共同管理和社区化管理将更受欢迎。曼吉等（Mangi et al.，2016）则以英国为例，分析欧盟渔业政策规则变化对深海渔业发展的经济影响，但是随着英国脱欧进程的启动，已经有欧盟学者开始探讨今后欧盟深海渔业政策的再调整和渔业作业区的重新划分问题。

（3）深海油气资源开发。深海区蕴藏着全球超过 70% 的油气资源，其最终潜在石油储量高达 1 000 亿桶，国际社会明显加快深海油气资源的开发步伐。孔托罗维奇等（Kontorovich et al.，2010）系统评估俄罗斯北冰洋大陆架油气资源的开发前景，得出北冰洋欧亚大陆架未来将成为世界上最大的石油盆地，在油气资源生产和满足人类能源需求方面可与当今的波斯湾和西伯利亚地区相匹敌。阿尔马达和伯纳迪诺（Almada and Bernardino，2017）指出 20 世纪 80 年代以来坎普斯盆地已成为巴西油气资源开发的主要深海区域，但是由于缺乏离岸工业管理经验，其深海石油开发作业严重威胁到脆弱的深海生态系统，提出需要建立包含 42 个深海栖息地在内的生态/生物重要性区域，形成海洋保护区网络。

（4）深海基因资源开发。戴维斯（Davies，2017）指出深海海域是海洋基因资源的主要来源，基因资源分享是国家管辖外海域海洋生物多样性保护与可持续利用国际法律协议框架制定的关键，深海科学研究人员在深海基因资源分享方面扮演着重要角色。利里等（Leary et al.，2009）分析深海基因资源作为海洋经济发展资源的重要性，可持续和公正地使用这些资源将会引导经济向有利于全世界利益的方向发展，也有利于保护海洋生物多样性。

三、深海开发过程的保障与支撑

（1）深海开发的生物多样性保护。深海开发势必会对海洋资源环境造成影响，而如何实现开发与保护的均衡，强化深海开发的资源保障，已经成为值得关注的热点问题。皮切尔等（Pitcher et al.，2007）在《海底山：生态系统、渔业及其保护》中对保护海底山的国际管理作了系统介绍。耶尔德（Gjerde，2002）指出深海法律为多样性保护提供框架，现有国际和区域组织可以凭借其处理许多问题，但需在紧急情况下采取进一步行动，保护和保全稀有和脆弱的深海生态系统。罗丝玛丽（Rosemary，2008）认为极地海洋生物多样性正面临来自采掘和非采掘活动以及气候变化的影响，关于保护国家管辖外的极地海洋生物多样性的国际制度尚不完善，国际极地年将形成一个有用的保护框架，通过吸取南极条约体系中的做法，从整体上对海洋生物多样性进行保护。约布斯沃格特等（Jobstvogt et al.，2014）认为经济活动与气候变化对深海生物多样性构成威胁，应该围绕深海生物多样性的存在价值（尤其是医疗价值）进行预估。

（2）深海开发的运输联系保障。大洋深海空间是全球海洋运输联系的重要通道，深海开发需要解决海洋运输装备建设、运载航线选择与开辟、沿海及离岛开发保障基地建设、全过程信息化调度与作业协同等一系列问题。布鲁斯基等（Bruschi et al.，2015）针对水深在 3 000～4 500 米的公海区域，提出安装超深水管道和重型结构，这一问题面临着海底特定位置的选择、管道对准、铺设跨度等诸多挑战，因此需要系统的设计程序，以满足既定目标，同时需要循序渐进。世界知名深海矿业开发公司鹦鹉螺在澳大利亚布里斯班市 CBD 设立太平洋深海工程总部，并与多伦多、巴布亚新几内亚等建立起跨洋深海矿产开采产业链，这为深海开发运输联系保障提供新思路（Lily，2016）。

（3）深海开发的科学技术支撑。深海开发不仅需要深海地质、深海矿物、深海生物、基因技术等相关学科的支撑,更是多环节关联的复杂系统工程,需要在数千米水深、承受海流和风浪流影响及海水腐蚀的环境下作业,深海开发技术研究需要 15~20 年才能达到深海预开采中间试验的目标。按照深海资源开发的先后顺序可以将深海技术归纳为勘查技术、开采技术、加工技术、运载技术和通用技术。其中,水深达 6 000 米、能在恶劣的洋底环境下稳定运行的深海运载技术作为当今深海勘查与未来开发与装备的基础性技术,是深海资源勘探和开采共用的技术平台,涉及系统通信、定位、控制、能源和材料等各种通用基础技术,深海资源开发技术集成与关键技术研发是该领域国际竞争和合作的前沿(Wenzhδfer et al.,2016)。

(4)深海开发的环境影响评价。深海生态环境独特且脆弱,深海开发必定对深海物理化学环境、地质环境、生态环境尤其是生物多样性和生态系统带来负面效应。在印度东西海岸,重点对海洋生物多样性和海洋生态学研究提出成果,旨在为发电、化学制品生产和港口码头建设等工业化服务;在英国北海海域,主要研究海洋石油、渔业资源的开发对海洋物种密集度、海洋生物个性特征以及其他深海环境产生影响的有关数据,通过对各项指标的宏观把握,对海洋环境的现状和未来做出合理预测;在德国,主要从开发海底矿产资源和处置开采产生废弃物的角度分析开发活动对深海生态系统的影响,提出深海环境风险评估应该首先依靠现场试验从模拟小规模影响开始,到逐步监测的全面产业化经营,并在每一阶段加以彻底评估(Collins et al.,2013)。

四、深海开发的国际合作范畴

(1)深海国际合作与协议开发。关于深海开发的区域性涉海组织相继设立,其中国际海底管理局(ISA)是管理国际海底区域最重要的国际组织,负责海底资源开发和利益分配、海底环境保护等各类活动内容(Jaeckel,2016)。东北大西洋渔业委员会(NEAFO)、西北大西洋渔业委员会(NAFO)、东南大西洋渔业委员会（SEAFO）、地中海渔业委员会（GFCM）、南极海洋生物资源保护协会（CCAMLR）、南印度洋深海渔业协会（SIODFA）等也是重要的深海开发涉海组织。德国、日本、美国和加拿大四个成员国公司组成的国际经营股份有限公司（OMI），美国钢铁公司、SUM 石油公司和比利时矿业联合会组成的海洋采矿协会（OMA），以及美国和荷兰组成的海洋矿物公司（OMCO）等，多次进行深海矿产资源尤其是多金属结核的试采工作。在联合国海洋法会议召开之时，技术先进的发达国家围绕海底资源的勘探与开发签订互惠协议，以实现相互承认和相互支持的目的。

（2）公海保护区划设。海洋保护区具有传统单一海洋资源管理方式所不可比拟的优点。2000 年以来，深海保护区建设行动逐渐展开，主要包括沿海国在专属经济区内建立的大型海洋保护区、禁渔区和国家管辖外海域以外的海洋保护区。里贝罗（Ribeiro，2006）探讨建立环境视角的海洋保护区所面临的各种法律挑战，强调将海洋保护区保护条例纳入联合国海洋法会议框架，并且首先考虑在大陆架和专属经济区建立海洋保护区。戴维斯等（Davies et al.，2014）研究在东北大西洋建立海洋保护区网的实施进程，提出建立一个生物相关分类系统，这个系统被定义为区域环境评价研究的一个阶段。桑切斯等（Sánchez，Serrano and Ballesteros，2009）基于营养动力学模型研究海洋保护区管理对达诺伊斯海生态系统的影响，预测显示鱼类以及濒危物种的生物量显著增加，溢出效应增加了在坎塔布里亚海大陆架的商业物种生物量，其中最主要的影响是对渔业捕捞量的重新分配，这增加了南部区域的海洋保护区分布。

（3）公海立体空间规划。三维甚至多维海洋空间规划是 21 世纪以来国际公海海洋空间规划探索的前沿领域。以美国诸多涉海研究机构为代表的深海生态系统研究集群，在美国地理学会（AAG）2017 年波士顿年会上散发一份材料，展示其全球大洋深海立体空间规划的成果，该成果基于 5 200 万个地图集数据点，将全球海洋水体划分为 37 个生态海洋单元（ecological marine units，EMU），每个生态海洋单元具有相似的温度、盐度、氧气含量和营养物质，这大概是迄今为止在三维层面对全球海域最为翔实的精准分类，有助于海洋生态区或海洋生物区的选择、海洋生物多样性的评价与保护以及海洋资源地管理和规划的实施，能够为未来更加深入地理解海洋生物地理学、研究海洋变化、保护海洋等奠定数据基础（Sayre et al.，2017）。

五、主 要 启 示

通过梳理深海开发的国际研究动态，可以初步得出如下几点启示：第一，应该倡导我国在深海开发问题上的多学科基础性研究和跨学科探讨，尤其重视深海开发的经济学问题研究乃至学科建设；第二，加快深海开发高技术尤其是核心关键技术研究，推进深海资源开发的技术储备和深海产业集群培育，提升我国的深海开发能力；第三，注重开展深海生物多样性勘探与保护性利用，继续深入推进深海开发与保护工作的自主探索及团队建设；第四，加强海洋科技国际交流与合作，深入参与公海保护区建设和深远海空间规划实践，在国际法框架下探索适宜的国际保护区建设和海洋空间规划新模式。

参 考 文 献

［1］刘曙光（2011）.海洋经济发展走向多元.人民日报，（11 – 23）.

［2］刘曙光（2017）.国家海洋创新体系建设战略研究.经济科学出版社.

［3］刘曙光和姜旭朝（2008）.中国海洋经济研究30年：回顾与展望.中国工业经济，（11）：8.

［4］刘曙光和宋新兴（2009）.深海经济问题国际研究动态及启示.海洋开发与管理，（11）：6.

［5］刘曙光和尹鹏（2017）.浅析国家管辖外海域海洋治理.中国社会科学报，（3 – 27）.

［6］Almada, G. and Bernardino, A. （2017）. Conservation of deep-sea ecosystems within offshore oil fields on the Brazilian margin, SW Atlantic. Biological Conservation, （206）: 92 – 101.

[7] Beltran, R. S. , Testa, J. W. and Burns, J. M. (2017). An agent-based bioenerget-ics model for predicting impacts of environmental change on a top marine predator, the Weddell sea. Ecological Modelling, (351): 36 – 50.

[8] BenDor, T. , Scheffran, J. and Hannon, B. (2009). Ecological and economic sus-tainability in fishery management: a multi-agent model for understanding competition and coopera-tion. Ecological economics, (68): 1061 – 1073.

[9] Boschetti, F. and Vanderklift, M. A. (2015). How the movement characteristics of large marine predators influence estimates of their abundance. Ecological Modelling, (313): 223 – 236.

[10] Bruschi, R. et al. (2015). Pipe technology and installation equipment for frontier deep water projects. Ocean Engineering, 108 (1): 369 – 392.

[11] Chion, C. , Cantin, G. and Dionne, S. (2013). Spatiotemporal modelling for policy analysis: application to sustainable management of whale-watching activities. Marine Policy, (38): 151 – 162.

[12] Collins, P. C. et al. (2013). Vent Base: Developing a consensus among stakeholders in the deep-sea regarding environmental impact assessment for deep-sea mining: a workshop re-port. Marine Policy, (42): 334 – 336.

[13] Davies, J. S. et al. (2014). Defining biological assemblages (biotopes) of conserva-tion interest in the submarine canyons of the South West Approaches (offshore United Kingdom) for use in marine habitat mapping. Deep Sea Research Part II: Topical Studies in Oceanography, (104): 208 – 229.

[14] de los Santos, C. B. et al. (2015). Ecological modelling and toxicity data coupled to assess population recovery of marine amphipod Gammarus locusta: application to disturbance by chronic exposure to aniline. Aquatic Toxicology, (163): 60 – 70.

[15] Fanning, L. , Mahon, R. and Mcconney, P. (2013). Applying the large marine ecosystem (LME) governance framework in the Wider Caribbean Region. Marine Policy, (42): 99 – 110.

[16] Gao, L. and Hailu, A. (2011). Evaluating the effects of area closure for recreational fishing in a coral reef ecosystem: the benefits of an integrated economic and biophysical model-ing. Ecological Economics, (70): 1735 – 1745.

［17］Gjerde, K. M. et al. (2013). Ocean in peril: Reforming the management of global ocean living resources in areas beyond national jurisdiction. Marine Pollution Bulletin, 74 (2): 540 – 551.

［18］Gjerde, K. M. (2002). Strategy for a legal frame work for high seas marine protected areas. Report prepared for WWF International.

［19］Harden-Davies, H. (2017). Deep-sea genetic resources: new frontiers for science and stewardship in areas beyond national jurisdiction. Deep Sea Research Part II: Topical Studies in Oceanography, (137): 504 – 513.

［20］Havice, E. (2013). Rights-based management in the western and central pacific ocean tuna fishery: economic and environmental change under the Vessel Day Scheme. Marine Policy, 42: 259 – 267.

［21］Holmgren, J. et al. (2014). Modelling modal choice effects of regulation on low-sulphur marine fuels in Northern Europe. Transportation Research Part D, (28): 62 – 73.

［22］Jaeckel, A. (2016). Deep seabed mining and adaptive management: the procedural challenges for the International seabed authority. Marine Policy, (70): 205 – 211.

［23］Jobstvogt, N. et al. (2014). Twenty thousand sterling under the sea: estimating the value of protecting deep-sea biodiversity. Ecological Economics, 97 (1): 10 – 19.

［24］Johnston, M. W. and Purkis, S. J. (2016). Forecasting the success of invasive marine species: lessons learned from purposeful reef fish releases in the Hawaiian Islands. Fisheries Research, (174): 190 – 200.

［25］Kon toro vich, A. E. et al. (2010). Geology and hydrocarbon resources of the continental shelf in Russian Arctic seas and the prospects of their development. Russian Geology and Geophysics, 51 (1): 3 – 11.

［26］Lan, C. H., Lan, K. T. and Hsui, C. Y. (2008). Application of fractals: create an artificial habitat with several small (SS) strategy in marine environment. Ecological Engineering, (32): 44 – 51.

［27］Leary, D. et al. (2009). Marine genetic resources: A review of scientific and commercial interest. Marine Policy, 33 (2): 183 – 194.

［28］Lily, H. (2016). A regional deep-sea minerals treaty for the Pacific Islands?. Marine Policy, (70): 220 – 226.

［29］ Mangi, S. C. et al. (2016). The economic implications of changing regulations for deep sea fishing under the European Common Fisheries Policy: UK case study. Science of The Total Environment, 562 (15): 260 – 269.

［30］ McDonald, A. D. et al. (2008). An agent-based modelling approach to evaluation of multiple-use management strategies for coastal marine ecosystems. Mathematics and Computers in Simulation, (78): 401 – 411.

［31］ Morrison, A. E. and Allen, M. S. (2017). Agent-based modelling, molluscan population dynamics, and archaeomalacology. Quaternary International, (427): 170 – 183.

［32］ Ostrom, E. (2009a). Governing the commons: the evolution of institutions for collective action. Cambridge: Cambridge University Press.

［33］ Ostrom, E. (2009b). A general framework for analyzing sustainability of social-ecological systems. Science, 325 (5939): 419.

［34］ Pitcher, T. J. et al. (2007). Seamounts: ecology, fisheries & conservation. Oxford: Blackwell Publishing.

［35］ Rennie, O. G. , White, R. and Brabyn, L. (2009). Developing a conceptual model of marine farming in New Zealand, Marine Policy, (33): 106 – 117.

［36］ Ribeiro, M. C. (2006). O regime jurídico das áreas marinhas protegidas e a plataforma continental in EMEPC-FDUP-CIMAR. Aspectos Jurídicos e Científicos da Extensão da Plataforma Continental: 61 – 99.

［37］ Rosemary. (2008). Protecting marine biodiversity in polar areas beyond national jurisdiction. Review of European community and international environmental law, 17 (1): 3 – 13.

［38］ Rosen, F. and Olsson, P. (2013). Institutional entrepreneurs, global networks, and the emergence of international institutions for ecosystem-based management: The Coral Triangle Initiative. Marine Policy, (38): 195 – 204.

［39］ Sánchez, F. , Serrano, A. and Ballesteros, M. G. (2009). Photogrammetric quantitative study of habitat and benthic communities of deep Cantabrian Sea hard grounds. Continental Shelf Research, 29 (8): 1174 – 1188.

［40］ Sansores, C. E. et al. (2016). A novel modeling approach for the 'end-to-end' analysis of marine ecosystems. Ecological Informatics, (32): 39 – 52.

［41］ Sayre, R. et al. (2017). A new map of global ecological land units: an ecophysiographic stratifcation approach. A Special Publication of the Association of American Geographers: 1 –48.

[42] Scott, D. D. (2009). Future mining of sea floor massive sufides. ICES International Symposium: 37 –38.

[43] Silvert, W. and Moustakas, A. (2011). The impacts over time of marine protected areas: a null model. Ocean & Coastal Management, 54 (4): 312 –317.

[44] Vince, J. and Haward, M. (2009). New Zealand oceans governance: Calming turbulent waters? . Marine Policy, 33 (2): 412 –418.

[45] Wenzhδfer, F. et al. (2016). Benthic carbon mineralization in hadal trenches: assessment by in situ O_2 microprofile measurements. Deep Sea Research Part I: Oceanographic Research Papers, (116): 276 –286.

海洋空间规划及其利益相关者
问题国际研究进展[*]

刘曙光　　纪　盛[**]

【摘要】海洋空间规划是当今世界主要海洋强国推动海岸带和海洋空间活动有序管理的战略性工具，与陆域空间规划相比，其规划过程具有更强的系统性、动态性和复杂性，需要更多生态系统和社会利益群体的深度和持续参与。规划过程中的利益相关者的态度和行为直接影响规划的过程与结果，如何吸引和维持利益相关者的参与成为亟待研究的重要课题。

【关键词】海洋空间规划　利益相关者　经济学分析　国际研究

一、引　　言

随着 20 世纪中后期国际跨海社会经济交往密度增加，人们对规模经济和

---

　　* 本文发表于《国外社会科学》2015 年第 3 期。本文受教育部新世纪人才项目"我国深海大洋开发的经济理论与对策研究"（NCET-10-0759）支持。

　　** 刘曙光，1966 年出生，男，博士，中国海洋大学经济学院、经济发展研究院教授，博士生导师，研究方向：海洋经济、区域创新与国际经济合作。纪盛，男，1987 年出生，中国海洋大学经济学院博士研究生。

生活质量的追求，海岸带和近海资源环境承载的压力骤然增加（Wilkinson，1979；Rappaport and Sachs，2003）。而海洋空间资源的共用池塘资源（common-pool resource）属性，容易而且已经造成全球海洋资源衰退的"公地悲剧"（Hardin，1968）。国际已有的沿海分国家（分行政区）海洋治理格局难以应对复杂的海洋空间要素分异与组合，更难以应对海洋生态系统内部运行和外部输出性变量的冲击（Crowder，2006；Backer，2011），增加了海洋空间的治理难度（Vivero and Mateos，2011）。为了使海洋空间活动得到有序治理，海洋空间规划成为一种必然选择。

近年来，欧美发达国家陆续推进海洋空间规划的实践，并通过实践反馈形成对海洋空间规划基本理念和实施方法的认识和理解。其中，澳大利亚较早将海洋空间规划应用到实际海洋空间治理之中，构建了以生态为基础的海洋生态区规划体系；加拿大较早进行海洋综合立法，构建了大海洋管理区和东斯科舍海脊综合管理区两大海洋管理区域；美国通过构建海洋空间规划法律框架，将海洋空间规划纳入国家海洋保护区管理体系；比利时率先在其领海和专属经济区开展海域空间多用途规划系统（Douvere et al.，2007）。荷兰、德国等将空间规划法案扩展到其海洋专属经济区，开始构建海洋空间规划总体框架（Gee et al.，2004），英国也提出爱尔兰海域多用途区划（Department for Environment，Food and Rural Affairs，2006）。

随着欧美发达国家对海洋空间规划的研究逐步深入，海洋空间规划越来越成为包括经济地理学、区域经济学在内的相关学科关注的学术热点。

二、海洋空间规划的起源及发展

（一）空间规划概念的缘起

规划起源于 19 世纪末的英国，其后受帕特里克·格迪斯（Geddes，

2012）思潮的影响，全球兴起了土地利用规划的发展潮流。第二次世界大战以后，土地利用规划得到了长足的发展，对城镇基本要素的规划得到了广泛采用。随着国家土地利用规划制度的改革以及全球一体化发展需求的提高，空间规划应运而生（Adams，Alden and Hams，2006）。最早的空间规划应用大概可追溯到对农业区域划分以及房地产形成的规划上（Smout，1964）。早期空间规划的发展遵循由单体到整体的发展路径，先是个别要素发展，然后形成规划体系。在这之后，受地理规模的发展以及工业革命的影响，空间规划得到了长足的发展，空间测量技术在农业以及房地产空间规划中得到了广泛应用，之后又拓展到铁路基础设施规划、电网规划、街道模式规划以及新城镇总体规划之中。

但是，由于空间规划范畴界定不明晰，以经济部门为基础的发展目标与政府机构的空间规划之间一直存在着矛盾与冲突，规划的范畴，特别是空间规划的范畴一直备受争议，近年来才形成较为统一的术语。最早的空间规划定义来自1983年欧洲区域规划部长会议（CEMAT）颁布实施的《欧洲区域/空间规划宪章》（通常称为《托雷莫里诺斯宪章》，*Torremolinos Charter*）：区域、空间规划给出了对经济、社会、文化和生态政策的一种地理表达。它是一门学科、一种管理技术和一种政策，同时也是一个平衡区域发展与空间物理组织的总体战略。但是这一定义并没有全面阐述空间规划的内涵。1997年，欧洲空间规划制度概要中给出了空间规划的常用定义：空间规划主要是公共部门使用的影响未来活动空间分布的方法，它的目的是创造一个更合理的土地利用和功能关系的领土组织，平衡保护环境和发展两个需求，以达成社会和经济发展的总目标（European Commission，1997）。

（二）海洋空间规划概念的形成

空间规划在海洋方面的应用最早起源于渔业以及海运。在渔业方面，最早的空间规划应用是在工业革命后对国家渔业出台的限制措施，之后演变为传统上对渔业区域的划分。而在海运方面，19世纪末，铁路与轮船的出现带动了港口区域的发展，因而空间规划被应用于大型港口的建造，诸如规划航道，制定各项用海活动的空间限制等。随着人类用海活动的增加，涉海空间规划逐步从陆地规划中独立出来，形成一个完整独立的规划体系，即海洋空间规划。海洋空间规划作为一种核心的海洋管理工具，在整个海洋管理体系中得到广泛应用。而人类对于海洋的规划则发展较晚。一直到 20 世纪 70 年代，海洋利用规划的思想才得以萌发（Young and Fricke，1973）。最早的综合性海洋空间规划源于 20 世纪 70 年代，在澳大利亚大堡礁国家海洋公园实施了分区体系。该分区体系优先考虑保护区以及研究区的空间有限性，将大多数珊瑚礁划分为两个使用区域等级，这应该是海洋空间规划在现实中的较早应用。

对于海洋空间规划的实质性定义并没有一个统一的说法。直到 2006 年，英国环境、食品和农村事务部（Department for Environment, Food and Rural Affairs，2006）给出了一个较为常用的定义。后续文献对于海洋空间规划的概念解释逐步完善和规范起来。关于该概念的大致演变过程，可总结如表 1 所示。

表 1　　　　　　　　　　　海洋空间规划概念演变及新近发展

时间	提出者	定义（内涵）
1991 年	Smith & Vallega	海洋利用规划：针对海洋区域的一种综合管理规划，目的是协调各类涉海政策，包括保护区的管理以及涉海部门的行为活动等（Smith and Vallega, 1991）。
2003 年	西北欧地区赫尔辛基委员会（HELCOM）和保护东北大西洋海洋环境委员会（OSPAR）	基于生态方法的海洋利用规划：基于现有的可利用的有关生态系统及其动态体系的科学知识，对人类行为实施综合集成管理，以识别和处理对海洋生态系统的健康有关键影响的行为，从而实现海洋生态系统的可持续利用（HELCOM and OSPAR, 2003）。
2006 年	英国环境、食品和农村事务部（Department for Environment, Food and Rural Affairs）	海洋空间规划：通过实施具有战略性和前瞻性的规划措施，管理和保护海洋环境，最终解决多重、复杂、潜在的用海冲突（Department for Environment, Food and Rural Affairs, 2006）。

时间	提出者	定义（内涵）
2006 年	海洋空间规划试点协会（MSPP Consortium）	海洋空间规划：一种用于规范、管理和保护海洋环境的具有战略性、前瞻性、综合性的管理工具，通过对海洋空间的合理分配以解决多种累积的或潜在的用海冲突（MSPP Consortium，2006）。
2006 年	联合国教育、科学及文化组织（UNESCO）	海洋空间规划：能够提高决策制定效率的基于生态系统的管理人类用海活动的方法。它是一种具有综合性、前瞻性、一致性的管理人类用海活动的决策（MSPP Consortium，2006）。
2007 年	欧洲经济共同体委员会（CEC）	海洋空间规划：海洋空间规划是恢复海洋环境质量，实现海洋及沿海地区可持续发展的一个基本的工具（CEC，2007）。
2007 年	Ehler & Douvere	海洋空间规划：通过分析和分配三维海洋空间的使用情况，进而通过政策制定实现生态、经济和社会目标（Ehler and Douvere，2007）。
2008 年	Douvere	海洋空间规划：通过对海洋空间的使用以及对使用活动之间的相互作用的合理组织，平衡对海洋资源的需求，保护环境，最终实现社会和经济目标（Douvere，2008）。
2010 年	欧盟委员会	海洋空间规划：分析和配置沿海到整个专属经济区内人类活动的空间和时间分布的一个工具（European Commission，2010）。

资料来源：根据相关文献整理。

（三）海洋空间规划的内涵特征

2006 年，联合国教科文组织召开的第一届海洋空间规划国际研讨会，提出海洋空间规划的基本思想：在保护生态环境的基础上，兼顾社会和经济目标，为海域利用制定战略框架。这一具有指导意义的思想有利于各国理解和推进具有共同理念的海洋空间规划进程。随着海洋空间规划的发展，国际上逐步形成不同于陆地空间规划的两大基本特征。第一，海洋空间规划不同于二维模式的土地利用规划，它是一种三维模式的海洋利用规划，不仅针对海面上的人类活动进行规划，更要针对海洋水体以及海底资源的开展规划（Nichols et al.，2000；Hwang，2012）。第二，海洋空间规划更加倚重生态系统理论与方法。这不仅仅是因为海洋空间规划首次在大堡礁应用于海洋保护活动，更多是因为 20 世纪 90 年代之后各类用海冲突加剧，人类逐步认识到海洋生态系统管理的重要性（Costanza，1998；Halpern et al.，2012；Edgar et al.，2014）。

三、海洋空间规划的效益与成本

海洋空间规划不是一种静态规划，而是一种动态循环调整的规划，即包含所有利益相关者以及在有足够财政支持的情况下，开展规划实施、监控、评估、修订、再实施、监控等的动态过程（Ehler and Douvere，2009）。从经济学角度审视，海洋空间规划旨在实现最优化资源配置基础上的均衡决策，不仅考虑经济和社会效益，还要结合历史、当前以及未来的人类行为，对不同区域及环境的影响作出理性判断（Douvere et al.，2007）。

虽然海洋空间规划已经在全球海洋管理体系中得到了广泛的应用，但是关于海洋空间规划的效益评估却相当匮乏。首先，不同区域的海洋空间规划的目标不同，使得现有的评估技术难以给出一个明确的结论。其次，海洋空间规划的效益并不具有即时性，往往随着规划的修订，新的规划得以实施才显现成果（Gilliand and Laffoley，2008）。最后，由于海洋空间规划能够解决新介入的利益相关者与先入的利益相关者之间的利益冲突，这种利益冲突的纷争所产生的效益往往需要十年甚至更久才能体现出来（Plasman，2008）。国外学者从经济效益、生态效益和管理效益方面对海洋空间规划的效益进行了研究。

海洋空间规划的经济效益具体表现在四个方面：①能够明确区域发展趋势以及兼容性用途，能够整合不同部门间利用海洋的情形，海洋环境的状况以及关键海域的海洋特性，从而使得管理者能够有效地发现其所制定的措施中潜在的矛盾与冲突；②能够减少海洋使用者与海洋环境之间的冲突；③能够综合考虑不同海域海洋开发者的需求，避免海洋开发者之间发生冲突，从而减少投资损失；④能够明确风险，从而使得长期投资决策具有确定性（Carneiro，2013）。

海洋空间规划的生态效益具体表现在五个方面：①海洋空间规划的管理立足于整个海洋生态系统而不是单个海域和保护区，从而能够从宏观上实现生态与经济社会均衡发展；②通过生态系统方法使经济社会发展的目标在不影响生态环境的基础上得以实现；③能够识别和建立生态敏感区，从而能够有效减少人类行为对于这些区域的冲击；④保护生态多样性是海洋空间规划以及海洋生态管理的核心宗旨；⑤可以针对不同区域的生态多样性以及不同的自然保护需求，采取针对性措施（Sarah et al.，2013）。

海洋空间规划的管理效益主要体现在六个方面：①能够有效改善政策制定的速度、质量、问责体系以及透明度，从而更好地进行管理；②减少了信息搜集、检索、储存成本；③可以针对多个目标进行评估，平衡各个海域中管理措施的收益与成本；④实现海域管理办法从管理控制到规划调控的转变；⑤能够有效地界定利益相关者，将利益相关者纳入管理体系中来；⑥能改善区域信息和环境评估的质量和可用性（Ban et al.，2013）。

海洋空间规划的成本主要产生于规划制定、实施、监管以及修订的过程中。各国的规划中都有禁止开发海域，这种海域往往可能同《联合国海洋法公约》（UNCLOS）等所设立的海洋区域进入权限相冲突，导致规划的额外调整，从而产生多余的成本。如今，海洋空间规划已经在全球得到广泛实施，由于存在相邻国家间共享海域的情形，从而出现多个国家共同制定海洋空间规划策略（诸如丹麦、德国、荷兰成立的瓦登海三方合作组织）的情形，这种跨国合作规划的实施将会耗费更长的时间，需要更多的信息和管理成本，从而使得政府以及企业需要对过度的成本压力作出权衡（Gilliand and Laffoley，2008；Plasman，2008）。

四、海洋空间规划过程中的利益相关者分析

(一) 利益相关者界定

海洋空间规划的核心在于利益相关者参与规划的全过程。利益相关者的参与程度直接决定了海洋空间规划的成功与否。现今许多国家都有责任确保公众能够参与到政策决策的制定中来。利益相关者的参与会支持规划的顺利运行,当局将在统筹所有利益相关者期望的基础上,作出最终合理的规划决策。由于海洋环境的公共特性以及其用途的多样性,海洋空间规划中将包含众多的利益相关者,诸如商业渔业、休闲渔业、水产养殖业、船舶业、军事用途、海洋保护区、能源产业等。甚至可以说,所有行业都可以算作利益相关者。每个利益相关者都有各自不同的利益诉求,因而他们对于问题的处理方式,对海洋资源的利用以及对于管理的需求也就多种多样。总体来说,利益相关者主要包括:受管理决策影响的群体、利益来源于受管制资源的群体、受资源以及地域影响的群体等。庞梅罗伊和里韦拉－圭伯 (Pomeroy and Rivera-Guieb, 2006) 认为,利益相关者对社会和 (或) 经济有着相当大的影响力,这种影响力来自他们的历史背景、机构授权以及经济利益等。

(二) 利益相关者参与过程

利益相关者在总体海洋空间规划框架构建的过程中就应该参与进来,而不是等到规划已经成形、进行规划协商的时候参与进来。这一经验主要来源于陆地规划体系。这样可以在规划的前期发现问题。利益相关者的参与是一个动态调整的过程。在规划过程中,将有新的利益相关者介入以及旧的利益相关者退出,因而如何实现这种动态调整过程,即如何及时对利益相关者族

群进行更新并让其发挥全部作用变得至关重要。

利益相关者的参与方式主要有两种：一对一的开会以及互动协商（Pomeroy and Douvere，2008）。两种方式各有利弊。一对一的开会可以更好地确定利益相关者的利益诉求，能够更完善地构建利益相关者体系。但由于利益相关者数量庞大，以这种方式进行协商将会耗费更多的时间，产生更多的成本。而互动协商是将利益相关者集中在一起进行协商，这样可以在短期内使得利益相关者参与到规划中来，但是很有可能造成利益相关者的缺失以及潜在冲突的忽视。因而，利益相关者的参与方式要根据规划本身来选取。例如，大堡礁国家海洋公园所进行的规划中，利益相关者参与主要通过互动协商的方式；而在英国，则是沿袭陆地使用规划的方法，通过一对一的调查访问来使利益相关者参与到海洋空间规划中来。有一点需要注意的是，政府需要设立诉求机构，以此来获取更多的利益相关者的信息。除了以上两种极端类型以外，利益相关者参与海洋空间规划的过程有如下更为普遍的类型（见图1）。

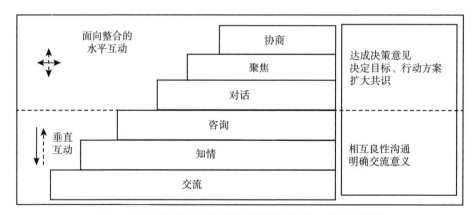

图1 利益相关者参与海洋空间规划过程的一般可能类型

资料来源：Gleason et al.（2010）。

（三）利益相关者的管理策略

当利益相关者参与到海洋空间规划中，仍然存在四个重要的问题需要解决。第一，各个海域的生态、社会以及经济条件非常复杂，并且具有多样化的海洋利用活动以及利益相关者的利益诉求。第二，海洋空间规划过程中涉及大量复杂的政策、管理条例、指导方针，这使得非管理机构的利益相关者无法清晰地了解这些方针的内涵。第三，不同的利益相关者参与的时段不同。第四，利益相关者之间的信任度不同，这种信息的不完全致使利益相关者难以形成利益合作团体（Redding et al.，2005）。

针对上述问题，国外学者研究出相应的解决策略。首先，利用海洋空间规划的重复迭代过程（Gleason et al.，2010；Sayce et al.，2013）。通过迭代循环，不仅能够使利益相关者之间建立信任关系，还能实现信息共享，统筹各方利益，形成利益团体，并且这种迭代循环的过程能够更快更好地反馈信息，从而能够更及时地调整未来规划的方向（Merrifield et al.，2013）。其次，根据规划过程中供求平衡的变动，建立具有针对性的会议机制。所有的会议都是为了信息公开，不仅使利益相关者之间互相了解，也使公众与政府管理部门之间相互了解，从而使政策方针更容易被公众了解和接受。再次，在利益相关者之间建立诸如工作组之类的自适应机制，通过工作组的方式，创造一种可以分享信息、沟通想法、建立信任的条件。最后，建立动态的外部建议机制，根据规划的阶段不同，选取规划外部不同的对象，听取其对现行规划的观点、建议，结合内部利益相关者的反馈情况，调整未来的规划（Fox et al.，2013）。

五、结论及启示

本文通过对文献的梳理，得出有关海洋空间规划及利益相关者问题的如下初步结论：

（1）海洋空间规划经历了由随机性到系统性、由管理边缘到管理主流的发展过程，但是海洋空间规划仍处于不断发展和规范的初级阶段。

（2）海洋空间规划是一个连续、动态循环的过程，它从时空一体化视角尝试推进海洋生态保护与涉海经济社会发展活动的协调。

（3）不同的海域有不同的利用价值和自然敏感性，海洋空间规划应该关注其不同要素耦合导致的复杂空间分异特征。

（4）利益相关者参与对于海洋空间规划管理至关重要，现实中利益相关者参与度不足，如何吸引和有效保障其对规划过程的参与是亟待解决的重要问题。

我国对于海洋空间规划及利益相关者参与的研究尚处于初级阶段，多数研究集中于海域使用、生态补偿以及渔业管理这三个方面，而其他涉海领域的研究都尚存空白（栾维新和阿东，2002；朱坚真，2008；周秋麟等，2005；王江涛和郭佩芳，2010；郭佩芳，2009）。而海洋管理体系的结构性缺陷使得利益相关者参与严重受制于沿海行政区划分割，从而导致一些跨区域利益冲突无法解决以及利益相关者的缺失（任一平等，2009）。因而，我国的海洋综合管理应参考和借鉴海洋发达国家所开展的海洋管理活动的经验。

首先，构建海洋管理事务委员会，在确保更多的利益相关者参与的同时，实现利益相关者之间的跨界整合。海洋事务委员会可以协调各个涉海部门的职权，强化涉海部门间的合作和协调机制，减少烦琐的部门间行政程序，提高海洋综合管理的效率。

其次，在推进海洋经济发展的同时，重视海洋生态资源的保护。我国的海洋功能区划过度强调海洋经济发展的诉求，忽视了海洋生态体系的诉求，因而需要借鉴澳大利亚等国的海洋空间规划的实践经验。一方面，完善海洋生态保护的法律体系，通过法律手段保护海洋生态资源不受损害；另一方面，加强对海洋生态体系的评估，根据不同海域海洋资源的生态资源特征，制定具有针对性的管理措施，并强化对海洋资源使用的监督管理，逐步构建成基于海洋生态体系的海洋综合管理体系。

最后，针对利益相关者参与，应该主要借鉴欧洲国家的方式，全面考虑所有受规划影响的人群和组织，通过垂直互动和水平互动的方式，让更多利益相关者能够参与海洋管理，同时考虑地方特色、规划时效性以及资金问题，针对不同地域的特征，划分区域利益相关者组，考虑地方海域资源和人类活动冲突的严重性，有选择性、针对性地界定直接利益相关者，让其先参与到规划中来，之后根据规划阶段，适度调整利益相关者的规模，在最大化规划效益的同时，降低财政成本。

参 考 文 献

［1］郭佩芳（2009）. 海洋功能区划的矛盾和变革. 海洋开发与管理，（5）：26 - 30.

［2］栾维新和阿东（2002）. 中国海洋功能区划的基本方案. 人文地理，（3）：93 - 95.

［3］帕特里克·格迪斯（2012）. 进化中的城市：城市规划与城市研究导论. 中国建筑工业出版社.

［4］任一平等（2009）. 我国海洋功能区划中的公众参与及其效果评价. 中国海洋大学学报（社会科学版），（1）：1 - 5.

［5］王江涛和郭佩芳（2010）. 海洋功能区划理论体系框架构建. 海洋通报，（6）：669 - 673.

［6］周秋麟和牛文生（2005）. 规划美国的海洋航程. 海洋出版社.

［7］朱坚真（2008）. 海洋区划与规划. 海洋出版社.

［8］Adams, N., Alden, J. and Hams, N. （2006）. Regional development and spatial planning in our Enlarged EU. London：Ashgate.

［9］Backer, H. （2011）. Transboundary maritime spatial planning. Journal of Coastal Conservation, 15.

［10］Ban, N. C. et al. （2013）. Setting the stage for marine spatial planning：ecological and social data collation and analyses in Canada's Pacific waters. Marine Policy, 39（5）：11 - 20.

［11］Carneiro, G. （2013）. Evaluation of marine spatial planning. Marine Policy, 37

（1）：214 - 229.

[12] Commission of the European Communities. (2007). An integrated maritime policy for the European Union. Brussels: COM.

[13] Costanza, R. (1998). Principles for sustainable governance of the oceans. Science, 281.

[14] Council of Europe. Torremolinos Charter. http://www. coe. int/1/dg4/cultureheritage/heritage/ cemat/versioncharte/default_EN. asp.

[15] Crowder, L. B. (2006). Resolving mismatches in U. S. ocean governance. Science, 313 (5787): 617 - 618.

[16] Department for Environment, Food and Rural Affairs. (2006). A marine bill.

[17] Douvere, F. and Ehler, C. (2007). International Workshop on Marine Spatial Planning, UNESCO, Paris, 8 - 10 November 2006: A Summary. Marine Policy, 31 (4): 582 - 583.

[18] Douvere, F. et al. (2007). The role of marine spatial planning in sea use management: The Belgian case. Marine Policy, 31 (2): 182 - 191.

[19] Douvere, F. (2008). The importance of marine spatial planning in advancing ecosystem-based sea use management. Marine Policy, 32 (5): 762 - 771.

[20] Edgar, G. J. et al. (2014). Global conservation outcomes depend on marine protected areas with five key features. Nature, 506.

[21] Ehler, C. and Douvere, F. (2007). Visions for a sea change. report of the first international workshop on marine spatial planning. Intergovernmental Oceanographic Commission and Man and the Biosphere Programme.

[22] Ehler, C. and Douvere, F. (2009). Marine spatial planning: A step-by-step approach toward ecosystem-based management. Paris: UNESCO.

[23] European Commission. (1997). Compendium of European planning systems. Office for Official Publications of the European Communities.

[24] European Commission. (2010). Maritime spatial planning in the EU-achievements and future development. Brussels: COM.

[25] Fox, E. et al. (2013). Adapting stakeholder processes to region-specific challenges in marine protected area network planning. Ocean & Coastal Management, 74: 24 - 33.

[26] Gee, K. et al. (2004). National ICZM strategies in Germany: a spatial planning approach. Coastline Reports.

[27] Gilliland, P. M. and Laffoley, D. (2008). Key elements and steps in the process of developing ecosystem-based marine spatial planning. Marine Policy, 32 (5): 787 – 796.

[28] Gleason, M. et al. (2010). Science-based and stakeholder-driven marine protected area network planning: a successful case study from north central California. Ocean & Coastal Management, 53 (2): 52 – 68.

[29] Halpern, B. S. et al. (2012). Near-term priorities for the science, policy and practice of coastal and marine spatial planning (CMSP). Marine Policy, 36 (1): 198 – 205.

[30] Hardin, G. (1968). The tragedy of the commons. Science, 162.

[31] Helcom and Ospar. (2003). Statement on the ecosystem approach to the management of human activities. First Joint Ministerial Meeting of the Helsinki and OSPAR Commissions.

[32] Hwang, J. H. , Roh, M. I. and Lee, K. Y. (2012). Integrated engineering environment for the process Feed of offshore oil and gas production plants. Ocean Systems Engineering, 2 (1): 141 – 156.

[33] Lester, S. E. et al. (2013). Evaluating tradeoffs among ecosystem services to inform marine spatial planning. Marine Policy, 38 (3): 80 – 89.

[34] Merrifield, M. S. et al. (2013). MarineMap: A web-based platform for collaborative marine protected area planning. Ocean & Coastal Management, 74 (3): 67 – 76.

[35] MSPP Consortium. (2006). Marine spatial planning pilot: Final report.

[36] Nichols, S. (2000). Good governance of Canada's offshore and coastal zone: towards an understanding of the marine boundary issues. Geomatica, 4.

[37] Plasman, I. C. (2008). Implementing marine spatial planning: a policy perspective. Marine Policy, 32 (5): 811 – 815.

[38] Pomeroy, R. and Douvere, F. (2008). The engagement of stakeholders in the marine spatial planning process. Marine Policy, 32 (5): 816 – 822.

[39] Pomeroy, R. and Rivera-Guieb, R. (2006). Fishery Co-management: a practical handbook. Cambridge: CABI Publishing and Ottawa: International Development Research Centre.

[40] Rappaport, J. and Sachs, J. D. (2003). The United States as a coastal nation. Journal of Economic Growth, 1.

[41] Sayce, K. et al. (2013). Beyond traditional stakeholder engagement: public participation roles in California's statewide marine protected area planning process. Ocean & Coastal Management, 74 (3): 57 – 66.

[42] Smith, H. D. and Vallega, A. (1991). The development of integrated sea use management. London: Routledge.

[43] Smout, T. C. (1964). Scottish landowners and economic growth, 1650 – 1850. Scottish Journal of Political Economy, 11.

[44] Vivero, J. L. S. and Mateos, J. C. R. (2011). The Spanish approach to marine spatial planning. Marine Strategy Framework Directive vs. EU Integrated Maritime Policy. Marine Policy, 36 (1): 18 – 27.

[45] Wilkinson, M. (1979). The economics of the oceans. The American Economic Review, 69.

[46] Young, E. and Fricke, P. H. (1973). Sea use planning. London: Fabian Society.

海事业集群国际研究进展及启示[*]

刘曙光　　张爱龙[**]

【摘要】国际上对海事业集群的研究已经有 10 余年的历史，但在国内还是比较新的概念。本文通过对 1997～2009 年海事业集群研究文献进行初步整理，从概念、形成因素、企业组织和影响等方面，对海事业集群研究进行了初步阐述，并关注了全球金融危机对海事业集群的影响，以期为我国发展海事业集群的研究和实践提供借鉴。

【关键词】海事业集群　国际研究进展　启示

一、海事业集群概念的界定

集群是一种重要的经济现象。波特将集群定义为集中于某一空间区域的、存在垂直或水平联系的相关产业内众多企业和组织的集合。产业集群的三要

---

* 本文发表于《海洋开发与管理》2010 年第 3 期。本文受教育部人文社会科学重点研究基地重大项目"国家海洋创新体系建设的战略组织研究（07JJD630012）支持。

** 刘曙光，1966 年出生，男，博士，中国海洋大学经济学院、经济发展研究院教授，博士生导师，研究方向：海洋经济、区域创新与国际经济合作。张爱龙，中国海洋大学经济学院研究生。

素包括：①产业集群内的企业和其他机构往往都与某一产业领域相关，这是产业集群形成的基础；②产业集群内的企业及其他机构之间具有密切联系，产业集群内的企业及相关机构不是孤立存在的，而是整个联系网络中的一个个节点，这是产业集群形成的关键；③产业集群是一个复杂的有机整体。产业集群内部不仅包括企业，而且包括相关的商会、协会、银行和中介机构等，是一个复杂的有机整体，这是产业集群的实体构成。

海事业集群译自英文"Maritime Cluster"。2005年欧洲区域海事会议发布的报告《海洋欧洲》中将海事业集群定义为：由公司、研发创新（RDI）机构和培训组织（大学、专业学院等），以技术创新和提高海事产业绩效为目的，相互合作而组成的网络，通常是由国家和地方当局支持的；定义该名词的目的是强调那些集中于在某一区域内，并且与研发实体有紧密联系的集群现象。

1997年，欧洲政策研究公司提出，通常海事业集群是由11个产业部门和主要相关海事活动组成的，但是每个国家海事业集群的范围不同。参加欧洲海事业集群网的国家（包括挪威、奥地利、丹麦、法国、德国、意大利、荷兰、斯洛文尼亚、瑞士和英国）从狭义角度确认海事业集群的8个组成部门是：航运、船舶制造、海事设备、海港、海事服务、油轮制造、离岸服务和捕鱼（见图1）。从广义和国家角度讲还应包括3个部门：海军和海岸警卫队、内陆航运及海事工程。

西奥多罗普普洛斯（Thedoropopoulos，2006）认为现在的海事业集群包括了所有与航运产业和海上运输直接或间接相关的经济活动，同时也包括了海洋资源开发活动。所有这些活动的共同特点都囊括了现代科技的前沿成果。

海事业集群的概念在国内并不常用，国内与其相似的是航运产业集群或港口集群，但两者的内涵是不同的（蔡婕，2008）。芬肯哈根和费尔德（Finckenhagen and Fjeld，2008）通过实证分析认为：中国目前并不存在完整的海事业集群，中国的海事部门主要是由造船企业和航运公司组成。

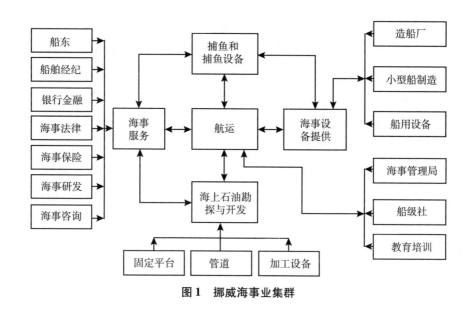

图 1　挪威海事业集群

二、海事业集群形成因素

（一）传统决定因素

基于传统因素作用下的产业集群及其持续发展理论，笔者认为自然资源、运输成本、专业化分工、交易费用、规模经济、范围经济和外部经济等是集群形成的主要原因。

有学者推测可能是挪威人发明了"maritime cluster"一词，挪威海事业集群的形成过程具有典型意义。挪威是许多大小船东的故乡，它的地理条件使大部分的人口聚集在沿海一线，海洋是最合理的运输路径。卡尔森（Karlsen，2005）认为路径依赖和企业家才是造成海事业集群地区差异的主要原因；历史因素是制约因素，也是一种遗产。毕浩然认为挪威海事业集群涵盖船舶制造领域的世界顶级科技，其原因有：努力成为世界级的竞争者；应变能力强；采用高效的管理体系；重视人才等（毕浩然，2007）。马克（Mack，2007）认为高质量的海员聚集是形成挪威海事业集群的重要动力。挪威自古就具备了"海事活动的精髓"，航海更被视为"祖传"的需要。

伦敦是全球最大的海事服务业聚集区，有 1 750 家公司从事海事法律、经纪、金融和保险等工作，其业务遍布全球，每年创造的海事业增加值居欧洲之首，但在伦敦的码头却看不到一艘货轮。布朗里格（Brownrigg，2006）分析了伦敦海事服务集群形成的历史：20 世纪 70 年代，随着欧佩克（OPEC）引起的第一次全球石油大提价，生产成本骤然上升，伦敦的许多海运制造业纷纷向远东地区转移。伦敦海事业经过漫长痛苦的调整，成功地从一个传统的制造业部门向现代服务业转变。

亚洲的海事业集群虽然历史不及欧洲国家，但是近年来发展迅猛，引起了欧洲国家的广泛关注。2004 年，英国渔业协会发布的一项报告指出，10 年后伦敦的海事服务业集群可能将不再有现在的辉煌，它将在全球化的推动下让位于亚洲的海事服务中心，如新加坡、中国香港和上海（Curtis，2004）。布雷特和罗（Brett and Roe，2006）总结新加坡、中国香港海事业集群发展迅速的原因是，地理位置优越，强大的经济腹地的支持和已经拥有了形成海事业集群的临界质量。

（二）知识与创新

在集群形成的初期，传统决定因素发挥了重要的作用。但是，在经济日益全球化和知识经济蓬勃发展的情况下，传统决定因素的作用正在逐渐趋弱。而创新却可以提高竞争层次，将低成本竞争向差异化竞争转化，从而保持集群的持续发展。

对于欧洲传统海事业集群，知识和创新对其确立竞争地位功不可没，这从船舶动力的不断发展可看出来，先是风动力，然后是蒸汽动力，直到柴油动力（Wijnolst，Jenssen and Sdal，2003）。维诺斯特（Wijnolst，2001）认为海事业是一个竞争非常激烈的市场，只有保持领先的企业才能生存，创建复

杂的合作网络比起自我发展更有利于科技创新与传播。海事业集群正是基于
这样的原因而产生的。延森（Jenssen，2003）回顾了过去 10～20 年间数个
研究项目的结论，认为作为一个高成本的国家，挪威海事业集群成功的关键
是创新。为了持续保持挪威海事业的创新力和国际竞争力，集群内的公司必
须不断提高技术和能力，形成很难模仿的独特竞争优势。布朗里格（Brown-
rigg，2006）认为伦敦形成海事服务业集群的原因是更容易获得相关领域的专
业知识和技能，能够满足现代海事贸易的复杂要求。本奇（Bech，2006）认
为丹麦海事业集群的创新能力是越来越多的国际航运公司将总部设在哥本哈
根的原因。豪斯因克（Huisink，2004）认为荷兰海事业集群中的企业将创新
放在极端重要位置，因国外市场越来越根据质量和知识而不是价格来区分不
同竞争对手。每艘船都由许多部件组成，每一部件都是创新的潜在领域。集
群内企业不仅要自我创新而且要合作创新，才能对外形成竞争合力。

　　对后起的海事业集群来说，知识和创新的作用更加突出。日本、韩国和
中国通过经济的发展、科技实力的进步，已改变了世界造船业的重心。阿什
海姆和赫斯塔德（Asheim and Herstad，2003）观察到挪威海事业集群内的企
业将部分业务外包到印度和韩国。理解这种外包趋势不应该仅从低廉的劳动
力成本角度考虑，更要考虑这些国家综合知识环境的改善。多洛雷和梅兰松
（Doloreux and Melançon，2008）认为魁北克海事业集群内的企业普遍较小，
出口少，缺乏创新动力。同时这些企业也没有与外部合作伙伴开展创新活动，
阻碍了集群的可持续发展。

三、海事业集群中的企业和组织

　　企业和组织是海事业集群的构成实体。海事产业具有资本密集度高、国
际化程度高和科技含量高的特点。集群中的领导企业通过设立标准、开拓国
际市场、外包国际订单和大型科技项目创新等方式，带领中小企业共同发展，
同时提高集群本身的国际竞争力。而中小企业主要发挥专业性的优势，多年

来一直专注于某一细小领域的发展，积累了丰富的经验，并能有效地降低成本。而海事业协会和政府在集群中分别扮演了中间人和管理者的角色。

（一）领导企业

领导企业是那些对集群内其他企业和集群本身有相对较大影响力的企业。洛伦佐尼和巴登富勒（Lorenzoni and Badenfuller，1995）把领导企业定义为"拥有高度协调能力和驾驭变化能力的战略中心"。领导企业不一定是规模最大的企业，其作用主要体现在鼓励创新、引导其他企业国际化和提高人力资源库的质量等方面。领导企业发挥作用的渠道是投资，且这种投资必须具有正外部性。投资可能是偶然的，也可能是有意为之的。领导企业之所以愿意进行这种具有正外部性的投资，一是因为它在集群内的主导地位使它可以轻松享有这种正外部性带来的大部分收益；二是因为领导企业可以通过一定的融资安排，使其他企业分摊投资成本。

尼达姆和兰根（Nijdam and Langen，2003）以荷兰海事业集群为案例，研究了集群中领导企业的影响。首先，如何识别领导企业是难点。笔者采取定性和定量相结合的方法，发挥行业协会的作用，让他们的专家来推荐本行业的领导企业，同时设定5个硬性指标（规模、就业数、海外分公司数量、专利数量和参加行业协会的数量）。最终筛选出了荷兰海事业集群中的24家领导企业。然后，向这些企业的首席执行官（CEO）发放调查问卷，对他们进行采访。调查结果表明：海事业集群中领导企业的影响共有9种：协调生产网络、使用集群产品、制定标准、创造新的合作、推动知识传播、建立良好声誉、鼓励和引导国际化、提高人才市场质量及建设组织基础设施。不是所有的领导企业都能同时发挥9种作用，大部分领导企业可以推动集群内知识的传播，只有很少的企业可以推动其他企业的国际化，同时为整个集群建立好的声誉。

（二）中小企业

中小企业是海事业集群中经济活动和公共生活的核心，大企业如果没有中小企业的合作就不能发展。萨默斯和伊文（Sommers and Evan，2004）经过研究发现，美国西雅图海事业集群的主体是那些私有的、历史悠久的中小公司。这些公司30%的业务是面向华盛顿州以外的顾客，这就为利用外部资源发展地区经济奠定了基础。

（三）协会和政府

2005 年，在巴黎由欧洲 10 个国家的海事组织创建了欧洲海事业集群网。该组织每年举行一次欧洲海事业集群会议，定期发布简报，并建立了 19 个专门海事产业协会，其宗旨在于加强各国海事业集群的交流并提高集群的国际竞争力。此外，欧洲每个国家都有自己的海事协会。在国内，海事协会致力于游说本国政府给予最有益的行业政策；在国外，它们参与国际海事展、举办海事论坛和组织海外考察等。海事协会还是海外客户的第一联系人，可为客户推荐最合适的国内供应商或潜在合作伙伴。

政府在海事业集群中扮演的是管理者的角色。马扎罗尔（Mazzarol，2004）认为，澳大利亚海洋综合体的产业网络已经形成了具有强劲国际竞争实力的海事业集群。政府部门进行的大量投资支持了本区海事业的发展，支撑产业和主导产业之间已经建立起较为密切的产业联盟和技术联系。多洛雷和谢尔莫（Doloreux and Shearmur，2009）选取魁北克、纽芬兰和拉布拉多 3 个地区作为案例，分析了加拿大不同海事业集群的推动因素和发展过程，指出政府的集群政策在推动加拿大海事竞争力方面发挥了重要作用，而体制和地理障碍则阻碍海事业集群的发展。而塞德勒（Sedler，2005）认为波兰的海事业发展比较落后，源于政府过度干预，航运、造船和港口产业没有政府的积极参与，根本没法存活。目前，波兰政府应根据欧盟的国家援助条例调整海事政策。波兰海事业集群是波兰海洋战略框架中最重要的项目。该项目应由专家、科学家、企业家、地方和中央政府来共同完成。

亚洲国家的政府热衷于通过大项目推动海事业集群的产生和发展。马来西亚政府在约柏勒巴斯港建设了海上运输枢纽，它是一个多式联运链中的关键环节，空中、陆地和海上将在此连接。米德（Meade，2006）认为迪拜是世界上第一个政府推动海事业集群的国家，但是与规模宏大的迪拜海事中心的建设相比，如何吸引数量众多的航运企业和机构才是最困难的，而迪拜的营销行动才刚刚启动。

四、海事业集群的影响

（一）海事业集群对区域经济的影响

一个部门的经济影响可通过多种指标来衡量。对海事业集群经济影响的测算，有助于国家间的、国内产业间的比较从而为政府决策提供依据。最常见的指标是经济增加值。其中，直接增加值是该经济活动引起总的人力成本、折旧和利润/损失之和；间接增加值是该部门购买的中间产品和服务（不包括进口）通常是直接增加值的某一比率（乘数）。直接和间接增加值构成了该部门对经济的总影响（见图 2）。

此外，总产值、就业和投资也是重要的参考指标。1997 年，欧洲海事业集群的总产值是 1 590 亿欧元（以 2001 年欧元价值换算，下同），其中直接增加值 700 亿欧元，直接创造就业数 150 万人；间接增加值 410 亿欧元。欧洲海事业集群中产值最大的部门是航运，其次是港口和海事设备制造。

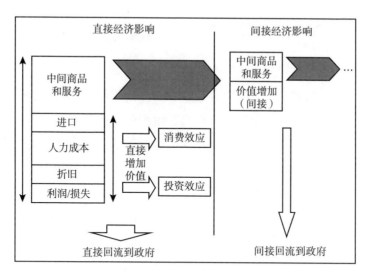

图2 海事业集群区域经济影响

（二）海事业集群结构对绩效的影响

兰根（Langen，2004）的博士论文以港口集群为例探讨了海事产业集群结构和绩效的关系。他认为港口是研究集群案例的教科书，因为港口活动天然集聚于有限的区域空间内。结合已有的四大集群理论（钻石理论、新经济地理学、工业区位论和人口生态学）的研究成果，应该从集群结构、集群治理和集群效应3个方面的相互关系来构建分析框架。集群结构因素包括：集聚经济、内部竞争、集群进入退出障碍及集群的异质性等。集群治理因素包括：集群内合作、信任、中间人、主导企业和集体行动制度等。

集群绩效主要是通过集群创造的增加值（人工费用、折旧和利润之和）来体现。某一年的增加值的增长能带来未来数年的持续增长，所以应该从一个时间段来衡量集群的绩效。某一年集群增加值计算公式为 $VA_P(t) = \sum_{i=1}^{n} Va_i(t)$，$i = \{1, 2, \cdots, n\}$。其中，$VA$ 表示集群内 n 个企业的增加值之和，Va 表示单个企业的增加值。这样集群的绩效可以表示为 $CP_P(t) =$

$VA_P(t) + \dfrac{VA_P(t+1)}{1+r} + \cdots + \dfrac{VA_P(t+n)}{(1+r)^n}$，$r$ 表示贴现率。笔者选取 3 个港口集群作为案例，通过数据分析、调查问卷和采访等形式得出结论：①缺乏内部竞争是港口集群的弱点，这主要是因为一些规章束缚了企业的创新和专业化；②港口集群的特点是"体制厚度"较高，组织建设比较好，大部分的集体组织拥有悠久的历史，但是多数专家对港口协会作用的评价并不高；③领导企业对于港口集群贡献巨大；④共同行动机制对于港口来说是非常重要的；⑤港口当局扮演着集群管理者的角色。

钟吉尔等（Jong-Kil，Ishida and Ito，2006）研究了日本神户海事业集群的状况，并通过向海洋专家发放调查问卷的方式了解海事业集群的结构对集群绩效的影响。其中，集群结构的指标有：竞争程度、进入和退出障碍及主导企业。集群效用的指标有：商业活动多样化、信息获取的难易程度、神户港的品牌印象和资源使用情况。结果表明：神户海事业的集群效用相对较低；原因是缺乏主导企业、存在进入和推出障碍；提高海事业集群竞争力需要各种集体行动计划，例如，建立核心的高端的海洋知识和港口集群。

五、金融危机对海事业集群的影响

海事业的国际化程度较高，客户和订单来自全球，2008 年发生的国际金融危机对其影响不容忽视。盖尔德认为国际金融危机直接导致国际贸易的下滑，讲而对航运业造成显著影响。在这种情况下，应维护开放的、非歧视的市场原则，而不是选择短视的贸易保护主义。同时，当前的金融和经济不确定性，会诱使企业通过降低质量和标准来削减成本，所以保持高质量的航运业将是未来的挑战。鉴于人力资源和航运业质量的紧密联系，应加大对人力资源的投资。更加环保的航运业也是未来的发展方向，应开发新的能源效率更高的船体、船舶发动机和船舶推进系统。那些率先投资于研究、创新和教育的国家及企业将会获得新经济的成果，成为成功走出金融危机的赢家。克莱因（Klein，2008）指出金融危机使得造船业的订单急剧减少。同时由于产量过剩，银行拒绝为航运业提供必要的信用融资。但他同时指出每一个危机都孕育着机会的种子。海事业部门的中期前景还是乐观的，因为90%的国际货物流动是由船舶来完成的，船舶是最环保、最经济的运输工具。2009年3月，欧盟发布的《2018年欧洲海事运输政策的战略目标和建议》中也提出，比金融危机更可怕的是，以危机为借口而盛行的保护主义和不公平竞争，它将严重影响欧洲和世界经济的恢复。而不景气的市场条件容易引起航运质量的下降，对人类生命和海洋环境构成威胁（欧盟委员会，2009）。

六、结论与启示

对海事业集群研究文献的初步分析，我们可以看出：①海事业集群的研究主要集中于欧洲国家，尤其是在挪威、荷兰、德国，汇集了众多的研究人员，产生了丰硕的研究成果，这和海事业集群在欧洲产生、发展、壮大的事实是相符的；②作为一种典型的集群形态，将传统的集群理论和方法应用于海事业集群的研究是适合的；③某些领域的研究还不充分，如海事业集群的演化机制、全球产业转移和金融危机对海事业集群的影响、海事业集群的国际合作及亚洲国家海事业集群的发展道路，这些领域也是未来研究的方向。

我国的海事产业起步较晚但是发展势头强劲。从港口吞吐量、海运规模、海运船队规模、海运装备制造能力和集装箱造箱能力来看，我国都处于世界前列某些领域甚至排名世界第一。参照海事业集群的定义可以看出，我国海事业已经存在一些集群的因素，尤其是沿海港口城市。但是，从国际竞争力和影响力角度来看，我国与传统海事强国的差距不小。

国际经验对我国的启示：首先，提高认识，从集群角度认识和发展海事业，是被国际成功经验证实的正确方向，也是提高我国海事业创新能力的有效途径。因此，我们不能对其视而不见，而要探索适合我国的海事业集群模式。其次，发挥行业协会的作用，使行业协会成为海事业集群内部联系的纽带和对外联系的窗口，提高海事业集群的国际竞争力和影响力。再次，加强海事企业和科研院所的联系加快科技创新转化速度。通过创新和知识传播，使隐含的集群因素显现出来，形成竞争—创新—合作的良性循环机制。最后，重视教育和培训，各国经验均证明，高素质的海事人才集聚是形成海事业集群的基础和不断创新的源泉。

参 考 文 献

［1］毕浩然（2007）. 共享挪威海事业集群的经验. 中国远洋船务，（10）：12 – 13.

［2］蔡婕（2006）. 我国海运产业集群及领导企业的影响力研究，上海海事大学硕士学位论文.

［3］欧盟委员会（2009）. 欧盟委员会提出至 2018 年欧洲海上交通政策战略目标.

［4］Asheim, B. T. and Herstad, S. （2003）. Regional clusters under international duress：between local learning and global corporations//Proc of Innovations Regions and Projects. Sweden：Nordregio.

［5］Bech, M. S. （2006）. The Danish maritime cluster//WIJNOLST N. Dynamic European Maritime Cluster. Holland：IOS Press.

［6］Brett, V. and Roe, M. （2006）. The impact of the Irish maritime cluster. Ireland：National College of Ireland.

［7］Browmrigg, M. （2006）. The United Kingdom's maritime cluster. //WIJNOLSTN. Dynamic European Maritime Cluster. Holland：IOS Press.

［8］Curtis, S. （2004）. The future of London's maritime services cluster：a call for action. Economic Development, （4）：1 – 2.

［9］Dolereux, D. and Shearmur, R. （2009）. Place space and distance：towards a geography of knowledge intensive business services innovation. Industry & Innovation, （1）：79 – 102.

［10］Doloreux, D. and Melan, O. Y. （2008）On the dynamics of innovation in Quebec s coastal maritime industry. Technovation, （28）：231 – 243.

［11］Finckenhagen, L. C. and Fjeld, E. （2008）. How do Norwegian shipping companies benefit from joining the Chinese maritime cluster? . Norway: Handelshoyskole University.

[12] Han, J. K. et al. (2006). Regional maritime cluster-case of Kobe. //International Association of Maritime Economics, Japan.

[13] Husink, G. J. (2004). Shipping innovation. Rotterdam: Erasmus University Rotterdam.

[14] Jessen, J. (2003). Innovation capabilities and competitive advantage in Norwegian shipping. Maritime Policy & Management, (2): 93 – 106.

[15] Karlsen, A. (2005). The dynamics of regional specialization and cluster formation: dividing trajectories of maritime industries in two Norwegian regions. Entrepreneurship & Regional Development, (17): 313 – 338.

[16] Klein, P. G. (2008). Opportunity discovery entrepreneurial action and economic organization. Strategic Entrepreneurship Journal, (2): 175 – 190.

[17] Langen, P. W. (2004). The performance of seaport clusters. Erasmus Erasmus Universiteit Rotterdam.

[18] Lorenzoni, G. and Badenfuller, C. (1995). Creating a strategic center to manage a web of partners. California Management Review, (3): 146 – 150.

[19] Mack, K. (2007). When seafaring is (or was) a calling: Norwegian seafarers' career experiences. Maritime Policy and Management: 347 – 358.

[20] Mazzarol, T. (2004). Industry networks in the Australian marine complex: strategic networking within the western Australian maritime engineering sector. Australia: University of Western Australia: 9 – 10.

[21] Meade, R. (2006). Jewel in the crown? . Dredging and Port Construction, (4): 34 – 36.

[22] Nijdam, M. M. H. and Langen, P. W. (2003). Leader firms in the Dutch maritme cluster//ERSA 2003, Rotterdam Congress Erasmus University.

[23] Sedler, B. (2005). Polish maritime cluster. Bremen: Maritime Industries Forum.

[24] Sommers, P. and Evans, D. J. (2004). Seattle's maritime cluster: characteristics trends and policy Issues. Seattle: Seattle Office of Economic Development.

[25] Thedoropopoulos, S. (2006). Cluster formation and the case of maritime cluster. Greece: Argostoli.

［26］ Wijnolst, N. （2001）. To reinforce and promote the Dutch maritime cluster. Schiff und Hafen, （53）: 51 – 52.

［27］ Wijnolst, N. , Jenssen, E. and Sdal, S. （2003） European maritime cluster. Delft: DUP Statellite.

第二篇 │ 海洋经济高质量发展

中国沿海城市开发强度与资源环境承载力时空耦合协调关系[*]

段佩利　刘曙光　尹　鹏　张海峰[**]

【摘要】运用耦合协调度模型和地理加权回归模型，厘清20世纪90年代中期以来中国沿海城市开发强度与资源环境承载力的耦合协调关系及其影响因素的空间异质性特征。结果表明：①沿海城市开发强度加速上升，均值由1995年的2.5254%增至2015年的5.1568%，高值集中于珠三角和长三角冲积平原，深圳（35.6402%）和上海（35.0359%）始终处于最高一级，资源环境承载力稳步上升且处可载状态，均值由1995年的0.3126增至2015年的0.3825，呈现以长江口为界，北高南低的空间特征。②开发强度与资源环境承载力大多处于低水平耦合阶段，非同步性特征明显，深圳耦合度最高，宁德耦合度最低，两者协调度整体不高，以中度失调为主，深圳协调度最高，汕尾协调度最低。③各参数对开发强度与资源环境承载力协调发展的影响存在地理空间非平稳性特征，5个自变量影响程度大小排序为对外开放水平＞

　＊　本文发表于《经济地理》2018年第5期。本文受国家社会科学基金重大项目（15ZDB170）、研究阐释党的十九大精神国家社会科学基金专项（18VSJ067）和中国博士后科学基金面上项目（2018M632719）支持。

　＊＊　段佩利，1986年出生，女，中国海洋大学经济学院博士/博士后，研究方向：区域经济与资源环境。刘曙光，1966年出生，男，博士，中国海洋大学经济学院、经济发展研究院教授，博士生导师。尹鹏，1987年出生，男，中国海洋大学经济学院博士/博士后。张海峰，男，美国路易斯维尔大学地理科学学院学生。

经济发展水平 > 城市化水平 > 人口规模程度 > 产业发展水平。

【关键词】 开发强度　资源环境承载力　耦合协调　地理加权回归　沿海城市

　　自然资源禀赋和生态环境本底是区域开发的基础支撑，而区域开发是资源环境演化的重要推力，两者存在密切的动态相互作用关系（刘艳军等，2013）。国家"十三五"规划指出，合理控制国土空间开发强度，科学确定城市开发边界，逐年减少建设用地增量，划定生态空间保护红线，协同推进人民富裕、国家富强、中国美丽。近年来，随着我国城镇化与工业化进程的加快，区域开发建设强度不断加大，开发建设方式愈发粗放，大量自然资源被消耗甚至枯竭，环境污染加剧、生态系统功能下降、区域不可持续性发展等问题日趋严峻，当这种影响达到一定程度时，区域开发建设又必将受到资源环境的强烈约束。区域开发强度与资源环境承载力的协调发展作为症结破解的根本，成为社会各界普遍关注的热点之一。

　　学术界对于开发强度与资源环境承载力的关系研究始终保持浓厚的研究兴趣。纵观已有成果发现，研究区域上，以全国和省域（黄建欢，杨晓光和胡毅，2014；张燕等，2009）为主要空间尺度，市域层面（赵亚莉，刘友兆和龙开胜，2014）不多；研究内容上，更多关注开发强度时空特征（Shi et al.，2015；Wang，Zhang and Su，2018）、资源环境承载力时空特征（徐勇等，2016；熊建新，陈端吕和谢雪梅，2012）、城镇化与资源环境的关系（方创琳等，2016；刘凯等，2016）、经济增长与资源环境的关系（Sheng and Gu，2018）、城市空间扩张的资源环境效应（Hasse and Lathrop，2003）、资源环境对城市发展的束缚作用（Wu and Lei，2016）等，较少涉及开发强度与资源环境承载力的耦合协调关系，而且针对两者协调发展影响因素的分析几乎空白。考虑到开发强度与资源环境承载力耦合协调是一个相对复杂的系统工程，时效性特征很强，因此，有必要在尺度选取、指标选择、方法运用和机制分析方面开展深入探索。

　　沿海地区作为改革开放的先行区和经济发展的核心区，开放程度高、创新能力强、交通运输便捷、吸纳外来人口多，是最具活力与潜力的增长点（Xu et al.，2018）。1978年对外开放以来，我国沿海开发活动愈演愈烈，从"转身向海"的辽宁沿海经济带，到志在对接东盟的广西北部湾经济区，沿海开发热度不断上升。2015年，我国沿海GDP占全国GDP比重超过1/3，城镇化率接近64%，固定资产投资额、社会消费品零售额、旅游外汇收入等多项指标处于全国领先。然而，沿海地区地处海洋和陆地系统的过渡地带，人地矛盾尖锐，人海关系复杂，资源环境承载能力有限（孙才志等，2015）。目前，京津冀、长三角、珠三角等地区国土开发强度接近或超出资源环境承载能力，一定程度上制约区域开发的有序进行、资源环境的高效利用与持续保护以及国土空间的合理优化。本文以53个沿海城市（包括上海、天津2个直辖市，广州、深圳、青岛、大连、厦门、杭州、宁波7个副省级城市以及沧州、丹东等44个地级市）为研究区域，以1995年、2005年和2015年为时间断面，运用耦合协调度模型测算沿海城市开发强度与资源环境承载力的时空耦合协调关系，运用地理加权回归模型分析沿海城市开发强度与资源环境承载力协调发展影响因素的空间异质性特征，旨在为各级政府区域战略的制定实施提供参考借鉴。

一、指标选取与模型构建

（一）概念内涵界定

　　开发强度作为土地利用程度及其累积承载密度的综合反映，是区域建设空间占区域总面积的比例，包括开发条件、开发程度、投入强度、开发效益、资源反馈效应、生态环境治理力度等多层次结构和多元化要素，具有时间动态性和空间可比性特征，建设用地总量是开发强度考核的重点（林坚和唐辉栋，2017）。目前国际公认的国土开发宜居线和警戒线分别是 20% 和 30%，《全国主体功能区规划（2010 年）》确定 2020 年我国国土开发强度控制在 3.92%，《全国国土规划纲要（2016—2030 年）》确定 2030 年我国国土开发强度不超过 4.62%。资源环境承载力作为社会经济系统与资源环境系统的连接纽带，是一定时间和区域范围内，在保证资源合理开发利用和生态环境良性循环的前提下，资源环境系统所能承载人口增长与经济发展的能力，包括超载、满载、可载三种类型，具有系统性、客观性、动态性、开放性、可控性和综合性等特征，是衡量区域可持续发展和人地关系协调程度的重要标志（封志明等，2017；吕一河等，2018）。

开发强度与资源环境承载力作为主体功能区划的重要依据（樊杰，2013），两者存在相互制约的动态耦合协调关系。一方面，开发强度的提升加剧对资源环境承载力的胁迫程度。伴随工业化与城镇化进程的加快，城市建设用地面积逐渐增大，耕地、绿地等可供开发利用的自然资源存量相应减少，工业"三废"和生活垃圾大量产生，生态空间受到严重挤压，导致资源环境从"可载"状态走向"超载"状态。另一方面，开发强度的提升受到资源环境承载力的刚性约束。随着土地资源、水资源、森林资源、大气环境等的枯竭衰减，在降低资源环境承压能力的同时，影响人口增长与经济发展的承载规模，一定程度上干扰社会经济发展水平的提升，相应地影响资金技术的引进和开发项目的落地，限制城市建设用地的对外扩张，降低城市开发强度。

（二）指标选取与数据来源

基于上述内涵和已有研究，遵循科学性、完整性和可操作性原则，选取城市建设用地面积占市辖区土地总面积比重（x_1）表征城市开发强度；从资源环境压力和资源环境承压两方面综合测评资源环境承载力，其中选取人口自然增长率（y_1）、GDP 年均增长率（y_2）、人均水资源消耗量（y_3）、万元 GDP 能耗（y_4）、万元 GDP 工业废水排放量（y_5）、万元 GDP 工业 SO_2 产生量（y_6）和万元 GDP 工业固体废物产生量（y_7）表征资源环境压力水平，人均 GDP（y_8）、城镇居民人均可支配收入（y_9）、农民人均纯收入（y_{10}）、人均水资源量（y_{11}）、人均耕地面积（y_{12}）、建成区绿化覆盖率（y_{13}）、工业固体废物综合利用率（y_{14}）、污水集中处理率（y_{15}）和生活垃圾无害化处理率（y_{16}）表征资源环境承压水平。考虑到资源环境压力包括人口增长压力和经济发展压力，与资源环境承压共同组成三维状态空间轴，因此运用状态空间法（毛汉英和余丹林，2001）计算资源环境承载力得分，比较资源环境承载力现实值与理想值。数据源于 1996 年、2006 年和 2016 年《中国城市统计年鉴》以及各城市国民经济和社会发展统计公报，对部分缺失指标选用近邻年份数据进行插补。

（三）耦合协调度模型

耦合度是描述系统或要素相互作用程度的度量指标，可以用来判别开发强度系统与资源环境承载力系统之间的交互耦合强度。然而，耦合度无法表征两者的综合协调水平，在有些情况下难以真正反映整体"功效"与"协同"效应，可能产生两个系统发展水平较低、耦合度较高的情况。为避免这一问题，引入耦合协调度模型，系统分析开发强度系统与资源环境承载力系统之间彼此影响、相互作用、和谐一致的程度，全面测度两者交互耦合的协调程度，模型结构为（谢炳庚，陈永林和李晓青，2016；尹鹏等，2015）：

$$D = \sqrt{C \times T}, \quad C = \sqrt{\frac{DST \times REBC}{(DST + REBC)^2}} \tag{1}$$

$$T = \alpha DST + \beta REBC$$

式中，D 为协调度，$D \in [0, 1]$，D 越大，协调度越高，D 越小，协调度越低，$D \in (0, 0.09]$ 为极度失调型、$D \in (0.1, 0.19]$ 为严重失调型、$D \in (0.2, 0.29]$ 为中度失调型、$D \in (0.3, 0.39]$ 为轻度失调型、$D \in (0.4, 0.49]$ 为濒临失调型、$D \in (0.5, 0.59]$ 为勉强协调型、$D \in (0.6, 0.69]$ 为初级协调型、$D \in (0.7, 0.79]$ 为中级协调型、$D \in (0.8, 0.89]$ 为良好协调型、$D \in (0.9, 1]$ 为优质协调型（廖重斌，1999）；C 为耦合度，$C \in$

$(0, 0.3]$ 为低水平耦合，$C \in (0.3, 0.5]$ 为拮抗耦合，$C \in (0.5, 0.8]$ 为磨合阶段，$C \in (0.8, 1]$ 为高水平耦合；DST 为开发强度指数；REBC 为资源环境承载力指数；T 为综合协调指数，反映开发强度和资源环境承载力对协调度的贡献；α、β 为待定系数，考虑两者同等重要，取 $\alpha = \beta = 0.5$。

（四）地理加权回归模型

地理加权回归模型（GWR）是一种对 OLS 模型改进的空间线性回归模型，即将观测单元的空间位置引入到回归参数中，在全局回归模型基础上对各参数进行局域回归估计，能够更好地刻画各参数在不同空间位置上的非平稳性现象，其计算结果比传统统计模型更加符合客观实际。一般形式为（Su et al.，2017）：

$$Y_i = \beta_0(U_i, V_i) + \sum_k \beta_k(U_i, V_i)x_{ik} + \varepsilon_i \tag{2}$$

式中，Y_i 为观测值；(U_i, V_i) 为 i 点地理坐标；$\beta_0(U_i, V_i)$ 为 i 点常数项；$\beta_k(U_i, V_i)$ 为 i 点第 k 个回归系数；x_{ik} 为解释变量；ε_i 为随机误差。

本文综合考虑开发强度与资源环境承载力协调发展状况以及沿海城市社会经济发展现实，初步选取人均 GDP、人均社会消费品零售额、人口密度、客运量、货运量、城市化水平、环境污染治理投资额占 GDP 比重等 16 项指标，然后运用主成分分析计算相关系数矩阵及其累计贡献率（>85%），最终选取人均 GDP、人口密度、三产产值比重、非农业人口占总人口的比重和实际利用外商直接投资额 5 个指标作为自变量，分别表征经济发展水平、人口规模程度、产业发展水平、城市化水平和对外开放水平。设定开发强度与资源环境承载力的协调度作为因变量 Y_i，第 i 点沿海城市坐标为 (U_i, V_i)，GWR 模型结构为

$$Y_i = \beta_0(U_i, V_i) + \beta_1(U_i, V_i)EDL_i + \beta_2(U_i, V_i)PSD_i + \beta_3(U_i, V_i)IDL_i$$
$$+ \beta_4(U_i, V_i)URB_i + \beta_5(U_i, V_i)OUL_i + \varepsilon_i \tag{3}$$

式中，$\beta_1(U_i, V_i)$ 为经济发展水平回归系数，$\beta_2(U_i, V_i)$ 为人口规模程度

回归系数，$\beta_3(U_i, V_i)$ 为产业发展水平回归系数，$\beta_4(U_i, V_i)$ 为城市化水平回归系数，$\beta_5(U_i, V_i)$ 为对外开放水平回归系数。运用 ArcGIS 地理加权回归模块中"Adaptive"核类型的 AIC 带宽方法，对协调发展影响因素进行局域估计，得到各变量回归系数。

二、结果与分析

（一）开发强度与资源环境承载力时空特征分析

1. 开发强度时空特征

中国沿海城市开发强度加速上升，1995 年、2005 年和 2015 年开发强度平均值分别为 2.5254%、3.0338% 和 5.1568%，超过 2030 年 4.67% 的国土开发强度红线，原因在于改革开放以来人口和产业向沿海集聚态势不断增强，受此影响，新城新区广泛设立，"向海要地"现象愈发突出，城镇建成区面积快速增长，土地城镇化进程逐渐加快等，其中东莞开发强度增幅最明显，由 1995 年的 1.4604% 增至 2015 年的 41.0192%，用地形势非常严峻。沿海城市开发强度呈现空间非均衡性，3 个年份的开发强度标准差分别为 5.4198、6.9254 和 9.6566，高值集中分布于珠三角和长三角冲积平原，这两个地区依托得天独厚的区位优势和政策优势，确定具有特色和竞争力的市场化道路，通过引进外资与人才、先进技术与装备、现代市场经济理念和科学管理方式等，不断提升与国际接轨的程度，长期处于中国改革的前列，其中深圳和上海开发强度始终处于最高一级，3 个年份的开发强度平均值分别为 35.6402% 和 35.0359%，该数值高于其他沿海城市和国际同类城市，同时远超 30% 的国际警戒线，这两个城市基本没有可供成片开发的土地资源，许多大型项目无法落地，土地资源成为经济社会发展的首要瓶颈，宁德开发强度最低，3

个年份的开发强度平均值仅为 0.2192% ，这与其工业基础薄弱、矿产资源稀少、山区地形限制、外来资本相对缺失等密切相关。

2. 资源环境承载力时空特征

中国沿海城市资源环境承载力稳步上升，1995 年、2005 年和 2015 年资源环境承载力平均值分别为 0.3126、0.3431 和 0.3825，低于资源环境承载力理想值 3.4738、3.8120 和 4.2504，说明沿海城市资源环境承载状况不断提升且均处可载状态，其中东莞资源环境承载力增幅最明显，资源环境承载力指数由 1995 年的 0.3868 增至 2015 年的 0.6057，通过优化调整基本生态控制线、增加环境保护投资、深化水生态治理等使得"现代生态都市"建设目标取得显著成效。沿海城市资源环境承载力的空间差异不大且逐年缩小，3 个年份的资源环境承载力标准差分别为 0.0956、0.0735 和 0.0715，总体呈现以长江口为界，北高南低的空间特征，究其原因，南方较快的经济发展速度，导致多数沿海城市没有从根本上考虑资源环境容量问题，并且忽视长远科学规划，造成资源环境压力较大。其中深圳资源环境承载力最高，平均值 0.6803，通过主动对标全球生态环境标杆城市，执行一流的环保标准，运用一流的环保技术等，加大环保工作力度，使得优良的生态环境成为深圳重要竞争力，海口资源环境承载力次之，平均值 0.4878。揭阳资源环境承载力最低，平均值 0.2140，交接断面水质较差，环境噪声超标、空气污染物偏高、农业生态环境恶化等是制约其资源环境承载力提升的主要问题。

（二）开发强度与资源环境承载力耦合协调关系

1. 耦合度分析

中国沿海城市开发强度与资源环境承载力的耦合程度以（0，0.3］的低水平耦合为主，仅有天津、上海、广州、深圳等少数大城市和特大城市处于（0.3，0.5］的拮抗耦合阶段，1995 年、2005 年和 2015 年的耦合度平均值分别为 0.2981、0.2854、0.3168，总体呈现递减态势，这与综合协调指数 T 的递增变化趋势正好相反。沿海城市开发强度与资源环境承载力耦合度空间差异较小，1995 年、2005 年和 2015 年耦合度标准差分别为 0.1052、0.0966 和 0.1010，高于耦合度平均值的城市数量分别为 26 个、24 个、26 个，占到全部城市数量的 49.06%、45.28%、49.06%，其中宁波、嘉兴、上海、杭州、舟山、广州、深圳、珠海、东莞等 16 个城市的开发强度与资源环境承载力耦合度始终高于平均水平，相对集中地分布于长三角和珠三角地区，深圳开发强度与资源环境承载力耦合度最高，3 个年份的耦合度平均值 0.4923，宁德开发强度与资源环境承载力耦合度最低，3 个年份的耦合度平均值 0.1367，两者相差 3.60 倍。

2. 协调度分析

中国沿海城市开发强度与资源环境承载力的协调程度整体不高，呈现较为明显的非同步发展特征，1995 年、2005 年和 2015 年的协调度平均值分别为 0.2392、0.2430、0.2765，以（0.2，0.29］的中度失调类型为主，中度协调类型城市数量占到全部城市数量的 54.72% 以上。沿海城市开发强度与资源环境承载力协调度空间差异较小且总体变化不大，1995 年、2005 年和 2015 年协调度标准差分别为 0.1028、0.0938 和 0.1035，高于协调度平均值的城市数量分别为 19 个、18 个、18 个，占到全部城市数量的 35.85%、33.96% 和 33.96%，其中广州、深圳、珠海、汕头、东莞、大连、上海、厦门等 13 个城市的开发强度与资源环境承载力协调度始终高于平均水平，集中分布于珠三角地区，深圳协调度（0.6359）最高，属于初级协调型，上海协调度（0.5561）次之，属于勉强协调型，天津、舟山、厦门、珠海、汕头、东莞和海口 7 个城市属于轻度失调型，唐山、秦皇岛、大连、锦州、营口等 29 个城市属于中度失调型，沧州、丹东、葫芦岛、盐城、泉州等 15 个城市属于严重失调型，其中汕尾协调度（0.1421）最低（见图 1）。

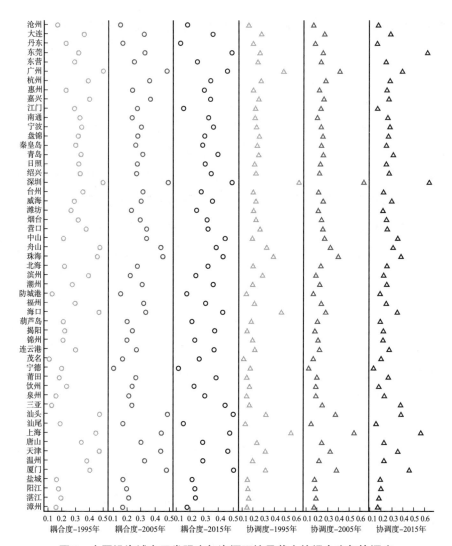

图 1　中国沿海城市开发强度与资源环境承载力的耦合度与协调度

资料来源：笔者依据 2001～2016 年《中国城市统计年鉴》《舟山市统计年鉴》以及各年份舟山市国民经济和社会发展统计公报数据计算整理。

（三）开发强度与资源环境承载力协调发展的影响因素分析

1995 年、2005 年和 2015 年拟合系数 R^2 分别为 0. 9122、0. 8651、0. 8219，

调整后的拟合系数 R^2 分别为 0.8829、0.8513、0.8037，说明该 GWR 模型能够较好模拟各变量对两者协调发展的影响。53 个沿海城市各自变量回归系数有正有负，说明对两者协调发展的影响不稳定，存在地理空间非平稳性特征。5 个自变量回归系数大小排序为对外开放水平 > 经济发展水平 > 城市化水平 > 人口规模程度 > 产业发展水平，平均值分别为 0.0136、 −0.0050、 −0.0295、 −0.0375、 −0.0421，可见这些因素对于沿海城市开发强度与资源环境承载力协调发展的影响总体呈现低负相关关系（见表 1）。其中：①对外开放水平是首要影响因素，其中对长三角和珠三角协调发展的推动作用明显，回归系数多为正值，较高的开放水平加速利用外商直接投资，加快资本、人才、市场、资源等要素的重组与流动，推动经济持续较快发展，与此同时，以科技进步优化产业结构，降低资源环境约束，改善国内投资硬环境，实现经济社会发展与资源环境保护的双重提升。②经济发展水平是次要影响因素，仅有上海、广州、天津等少数大城市的回归系数始终呈现正向显著，说明经济发展水平较高的地区，更加注重城市空间的有序开发、能源资源的有效利用和生态环境的综合治理，经济发展水平对欠发达城市尤其是资源型城市如葫芦岛、盘锦等协调发展的负效应明显，经济"断崖式下滑"导致资源开发与环境保护的投入度和关注度降低，可持续发展面临严峻挑战。③城市化水平、人口规模程度和产业发展水平是潜在影响因素，对协调发展的负向作用较强。城市化水平快速提升背景下，建设用地的粗放低效扩张浪费大量耕地资源，城镇空间的不合理布局增加生态环境成本，"唯 GDP 论"的发展观和政绩观破坏城市自然个性与田园风光，造成资源环境约束趋紧；沿海城市依托发达的经济发展水平、便捷的交通运输条件和便利的公共服务设施等，成为人口集聚高地，"虹吸效应"突出，一定程度上使得"大城市病"问题凸显，与综合承载力的矛盾加剧；资源和资本投入依然是沿海地区产业发展的主要驱动力，高投入、高消耗和高污染的粗放经济发展模式没有发生根本改变，在此基础上，滨海旅游活动的大规模开展、海洋渔业资源的过度捕捞以及围填海工程的实施等给沿海生态环境造成一系列不可逆的损害，降低生物多样性，影响海洋经济可持续发展。

表1　中国沿海城市开发强度与资源环境承载力协调发展 GWR 模型结果

年份	变量	最小值	最大值	平均值	上四分位数	中位数	下四分位数	AIC值	R^2	调整 R^2
	EDL	-2.6348	2.7962	-0.0121	-0.6793	-0.1625	0.5650			
	PSD	-1.4343	3.7307	-0.0349	-0.7891	-0.2679	0.2899			
	IDL	-1.6277	3.6945	-0.0331	-0.7009	-0.1095	0.7165			
1995	URB	-2.5160	3.2876	-0.0319	-0.7005	-0.3285	0.3819	-185.9455	0.9122	0.8829
	OUL	-1.8474	3.8584	0.0082	-0.4900	-0.1328	0.2943			
	EDL	-2.2105	4.1542	-0.0101	-0.6590	-0.0415	0.5824			
	PSD	-1.3589	4.1457	-0.0346	-0.7796	-0.2694	0.3128			
	IDL	-2.1390	4.3017	-0.0578	-0.6714	-0.2743	0.4653			
	URB	-2.1303	3.1068	-0.0491	-0.7645	-0.1073	0.5029			
2005	OUL	-1.4644	3.3936	0.0250	-0.5488	-0.1288	0.4603	-189.5497	0.8651	0.8513
	EDL	-2.0559	3.0915	0.0072	-0.7479	-0.1317	0.4284			
	PSD	-1.4630	3.2912	-0.0430	-0.6534	-0.2005	0.3484			
	IDL	-2.1295	3.2509	-0.0355	-0.7889	-0.0336	0.7237			
2015	URB	-1.8774	2.8131	-0.0076	-0.4744	-0.1223	0.3632	-166.3092	0.8219	0.8037
	OUL	-2.1861	2.5608	0.0077	-0.5728	-0.1158	0.5251			

　　注：EDL 表示经济发展水平；PSD 表示人口规模程度；IDL 表示产业发展水平；URB 表示城市化水平；OUL 表示对外开放水平。

三、结论与政策建议

（一）主要结论

　　第一，20 世纪 90 年代中期以来，中国沿海城市开发强度加速上升，由 1995 年的 2.5254% 增至 2015 年的 5.1568%，东莞开发强度增幅最为明显；

开发强度空间非均衡性特征明显,高值集中于珠三角和长三角冲积平原,上海和深圳开发强度始终处于最高一级,宁德开发强度最低。沿海城市资源环境承载力稳步上升且均处可载状态,指数平均值由 1995 年的 0.3126 增至 2015 年的 0.3825;资源环境承载力空间差异不大且逐年缩小,呈现以长江口为界,北高南低的空间分异特征,深圳资源环境承载力最高,揭阳资源环境承载力最低,两者相差 3.18 倍。

第二,中国沿海城市开发强度与资源环境承载力的耦合程度大多处于(0,0.3]的低水平耦合阶段,3 个年份的耦合度平均值分别为 0.2981、0.2854 和 0.3168;沿海城市开发强度与资源环境承载力耦合度空间差异相对较小,标准差分别为 0.1052、0.0966 和 0.1010,深圳耦合度(0.4923)最高,宁德耦合度(0.1367)最低,两者相差 3.60 倍。沿海城市开发强度与资源环境承载力的协调程度整体不高,3 个年份的协调度平均值分别为 0.2392、0.2430 和 0.2765,以(0.2,0.29]的中度失调类型为主;沿海城市开发强度与资源环境承载力协调度空间差异较小且总体变化不大,标准差分别为 0.1028、0.0938 和 0.1035,深圳协调度(0.6359)最高,汕尾协调度(0.1421)最低。

第三,中国沿海城市开发强度与资源环境承载力协调发展存在地理空间的非平稳性特征,对外开放水平、经济发展水平、城市化水平、人口规模程度和产业发展水平对两者协调发展的影响总体呈现低负相关关系,回归系数平均值分别为 0.0136、-0.0050、-0.0295、-0.0375、-0.0421,其中对外开放水平是影响两者协调发展的首要因素,对长三角和珠三角协调发展的推动作用明显,经济发展水平是影响两者协调发展的次要因素,少数大城市的回归系数始终呈现正向显著,欠发达城市尤其是资源型城市的负效应明显,城市化水平、人口规模程度和产业发展水平也是影响两者协调发展的重要因素,对协调发展的负向作用较强。

（二）政策建议

第一，严格控制沿海城市开发强度，全面实施优化开发策略。在科学发展观理念指引下，加快经济增长由粗放型向集约型转变，强调经济发展的内涵式增长与紧凑式开发。充分利用现有土地资源，提高建设用地利用效率，避免"摊大饼式"无序蔓延，打造集约高效的新型城镇空间格局。挖掘区域发展潜力，做好违法建筑整治、建设用地清退、土地整备、城市更新等工作，尽可能利用已有空闲地、废弃地和闲置地。加快建设上海大都市圈和深莞惠经济圈，畅通合作机制，推动大城市人口和产业向中小城市转移扩散，拓展城市发展新空间。实施围填海总量控制制度，推进海洋主体功能区规划编制工作，根据国土空间开发适宜性评价，构建海洋空间开发格局。

第二，有效增强沿海城市资源环境承载力，加快资源永续利用和环境质量提升。按照"两型社会"建设要求，树立尊重、顺应、保护自然的生态文明理念，推进环渤海、长三角、珠三角等地区的环境质量与人居生态修复，构建多功能复合城市绿色发展空间。针对东南沿海水体、大气和土壤污染问题，实行地方政府总负责制，加强环境科学与污染治理技术研究，出台严格的环境质量标准。统筹养殖用海与生态、旅游用海空间，建立功能完善、布局合理、类型全面的海洋保护区体系，构建海洋生态安全格局。遵循《关于建立资源环境承载力监测预警长效机制的若干意见》，使沿海资源环境承载力监测预警工作常态化、规范化和制度化。

第三，根据不同城市开发强度和资源环境承载能力，统筹谋划经济布局、人口分布和生态保护，最终形成社会、经济、资源、环境协调发展的国土空间开发格局。完善规划体系，推进"多规合一"，加强土地利用规划、城乡建设规划、区域发展规划、主体功能区划与生态环境规划等的有效衔接。突破"行政区经济"限制，明确各城市发展目标、开发方向与功能定位，建立沿海城市协调管理模式和协调发展机制，促进生产要素自由流动，推动生态环境的联防、联控与联治，建立区域联动、海陆统筹的海洋生态保护修复机制，实现沿海城市一体化发展。

参 考 文 献

［1］樊杰（2013）. 主体功能区战略与优化国土空间开发格局. 中国科学院院刊，
（2）：193－206.

［2］方创琳等（2016）. 特大城市群地区城镇化与生态　环境交互耦合效应解析的理
论框架及技术路径. 地理学报，714：531－550.

［3］封志明等（2017）. 百年来的资源环境承载力研究：从理论到实践. 资源科学，
（3）：379－395.

［4］黄建欢，杨晓光和胡毅（2014）. 资源、环境和经济的协调度和不协调来源. 中
国工业经济，（7）：17－30.

［5］廖重斌（1999）. 环境与经济协调发展的定量评判及其分类体系——以珠江三角
洲城市群为例. 热带地理，（2）：171－177.

［6］林坚和唐辉栋（2017）. 全域意义上的"开发强度"刍议. 中国土地，（6）：
16－18.

［7］刘凯等（2016）. 人地关系视角下城镇化的资源环境承载力响应——以山东省为
例. 经济地理，36（9）：77－84.

［8］刘艳军等（2013）. 中国区域开发强度与资源环境水平的耦合关系演化. 地理研
究，（3）：507－517.

［9］吕一河等（2018）. 区域资源环境综合承载力研究进展与展望. 地理科学进展，
（1）：130－138.

［10］毛汉英和余丹林（2001）. 区域承载力定量研究方法探讨. 地球科学进展，
（4）：549－555.

［11］孙才志等（2015）. 中国沿海地区人海关系地域系统评价及协同演化研究. 地理
研究，（10）：1824－1838.

［12］谢炳庚，陈永林和李晓青（2016）. 耦合协调模型在"美丽中国"建设评价中
的运用. 经济地理，（7）：38－44.

［13］熊建新，陈端吕和谢雪梅（2012）. 基于状态空间法的洞庭湖区生态承载力综合
评价研究. 经济地理，3211：138－142.

［14］徐勇等（2016）. 我国资源环境承载约束地域分异及类型划分. 中国科学院院刊，（1）：34 – 43.

［15］尹鹏等（2015）. 新型城镇化情境下人口城镇化与基本公共服务关系研究——以吉林省为例. 经济地理，（1）：61 – 67.

［16］张燕等（2009）. 中国区域发展潜力与资源环境承载力的空间关系分析. 资源科学，（8）：1328 – 1334.

［17］赵亚莉，刘友兆和龙开胜（2014）. 城市土地开发强度变化的生态环境效应. 中国人口·资源与环境，（7）：23 – 29.

［18］Hasse, J. E. and Lathrop, R. G. （2003）. Land resource impact indicators of urban sprawl. Applied Geography, 23 （2 – 3）：159 – 175.

［19］Sheng, M. J. and Gu, C. L. （2018）. Economic growth and development in Macau （1999 – 2016）：the role of the booming gaming industry. Cities, 75：72 – 80.

［20］Shi, L. F. et al. （2015）. Spatial differences of coastal urban expansion in China from 1970s to 2013. Chinese Geo-graphical Science, 25 （4）：389 – 403.

［21］Su, S. L. et al. （2017）. Coverage inequality and quality of volunteered geographic features in Chinese cities：analyzing the associated local characteristics using geographically weighted regression. Applied Geography, 78：78 – 93.

［22］Wang, W. Y. , Zhang, J. J. and Su, F. Z. （2018）. An index-based spatial evaluation model of exploitative intensity：a case study of coastal zone in Vietnam. Journal of Geographical Science, 28 （3）：291 – 305.

［23］Wu, S. M. and Lei, Y. L. （2016）. Study on the mechanism of energy abundance and its effect on sustainable growth in regional economies：a case study in China. Resources Policy, 47：1 – 8.

［24］Xu, W. et al. （2018）. Evaluation of the development intensity of China's coastal area. Ocean & Coastal Management, 157：124 – 129.

海域环境恶化对中国海洋捕捞业发展的阻滞效应研究[*]

刘曙光　　纪瑞雪[**]

【摘要】海洋渔业资源是典型的环境敏感型资源。本文基于罗默"尾效"假说，运用新古典经济增长理论，构建了包含海域环境约束的海洋捕捞业柯布－道格拉斯生产函数模型，探讨了海域环境恶化对海洋捕捞业阻滞效应的形成机理并进行了定量测算。结果显示，考虑单位实际劳动产量增长情况下，海域环境恶化对我国海洋捕捞业增长存在阻滞效应的单位圆区间为 $[\pi/2, 5\pi/4)$。以 1997~2011 年相关数据资料为例加以实证研究发现，海域环境恶化对我国海洋捕捞业增长的阻滞作用约为 0.7409 个百分点，海洋捕捞业面临严峻的海域环境形势。加强海域环境保护，减少陆源污染物排放，同时降低海洋捕捞业从业人口，是实现海洋捕捞业可持续发展的必然选择。

【关键词】海域环境　海洋捕捞业　阻滞效应　罗默"尾效"假说

---

　　[*] 本文发表于《资源科学》2014 年第 8 期。笔者感谢中国海洋大学经济学院副教授傅秀梅老师对文章修改的帮助。本文受教育部新世纪人才计划支持项目（NCET-10-0759）资助。

　　[**] 刘曙光，1966 年出生，男，博士，中国海洋大学经济学院、经济发展研究院教授，博士生导师，研究方向：海洋经济、区域创新与国际经济合作。纪瑞雪，1990 年出生，女，中国海洋大学经济学院硕士研究生。

一、引　言

　　作为传统海洋产业的重要组成部分，海洋捕捞业具有典型的资源依赖性特征，渔业资源种群数量直接决定了海洋捕捞业的产量。渔业资源是典型的环境敏感型资源，海域环境状况的微小变化可能对鱼类种群结构及规模造成显著影响。近年来，随着陆源污染物排放的增多及海洋开发活动的增加，海域环境状况持续恶化，对海洋捕捞业特别是近海捕捞业的影响也日趋明显：一方面，渔业资源失去了原有的生存环境，种群数量锐减，导致捕捞产量下降；另一方面，海域富营养化、重金属超标等一系列问题对海洋捕捞产品的质量安全构成严重威胁，直接影响海产品食用者的身体健康。2012 年《中国渔业生态环境状况公报》显示，我国渔业水域污染事故造成当年海洋天然渔业资源经济损失高达 70.64 亿元，持续恶化的海域环境对海洋捕捞业发展的阻滞效应日益明显。

　　国内外学者关于海洋捕捞业的相关研究，多集中于渔业种群生物模型构建（梁仁君，林振山和任晓辉，2006）、捕捞制度设计（卢宁和韩立民，2007；杨丽敏和杨林页，2005）、渔业资源保护及可持续发展（孙吉亭，2003；李大良，2010；Nordhaus，1992）等问题，对海域环境状况影响鲜有涉及，相关定量研究尚属空白。然而，从海洋捕捞业可持续发展的角度来说，此类研究意义重大。海域环境恶化是如何对海洋捕捞业发展产生阻滞效应的？其阻滞作用究竟多大？此类问题的解决，对于科学认识海域环境在海洋产业发展中的作用，实现海洋渔业乃至整个海洋经济的可持续发展具有重要意义。

二、文 献 综 述

　　增长阻滞（growth drag）概念最早由美国环境经济学家诺德豪斯提出，

其含义是"资源限制下国民真实收入与不存在资源限制的国民收入之间的差值",通过建立新古典增长模型并加以测算,诺德豪斯(Nordhaus,1992)得出美国土地及其他资源的增长阻滞效应为0.24个百分点。此后,罗默等人对增长阻滞的内涵加以丰富,并提出经典的罗默"尾效"假说,该假说基于新古典经济增长理论,将资源约束纳入经济增长,分析了自然资源与土地对经济增长的阻力(Romer,2001)。与罗默强调资源约束不同,布鲁沃尔等(Bruvoll,Glomsrod and Vennemo,1999)首次对环境问题的阻滞效应加以研究,认为"遭受污染的环境和其他环境规制也可以降低经济产出及消费者福利"。国内对该问题的研究始于2000年,王海建利用卢卡斯的人力资本积累内生经济增长模型,探讨耗竭性资源与环境外在性对经济增长的作用,虽然并未直接提及"增长阻滞",但相关思想已有所接近(王海建,2000)。此后,薛俊波等(2004)、谢书玲等(2005)、刘耀斌等(2007)、李刚(2008)、李影(2010)、王伟同等(2012)一批学者从不同领域对该问题开展研究,但众多学者关于"增长阻滞"的翻译却并不一致,出现"增长尾效""增长阻碍""增长阻尼""增长阻滞"等多种表述。目前多数学者习惯沿用薛俊波"增长尾效"的说法,但杨杨等(2007)提出,"'尾效'一般是指一种滞后的效果或在当前没有发挥完的作用,其在后面的阶段还会继续产生效果",这显然与诺德豪斯等人对增长阻滞的原始定义不符,本文对此表示认同。综合考虑诺德豪斯的原意及本文的研究内容,在研究海域环境恶化对海洋捕捞业发展的约束作用时,本文沿用李刚(2008)"增长阻滞"的说法,将其定义为"由于海域环境恶化,海洋捕捞业产量增速比没有环境条件限制情况下海洋捕捞业产量增速降低的程度"。

从研究内容来看,国内对增长阻滞效应的研究经历了由资源约束、能源约束向与社会问题结合的资源环境综合约束演变,而研究对象也由单个因素作用向多个因素综合作用发展。早期的阻滞效应研究以土地资源、水资源等自然资源为研究对象,谢书玲等(2005)、杨杨等(2007)对我国水土资源的经济增长阻滞效应加以分析,结果分别为1.45个百分点与1.18个百分点。能源阻滞效应方面,沈坤荣等(2010)研究显示我国能源的经济增长阻滞效应为 0.577 个百分点，且能源的结构性约束而非总量约束是当前能源利用的主要矛盾。李刚（2008）对土地资源、水资源、能源的经济增长阻滞效应分别加以计算，得出人口增加、资源环境约束最终将导致人均产出呈现负增长的结论。考虑社会因素的相关研究中，资源、能源对城市化过程的阻滞效应成为研究热点。刘耀彬等（2007）对能源、水资源及土地资源对中国城市化进程的阻滞效应加以分析，得出其阻滞效应约为 0.3 个百分点。刘耀彬等（2011）以江西省为例，对城市化进程中土地、能源、水资源和环境污染的阻滞效应分别加以测算。王伟同（2012）则创新性地对中国人口红利的经济增长阻滞效应进行研究，讨论了刘易斯拐点后的中国经济。此外，张伟（2008）运用外生增长的新古典增长模型，从理论上分析了资源环境瓶颈导致资源型经济增长停滞的作用机制，并提出了应对资源环境约束的有效途径。

综合以上研究发现，当前对阻滞效应的研究多集中于资源约束，而对布鲁沃尔等（Bruvoll, Glomsrod and Vennemo, 1999）的"环境阻滞"（Environmental Drag），仅刘耀彬等以及张伟的研究有所涉及。在刘耀彬等的文章中，以工业 SO_2 排放量作为环境污染指标，具有一定的局限性，而张伟虽未对环境阻滞效应给出定量测度，但其将环境要素作为一个地区的环境容量，与资源相分离的研究方式对本文具有很大的借鉴意义，因为对于海洋产业来说，环境约束与资源约束具有很强的非同质性与非同步性，将环境资源混为一谈进行研究的方式并不可取。此外，从研究中的阻滞对象来看，多为宏观经济增长或社会现象，缺乏单一行业的阻滞效应研究。本文将对上述问题加以完善，构建一个带有海域环境约束的海洋捕捞业生产函数模型，从单位实际劳动产出增长角度出发，探究海域环境恶化对我国海洋捕捞业发展的阻滞效应；在此基础上，以 1997～2011 年我国海域环境状况及海洋捕捞业发展为例进行实证研究，定量测度 15 年间海域环境恶化的阻滞效应，最后，提出实现海洋捕捞业可持续发展的政策建议。

三、理 论 模 型

在分析海域环境恶化对海洋捕捞业发展的阻滞作用前，有必要对海域环境在海洋捕捞业中的经济学地位加以确定。按照马尔萨斯（Malthus，2007）的观点，自然资源可以在一定程度上制约经济增长，这在资源依赖型产业中表现尤为突出，从这一观点出发，似乎渔业资源数量更应作为制约海洋捕捞业发展的直接原因，但单纯地将产业发展制约归咎于自然资源存量并不能有效体现人类行为在资源开发中的能动作用，毕竟人类不合理的资源开发活动以及对海域环境的破坏才是渔业种群数量锐减、捕捞产量下降的根本原因，因此，将海域环境状况作为连接人类污染行为及其经济后果的纽带更具警示意义和实用价值。在传统新古典经济增长模型中，索洛（Solow，1956）和斯万（Swan，1956）假定生产过程中除了资本、劳动和知识以外的投入品都处于相对次要地位，忽视环境、资源等潜在生产要素的重要性，使新古典经济增长模型在涉及资源环境问题的研究中受到一定限制。罗默（Romer，2001）对此加以改进，将资源环境约束纳入其中，形成所谓的经济增长"尾效"假说模型。本文借鉴罗默的研究方法，将海域环境作为一种环境要素投入对新古典经济增长模型加以拓展。首先假设研究问题满足以下条件：

假设条件：

（1）海洋捕捞业是以捕捞产量 Y 为唯一产出，以渔民劳动力 L、资本 K、知识或劳动有效性 A 及环境要素 E 为投入的经济生产过程。

（2）该过程满足规模报酬不变的柯布 – 道格拉斯（C-D）生产函数，即 $Y = K^{\alpha} E^{\beta} (AL)^{1-\alpha-\beta}$（式中 α、β、$1-\alpha-\beta$ 分别为资本、环境及渔民有效劳动 AL 的产出弹性，且满足 $\alpha > 0$，$\beta > 0$，$1-\alpha-\beta > 0$）。

（3）劳动、知识及环境等要素的增长率分别为 n、w、λ，即 $\dot{L}(t) = nL(t)$，$\dot{A}(t) = \omega A(t)$，$\dot{E}(t) = \lambda E(t)$（式中 t 为时间，因海域环境状况不断恶化，即海域环境要素投入不断减少，故 $\lambda \leqslant 0$）。

（4）渔民储蓄倾向与现存资本折旧率分别为 s 和 δ，资本存量变动为新增资本与资本折旧之差，即 $\dot{K}(t) = sY(t) - \delta K(t)$。

对 C-D 生产函数两边取自然对数，有

$$\ln Y(t) = \alpha \ln K(t) + \beta \ln E(t) + (1 - \alpha - \beta) \ln [A(t) + \ln L(t)] \qquad (1)$$

对公式（1）两边求导，得经济增长方程：

$$g_Y = \alpha g_K + \beta g_E + (1 - \alpha - \beta)(g_A + g_L) \qquad (2)$$

式中 g_Y、g_K、g_E、g_A、g_L 分别为产出、资本、环境、知识和劳动的增长率。根据索洛等对经济增长的研究，当经济处于平衡增长路径时，产出增长率与资本增长率相等（王海建，2000），即满足 $g_Y = g_K$，代入公式（2）：

$$g_Y = \alpha g_Y + \beta g_E + (1 - \alpha - \beta)(g_A + g_L) \qquad (3)$$

解得，平衡增长产出增长率 g_Y^* 满足

$$g_Y^* = \frac{\beta g_E + (1 - \alpha - \beta)(g_A + g_L)}{1 - \alpha}$$

$$= \frac{\beta \lambda + (1 - \alpha - \beta)(w + n)}{1 - \alpha} \qquad (4)$$

根据索洛的研究，当经济位于平衡增长路径时，单位劳动产出增长率等于产出增长率与对应劳动增长率之差，因此，考虑渔民实际劳动人数增长时，单位实际劳动产出增长率为

$$g_{y2}^* = g_Y - g_L = \frac{(1 - \alpha - \beta)w + \beta(n - \lambda)}{1 - \alpha} \qquad (5)$$

单位实际劳动产出增长率变动能够客观反映现实中每位捕捞渔民的产出增长率，这直接关系到其收入水平，因此具有重要的研究意义。对于公式（5），完全可以将其看作存在环境约束时的海洋捕捞业单位劳动产出增长率，而如何将"不受海域环境状况约束"这一假设条件反映在模型参数中，对于阻滞效应的定量计算尤为重要。在已有文献中，众多学者对类似问题的处理方法是设定约束变量的增长率与劳动增长率相同，在此加以借鉴，即认为海洋捕捞业发展中所需要的环境要素增长率不再是原始假设中的 λ，而是与渔民劳动增长率 n 保持一致，从经济学意义上来说，当海域环境要素的增长率

等于海洋捕捞产业中渔民劳动投入增长率时，海域环境不再对海洋捕捞业产生阻滞作用。在此条件下，单位劳动的产出增长率变为

$$g_{y2}^{*} = (1-\alpha-\beta)w/(1-\alpha) \tag{6}$$

由此可以计算出海域环境恶化对海洋捕捞业发展的阻滞效应：

$$Drag = g_{y2}^{**} - g_{y2}^{*} = \beta(n-\lambda)/(1-\alpha) \tag{7}$$

鉴于 $\lambda \leqslant 0$ 恒成立，根据公式（7）可知，阻滞效应 $Drag$ 的正负完全取决于渔民劳动增长率 n 的大小：①当 $n>0$ 时，$n-\lambda>0$ 恒成立，故 $Drag>0$，海域环境对海洋捕捞业的阻滞效应始终存在；②当 $n<0$ 时，若 $|n|<|\lambda|$，则 $n-\lambda>0$，阻滞效应存在；若 $|n| \geqslant |\lambda|$，则 $n-\lambda \leqslant 0$，阻滞效应不存在；③当 $n<0$ 时，除非 $\lambda=n=0$[①]，否则，阻滞效应始终存在。

综合以上讨论，将 λ、n 分别作为横纵坐标置于同一坐标轴中，即可直观展现其值大小与阻滞效应是否存在的关系，即所谓的"阻滞效应区域"（图1中阴影区域）。

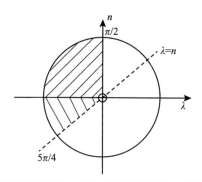

图1　海域环境恶化对海洋捕捞业发展的阻滞效应区域

图1显示，在海域环境持续恶化的情形下，其对海洋捕捞业发展产生阻滞效应的单位圆区间为 $[\pi/2, 5\pi/4)$，即从整个区域来看，75%的概率会产

---

① 此处 $\lambda=n$ 与前文中"不受海域环境约束"下 $\lambda=n$ 的补充假设完全不同，前文中 $\lambda=n$ 是为研究非环境约束条件下单位劳动产出增长率的需要而添加的补充假设，故在理论上可能存在 $\lambda=n>0$ 的情况；此处是在研究阻滞效应的存在性时进行的分类讨论，此处 λ 不会大于0。

生阻滞效应；如果在 $\lambda \leqslant 0$ 的同时 $n > 0$，即海域环境恶化伴随捕捞渔民数量增长，则阻滞作用发生的概率会高达 100%，且阻滞效应更为显著，作用更为强烈，因此，捕捞劳动投入增长对海域环境恶化存在"放大效应"，这也是当前各国普遍采取减少捕捞渔民数量、促进其转产转业的重要理论依据。

四、实证研究

为较精确地测算我国海域环境恶化对海洋捕捞业发展的阻滞效应，结合上述理论模型，综合考虑数据资料的可得性及完整性，选取 1997～2011 年 15 年间我国海域环境及海洋捕捞业相关数据进行实证研究。需要指出，虽然海洋捕捞业具有近海捕捞及远洋捕捞之分，且近海捕捞业是海域环境恶化的影响重点，但考虑到远洋捕捞业在整个海洋捕捞业中所占比重较低，仅为 8% 左右，绝大多数渔民以从事近海捕捞为主，且目前渔业统计资料中并未对近海捕捞及远洋捕捞的渔船、渔民等生产资料分类统计，为避免不合理的数据折算或扣除可能导致的投入产出数据不对应，在此，不再对近海捕捞和远洋捕捞分类研究。在计算过程中，捕捞产量为 1997～2011 年全国海洋捕捞产量（单位：万吨），渔民劳动力 L 为海洋渔业捕捞从业人员（单位：万人），资本 K 为海洋渔业机动渔船（捕捞渔船）年末总吨位（单位：万吨），以上数据资料来源为历年《中国渔业统计年鉴》。环境要素投入 E 的计算方法如下。

（一）环境要素投入计算

关于我国海域环境状况的评价研究以多目标赋权综合评价居多，各指标权重的确定直接影响测算结果的客观性。鉴于本文主要研究海域环境恶化对海洋捕捞业的阻滞效应，在海域环境评价中，侧重从海域污染物排放角度进行。在指标选取方面，参考黄瑞芬等（2011）以及新华社《2013 新华海洋发

展指数报告》中的有关指标，将污染海域面积（轻度、中度、重度）、赤潮
灾害面积、沿海地区工业废水排放量、废弃物海洋倾倒（疏浚物）以及海区
海洋石油勘探开发污染物排放量（生产污水排放量）五大指标作为海域环境
状况评价指标，数据资料来源为历年《中国海洋统计年鉴》。对于 2003 年以
前《中国海洋统计年鉴》中的缺省数据，从《中国海洋年鉴》及《中国海洋
环境质量公报》中补充获取。为保证评价结果的客观性，考虑到指标数据的
低优属性，对五大指标进行极值标准化处理后，运用投影寻踪法（付强和金
菊良，2001）对海域环境状况进行综合评价，考虑后文计量分析中数据量纲
的一致性，对投影寻踪评价结果做扩大 100 倍处理，结果见表 1。

表 1　　　　　　　海域环境综合指数（MEI）计算结果

项目	1997年	1998年	1999年	2000年	2001年	2002年	2003年	2004年	2005年	2006年	2007年	2008年	2009年	2010年	2011年
MEI	177.24	172.79	149.25	166.21	161.82	150.88	139.91	112.46	101.95	53.48	51.05	53.76	52.06	34.13	53.85

评价结果显示，1997～2011 年的 15 年间，我国海域环境状况下降趋势
明显，这一结果与《中国渔业生态环境状况公报》相符，基本能够客观反映
渔业生态环境变动，因此可以作为环境要素投入变量 E，用于海域环境阻滞
效应分析。

（二）阻滞效应计量研究

鉴于带有随机趋势的非平稳数据在估计过程中会产生"伪回归"问题，
而本文回归分析所用数据均为时间序列数据，因此，为避免"伪回归"现象
产生，首先需要对模型（1）采用的数据序列进行 ADF 单位根检验，以确定
各变量平稳性。检验结果如表 2 所示。

表2　　　　　　　　　　　　变量的单位根检验结果

变量	t－统计量	5%临界值	平稳性	变量	t－统计量	5%临界值	平稳性
$\ln Y$	－1.3620	－3.099	不平稳	$\Delta\ln Y$	－3.542**	－3.120	平稳
$\ln K$	－0.9955	－3.099	不平稳	$\Delta\ln K$	－3.208**	－3.120	平稳
$\ln E$	－0.8510	－3.099	不平稳	$\Delta\ln E$	－3.904**	－3.120	平稳
$\ln L$	0.0914	－3.099	不平稳	$\Delta\ln L$	－3.582**	－3.120	平稳

注：*、**、***分别为在10%、5%、1%的显著性水平上拒绝原假设（表3同）。

表2结果显示，在5%的显著性水平上，$\ln Y$、$\ln K$、$\ln E$、$\ln L$均不能拒绝存在单位根的原假设，为非平稳序列，但其一阶差分均显示平稳，故4个变量均为一阶单整序列。在进行回归分析前，需要对变量之间的协整关系进行检验。运用约翰森（Johansen）检验法对变量间的协整关系加以检验，结果如表3所示。

表3　　　　　　　　　　　　变量的协整关系检验结果

项目	迹统计量			最大特征值统计量		
	$r=0$	$r\leqslant1$	$r\leqslant2$	$r=0$	$r\leqslant1$	$r\leqslant2$
$L=1$	66.546***	29.408**	18.007**	37.139***	11.400	10.219
5%CV	40.175	24.276	12.321	24.159	17.797	11.225
1%CV	46.572	29.513	16.362	29.060	22.252	15.091

注：L为滞后阶数；CV为对应显著性水平的临界值。

表3结果显示，迹统计量和最大特征值统计量均在1%的显著性水平拒绝协整关系个数$r=0$的原假设，表明其至少存在一个协整向量，即变量间存在协整关系，可以进一步做回归分析。将相关序列代入公式（1）进行回归，结果如下：

$$\ln Y = 0.4689\ln K + 0.059\ln E + 0.8502(\ln A + \ln L)$$

$$(2.285)\quad(1.127)\quad(2.661)$$

$$R^2 = 0.4917 \qquad DW = 1.53 \tag{8}$$

回归结果显示，资本与劳动投入对海洋捕捞业产量存在显著影响，而海域环境状况的作用较为有限，这与前文关于海域环境并不直接影响捕捞产量，而是通过影响渔业资源数量发挥作用的理论认识一致。根据公式（8）的计算结果，$\alpha = 0.4689$，$\beta = 0.059$。对我国海洋捕捞业渔民劳动力 L、环境资源要素投入 E 的增长率 n、λ 分别加以计算：

$$n = \sqrt[15]{L_{2011}/L_{1997}} - 1 = -0.00965 \qquad (9)$$

$$\lambda = \sqrt[15]{E_{2011}/E_{1997}} - 1 = -0.07635 \qquad (10)$$

将以上计算结果与 α、β 的值代入公式（8）求得阻滞效应 $Drag = 0.7409\%$。因此，1997~2011 年，海域环境恶化对我国海洋捕捞业增长的阻滞效应约为 0.7409%，即由于海域环境状况恶化，我国海洋捕捞业单位劳动产出增长率每年下降近 0.74 个百分点。此阻滞效应看似微小，但倘若对 1997~2011 年我国海洋捕捞业实际产量增长率加以计算，可以发现 15 年间，海洋捕捞业产量的年增长率为 −0.00139，即每年下降 0.139 个百分点，海域环境恶化在很大程度上拉低了本应由捕捞技术进步带来的渔业捕捞量增长，因此，海洋捕捞业面临严峻的海域环境形势，发展状况不容乐观。

五、结论及建议

本文基于罗默"尾效"假说模型，结合新古典经济增长理论，构建了包含海域环境约束的海洋捕捞业 C-D 生产函数模型，探讨了海域环境恶化对海洋捕捞业发展的阻滞效应的形成机理并进行了定量测算。研究结果显示，在海域环境持续恶化的情况下，我国海洋捕捞业遭受环境阻滞效应的概率高达 75%。1997~2011 年，海域环境恶化对我国海洋捕捞业增长的阻滞作用为 0.7409 个百分点，即如果没有捕捞技术进步的正向推动，我国海洋捕捞业产量将因海域环境恶化每年下降近 0.74 个百分点，海域环境恶化对海洋捕捞业发展的阻滞作用尤为明显。

观察公式（7）发现，海域环境恶化的阻滞效应与海洋捕捞业劳动力增长率 n、海域环境要素投入增长率 λ 密切相关，在海域环境持续恶化的条件下，捕捞业劳动力增加对海域环境阻滞作用的放大效应明显，因此，在海洋捕捞业发展过程中，必须注重加强海域环境保护，减少入海污染物排放，同时降低海洋捕捞业从业人口。技术进步可以实现对劳动力的有效替代，但要避免捕捞技术提升，人员退出不足的管理困境。因此，在严控陆源污染物入海量、加强海域环境保护工作的同时，鼓励相对过剩的劳动和资本进行技术开发，努力获取更高的资本利用效率和环境保护技术，是实现海洋捕捞业可持续发展的必然选择。

参 考 文 献

［1］付强和金菊良（2001）. 水质综合评价的投影寻踪模型. 环境科学学报，（4）：431 - 434.

［2］国际海洋资讯中心和国家金融信息中心指数研究院（2013）. 海洋发展指数报告.

［3］黄瑞芬和王佩（2011）. 海洋产业集聚与环境资源系统耦合的实证分析. 经济学动态，（2）：41 - 44.

［4］李大良（2010）. 资源与环境约束下我国渔业发展战略研究，中国海洋大学博士学位论文.

［5］李刚（2008）. 资源环境约束对我国经济"增长阻滞"效应分析——兼论设立"双型社会"综改区的意义. 中国经济问题，（4）：28 - 33.

［6］李影和沈坤荣（2010）. 能源约束与中国经济增长——基于能源"尾效"的计量检验. 经济问题，（7）：16 - 20.

［7］梁仁君，林振山和任晓辉（2006）. 海洋渔业资源可持续利用的捕捞策略和动力预测. 南京师大学报（自然科学版），（3）：108 - 112.

［8］刘耀彬，杨新梅和周瑞辉（2009）. 资源环境约束下的经济增长阻力研究评述. 中国中部经济发展研究中心学术年会暨"贯彻国务院《促进中部地区崛起规划》研讨会论文集.

［9］刘耀彬和陈斐（2007）. 中国城市化进程中的资源消耗"尾效"分析. 中国工业经济，（11）：48－55.

［10］刘耀彬和杨新梅（2011）. 基于内生经济增长理论的城市化进程中资源环境"尾效"分析. 中国人口·资源与环境，（2）：24－30.

［11］卢宁和韩立民（2007）. 论渔业可持续发展的产权制度建设. 中国渔业经济，（4）：24－26.

［12］沈坤荣和李影（2010）. 中国经济增长的能源尾效分析. 产业经济研究，（2）：1－8.

［13］孙吉亭（2003）. 中国海洋渔业可持续发展研究，中国海洋大学博士学位论文.

［14］王海建（2000）. 资源约束、环境污染与内生经济增长. 复旦学报（社会科学版），（1）：76－80.

［15］王伟同（2012）. 中国人口红利的经济增长"尾效"研究——兼论刘易斯拐点后的中国经济. 财贸经济，（11）：14－20.

［16］谢书玲，王铮和薛俊波（2005）. 中国经济发展中水土资源的"增长尾效"分析. 管理世界，（7）：22－54.

［17］薛俊波和王铮（2004）. 中国经济增长的"尾效"分析. 财经研究，（9）：5－31.

［18］杨丽敏和杨林页（2005）. 资源与环境约束下我国渔业经济可持续发展的思路页. 中国海洋大学学报（社会科学版），（1）：19－21.

［19］杨杨等（2007）. 中国水土资源对经济的"增长阻尼"研究. 经济地理，（4）：529－532.

［20］张伟（2008）. 资源环境约束与资源型经济发展. 当代财经，（10）：23－29.

［21］Bruvoll, A., Glomsrod, S. and Vennemo, H. (1999). Environmental drag: evidence from Norway. Ecological Economics, 30 (2): 235－249.

［22］Malthus, T. R. (2007) An Essay on the principle of population. New York: Cosimo Classics.

［23］Nordhaus, W. D. (1992). Lethal Model 2: the limits to growth revisited. Booking papers on Economic Activity, (2): 1－43.

［24］Romer, D. (2001). Advanced macroeconomics (second edition). New York: The Mc Graw-Hill Company.

［25］Solow, R. M. （1956）. A contribution to the theory of economic growth. Quarterly Journal of Economics, 70 （1）: 65 – 94.

［26］Swan, T. W. （1956）. Economic growth and capital accumulation. Economic Record, 32 （11）: 334 – 361.

我国区域海洋科技创新差异的
时空格局演变研究[*]

刘曙光　韩　静^{**}

【摘要】建设海洋强国，需要依靠海洋科技创新。当前我国面临着实施海洋科技创新战略的迫切性，而明确区域海洋科技创新差异是实施该战略的关键。建立了指标体系并基于因子分析来反映我国沿海 11 个省份的区域海洋科技创新差异，利用探索性空间数据分析（ESDA）和标准差椭圆（SDE）分析区域海洋科技创新水平存在的差异及其时空格局演变，以期对我国海洋科技创新战略的实施具有参考意义。结果表明：①从海洋科技创新投入产出情况和海洋科技创新环境方面来看，我国区域海洋科技创新存在明显差异；②区域海洋科技创新能力表现出空间负相关性，呈现出空间扩散的态势；③区域海洋科技创新差异的空间分布主要向北移动，但区域拉动作用不足。

【关键词】海洋科技　区域创新差异　时空格局演变　空间自相关

---

* 本文发表于《海洋经济》2017 年第 4 期。

** 刘曙光，1966 年出生，男，博士，中国海洋大学经济学院、经济发展研究院教授，博士生导师，研究方向：海洋经济、区域创新与国际经济合作。韩静，1993 年出生，女，中国海洋大学经济学院硕士研究生。

一、引　言

21 世纪是海洋世纪，作为海洋开发的基本手段和支撑力量，海洋科技成为最具创新活力的重要领域之一和国家竞争的焦点，而海洋科技创新能力直接影响海洋资源开发利用和海洋经济可持续发展（倪国江，2010）。海洋科技创新的概念需要追溯到 20 世纪上半叶熊彼特（Schumpeter）提出的技术创新，之后逐渐发展产生科技创新这一概念（Freeman，1989）。弗里曼 1987 年提出国家创新体系（national innovation system，NIS）这一概念之后，库克（Cooke，1992）于 1992 年首先提出区域创新系统（regional innovation system，RIS）的概念，并在《区域创新系统：在全球化世界中治理的作用》一书中详细阐述区域创新系统理论与实践研究，进一步推动其研究（Cooke，1992；Braczyk，Cooke and Heidenreich，1998）。海洋科技创新是国家创新体系的一个子系统，即探讨国家创新体系的海洋维度，是以海洋为"区域"的区域科技创新，同时，海洋科技也是作为科技系统的组成部分，对此，海洋科技创新可以定义为：通过国家、企业、科研机构的学习与研发活动，推动产学研一体化建设，实现海洋新知识、海洋新技术、海洋新产品、海洋新体制和海洋新文化的创造、转化和应用的过程，达到具有显著的经济、社会及生态价值的实践活动（刘曙光和李莹，2008；孟庆武，2013）。

对于海洋科技创新方面的研究，国内外研究主要集中于战略、效率等方面，例如：埃巴迪和厄特巴克（Ebadi and Utterback，1984）基于 117 个海洋研究项目的数据，探讨沟通和技术创新之间的关系，发现在个体层面上，沟通的频率、中心性和多样性都对技术创新的成功有着积极的影响，其中沟通的频率影响更大，但是复杂的沟通形式对技术创新有着负面影响；在组织研究上，沟通的网络凝聚力、中心性和多样性也与技术创新呈显著正相关关系。多洛雷克斯和梅兰克顿（Doloreux and Melancon，2009）探讨了海洋科技产业创新支撑组织的作用，包括海事创新（MI）、跨学科的海洋测绘发展中心

（ICDOM）和海洋生物技术研究中心（MBRC）。科尔斯提亚和马加尼亚（Corsatea and Magagna，2013）研究欧洲海洋能源技术创新活动以明确阻碍海洋能源创新系统运作的因素，提出更积极的政策协调和协同效应会促进欧洲在技术发展中发挥巨大的潜力。马志荣等认为实施海洋科技创新战略对我国经济社会可持续发展具有重大战略意义，并针对海洋科技创新领域存在的问题提出相应对策（马志荣和张莉，2007；马志荣，2008）。乔俊果探讨了海洋科技对海洋产业的作用，提出以科技创新推进海洋产业结构优化（乔俊果，2010）。樊华运用规模报酬可变的 DEA 模型测度区域海洋科技创新效率，发现我国海洋科技创新效率值低，并且我国沿海海洋科技系统处于总体规模报酬递增阶段（樊华，2011）。王泽宇等研究我国沿海地区海洋科技创新能力和海洋经济发展的协调性，认为海洋科技创新能力贡献度不足（王泽宇和刘凤朝，2011）。谢子远通过建立海洋科技发展水平评价指标体系，利用主成分分析法对我国沿海省市的海洋科技发展水平进行了评价（谢子远，2014）。

综上所述，关于海洋科技创新的研究缺少区域海洋科技创新差异的时空格局演变研究，基于此，本文以我国沿海 11 个省份为例，首先采用因子分析测算沿海省市区域海洋科技创新能力得分情况，以评价区域海洋科技创新差异特征，再利用探索性空间数据分析（ESDA）分析区域海洋科技创新的空间分布及相关性，最后利用标准差椭圆研究区域海洋科技创新差异的时空格局演化趋势，以全面深入探究区域海洋科技创新差异的时空格局演变。

二、指标选择、数据来源与研究方法

（一）指标选择与数据来源

在区域海洋科技创新水平进行因子分析时，在其评价指标的构建上，本文综合考虑选取指标为：海洋科研机构数量、海洋科研机构科技活动人员数、海洋科研机构经费收入总额、发表科技论文数、专利授权数、海洋第三产业生产值、海洋科研教育管理服务业增加值、人均海洋经济生产总值和本专科在校学生数占地区人口的比重。时间段以 2006～2014 年为分析区间，各地区的原始指标来源于《中国海洋统计年鉴》（2007～2015 年）。文中数据技术处理主要有：直接采用，如专利授权数、海洋科研机构科技活动人员数、海洋科研机构数量等。简单的比例处理，如人均海洋生产总值、大专及以上人口占地区人口的比重等。为避免量纲不同带来数据间的无意义比较，在因子分析时对初始变量数据进行了标准化处理。

（二）研究方法

1. 因子分析

构建海洋科技创新水平评价的指标体系根据因子分析方法的原理，运用统计软件 SPSS23，对我国区域海洋科技创新水平进行评价，并利用 Arcgis 10.1 软件对我国区域海洋科技创新水平进行动态可视化分析。因子分析法是用较少的相互独立的因子反映原有变量的绝大部分信息。

2. 探索性空间数据分析

使用探索性空间数据分析（ESDA），借助空间计量软件 Open GeoDa 分析我国区域海洋科技创新差异的空间分布及相关性，通过对现象空间分布格局的描述和可视化，研究其在地理上的集中或分散模式，是否存在知识的溢出、技术的扩散，并揭示研究对象之间的空间相互作用机制，主要包括全局莫兰、局部莫兰指数。全局莫兰指数从区域整体上分析我国沿海省份海洋科技创新的空间分布特征，而局部莫兰指数能够从区域内分析海洋科技创新在空间上的集聚模式。利用莫兰分析我国区域海洋科技创新水平的区域关联性，并在局部莫兰的基础上结合莫兰散点图、丽萨（LISA）集群图分析不同省份单元海洋科技创新的集聚类型。本文采用二进制空间权重矩阵，遵循邻接规则，即将与某一空间样本拥有共有边界以及共同顶点的空间样本均定义为其邻接单元。矩阵设定方法如下：若区域 i 与 j 邻接，则为 1，反之为 0，并且其矩阵主对角线上的元素为 0。

3. 标准差椭圆

利用标准差椭圆（SDE），从重心角度、展布范围等多重角度全面揭示我国区域海洋科技创新差异的空间分布整体特征及其时空演化过程。椭圆空间分布范围表示地理要素空间分布的主体区域，其中，中心表示地理要素在二维空间上分布的相对位置（重心），长轴表征地理要素在主趋势方向上的离散程度。

三、我国区域海洋科技创新差异的 时空格局演变实证分析

（一）我国区域海洋科技创新差异评价

根据因子分析方法的原理，对 2006～2014 年全国沿海 11 个省份海洋科技创新水平进行分析。提取的两个主因子分量 F1、F2，公共因子 F1 在海洋科研机构数量、海洋科研机构科技活动人员数、海洋科研机构经费收入总额、发表科技论文数、专利授权数、海洋第三产业生产值、海洋科研教育管理服务业增加值指标上载荷值都很大，主要反映了海洋创新投入和产出情况，称之为海洋创新投入产出因子；而公共因子 F2 在人均海洋经济生产总值和本专科在校学生数占地区人口的比重指标上载荷比较大，主要反映了海洋创新环境，称之为海洋创新环境因子。并根据各省市的综合得分进行排名，结果见表 1，其中括号内为名次。

表 1　　　　**2006～2014 年我国沿海省市海洋科技创新水平动态得分**

地区	2006 年	2007 年	2008 年	2009 年	2010 年	2011 年	2012 年	2013 年	2014 年
天津	0.2835 (4)	0.3464 (4)	0.2001 (4)	0.2005 (4)	0.2718 (4)	0.2838 (4)	0.2937 (4)	0.3207 (4)	0.3276 (4)
河北	−0.6418 (9)	−0.6271 (9)	−0.6970 (9)	−0.7964 (9)	−0.9017 (9)	−0.8650 (9)	−0.9203 (9)	−0.9280 (9)	−1.0047 (11)
辽宁	−0.5130 (8)	−0.4870 (8)	−0.4877 (8)	−0.0784 (6)	−0.0913 (6)	−0.0589 (6)	−0.0280 (6)	−0.0307 (5)	0.0235 (5)
上海	1.0493 (1)	1.0284 (2)	1.1189 (1)	1.0879 (1)	1.1020 (1)	1.1045 (1)	1.0420 (1)	1.0639 (1)	0.9643 (3)
江苏	−0.1746 (6)	−0.1549 (6)	−0.1032 (6)	−0.0646 (5)	0.1392 (5)	0.0262 (5)	0.0034 (5)	−0.0464 (6)	−0.0400 (6)
浙江	−0.0171 (5)	−0.0656 (5)	−0.0478 (5)	−0.1097 (7)	−0.1490 (7)	−0.1258 (7)	−0.0994 (7)	−0.0740 (7)	−0.0947 (7)
福建	−0.3021 (7)	−0.3031 (7)	−0.2834 (7)	−0.3071 (8)	−0.3249 (8)	−0.3358 (8)	−0.3346 (8)	−0.3164 (8)	−0.3073 (8)
山东	1.0123 (2)	1.0370 (1)	0.9956 (3)	0.9180 (3)	0.8308 (3)	0.9616 (2)	0.9886 (3)	0.9980 (2)	1.0020 (2)
广东	0.9951 (3)	0.9311 (3)	0.9980 (2)	0.9700 (2)	0.9642 (2)	0.9374 (3)	1.0055 (2)	0.9608 (3)	1.0375 (1)
广西	−0.8547 (11)	−0.8717 (11)	−0.8757 (11)	−0.9115 (11)	−0.9171 (10)	−0.9592 (10)	−0.9944 (11)	−0.9946 (11)	−0.9122 (9)
海南	−0.8370 (10)	−0.8336 (10)	−0.8179 (10)	−0.9086 (10)	−0.9241 (11)	−0.9687 (11)	−0.9564 (10)	−0.9533 (10)	−0.9959 (10)

可以发现，2006～2014 年，11 个沿海省份根据海洋科技创新能力高低可

以划分为 3 类,其中广东、山东、上海三个省市稳居前 3 名,属于第一类;天津、江苏、辽宁、浙江、福建 5 个省市处于中间水平,属于第二类;河北、广西、海南 3 省区稳居后 3 名,属于第三类。上述 3 类的划分在这 5 年间非常稳定,期间没有发生任何变化,但每类内部的排名则出现了一定的变化,各类之间的海洋科技创新水平差距明显。

第一类:从综合得分来看,山东与广东的差距一直很小,排名不分上下。广东的科技人员和科技经费的投入一直小于山东,但其在海洋科技创新产出水平上明显高于山东,尤其海洋第三产业生产值、科研教育管理服务业增加值等指标具有优势,说明广东创新效率明显高于山东。广东的海洋科技创新投入产出因子值一直高于山东,但是山东与广东在海洋科技创新投入和产出方面的差距逐渐减小,而且广东在海洋科技创新环境方面明显落后于山东,因此双方排名接近。上海的排名除了在 2007 年和 2014 年分别被山东、广东超越外,其余年份一直稳定在第 1 名,上海的海洋科技创新环境水平一直优于广东和山东,但是海洋科技创新投入产出水平明显落后于广东和山东,在 2007 年上海海洋科技创新投入产出因子值达到最小值,其投入产出水平与山东、广东差距较大,而山东海洋科技创新投入产出因子值达到最大值,因此山东 2007 年位居首位。在 2014 年上海创新环境因子值达到最小,而广东海洋科技创新环境水平与山东、上海差距很小,最终超越山东、上海成为第 1 名。

第二类:天津综合得分排名一直稳定在第 4 名,仅次于山东、广东、上海,其海洋科技创新能力不断增强,在海洋科技创新环境方面处于绝对优势。江苏海洋科技创新能力排名一直徘徊在第 5 名和第 6 名,到 2009 年超越浙江位列第 5 名,到 2013 年又被辽宁超越成为第 6 名,从 2011 年开始,江苏海洋科技创新投入产出能力逐渐下降。辽宁海洋科技创新能力逐渐提高,在 2009 年超越浙江、福建稳定在第 6 名,在 2013 年进一步超越江苏成为第 5 名。辽宁的海洋科技创新投入产出水平较为落后,但是其专利授权数增长迅速,2009 年之后专利授权数一直仅次于上海、山东。这一方面得益于海洋科技创新投入的快速增长,但相比来说,海洋科技创新投入明显落后于山东等海洋科技强省，2014 年其科技活动人员数量和海洋科研机构经费收入分别仅为山东的 55%、33.96%，这是辽宁排名靠后的主要原因，但同时也说明辽宁的海洋科技创新效率明显高于山东。辽宁在海洋科技创新环境方面，水平不断提高。浙江、福建海洋科技创新能力排名有所下降，在 2009 年分别下降至第 7 名、第 8 名。

第三类，河北、广西、海南排名徘徊在第 9、10、11 名，海洋科技创新能力一直很落后，从整体上看，河北排名一直稳定在第 9 名，广西和海南则徘徊在第 10 名和第 11 名，直到 2014 年河北被广西、海南超越成为第 11 名，河北海洋科技创新能力不断下降。

（二）我国区域海洋科技创新差异的空间分布特征

1. 我国区域海洋科技创新的整体空间相关态势

为了反映我国区域海洋科技创新水平的空间格局及其变化，2006 ~ 2014 年以专利授权数为指标计算的我国沿海省份海洋科技创新的全局莫兰指数，如图 1 所示。2006 ~ 2014 年区域海洋科技创新水平的莫兰值始终为负，并且莫兰值总体上呈现下降趋势，表明区域海洋科技创新水平处于整体性空间离散状态，离散程度不断增强。在 2006 ~ 2008 年，莫兰值处于低位震荡，增幅较小。2008 年金融危机对沿海地区经济的冲击阻碍了海洋科技的发展，在 2009 年莫兰值显著下降。2009 年之后，海洋科技创新水平不断提高，在 2010 年莫兰值上升。2010 ~ 2014 年莫兰值持续下降，全域分化多极发展程度加强，表明海洋科技创新水平总体空间差异呈现增大趋势，空间离散程度不断加强，我国海洋科技创新出现溢出效应。

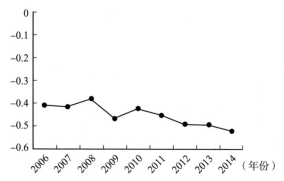

图1 2006~2014 年我国沿海省份海洋科技创新水平全局莫兰指数

资料来源：笔者依据《中国海洋统计年鉴》（2007~2015 年）数据计算整理。

2. 我国区域海洋科技创新的局部空间相关态势

全局莫兰值主要描述了空间分布的总体特征，对于我国沿海地区海洋科技创新水平的相互作用和局部地区的空间集聚强度却无法描述，需要借助局部莫兰指数和莫兰散点图进行刻画。如图 2 所示，选取 2006 年和 2014 年作为分析时点，从中分析研究期内沿海地区海洋科技创新水平在局部区域的空间关联特征。

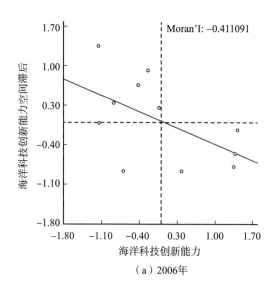

（a）2006年

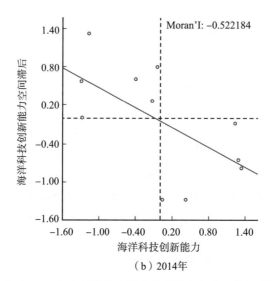

（b）2014年

图2　2006年和2014年我国沿海省份海洋科技创新水平的局域莫兰散点图

资料来源：笔者依据《中国海洋统计年鉴》（2007～2015年）数据计算整理。

图2中斜线表示海洋科技创新能力及其空间滞后变量之间存在负相关的关系，沿海省份主要位于第二象限和第四象限，观察发现位于第二象限和第四象限的地区在期初和期末发生了变化：2006年，有9个地区位于第二、四象限；到了2014年，位于第二、四象限的地区增加到10个，另外海南跨第二、三象限，具体如表2所示。

表2　　　　　　　　我国沿海省份海洋科技创新水平的空间相关模式

区域	空间相关模式	2006年	2014年
第一象限	高值被高值包围	无	无
第二象限	低值被高值包围	河北、江苏、浙江、福建、广西	河北、江苏、浙江、福建、广西
第三象限	低值被低值包围	辽宁	无
第四象限	高值被低值包围	天津、上海、山东、广东	天津、辽宁、上海、山东、广东
跨象限	—	海南（二、三象限）	海南（二、三象限）

说明近年来，区域海洋科技创新集聚态势呈现负相关，并且负相关性增强。上海、广东、山东等地区海洋科技创新水平高、能力强，而广西、河北等地区整体的创新水平低、能力弱，与发达省份的差距十分明显，区域创新水平呈现出两极分化的态势。这种变化趋势说明，随着时间的推移沿海地区海洋科技创新水平局域性离散程度逐渐增强，呈现出与全域离散程度一致的变化态势。

（三）我国区域海洋科技创新差异的时空格局演变

2006～2014 年沿海地区海洋功能创新能力空间分布总体呈现"南（略偏西）—北（略偏东）"的空间格局。分布在空间分布标准差椭圆内部的地区是我国沿海地区海洋科技创新能力的主体，长三角地区、山东、广东地区在沿海地区经济发展中占主导地位。2006～2014 年我国海洋科技创新能力重心总体向北移动，表明相对于位于轴线南部的省市，位于沿海地区海洋科技创新分布椭圆轴线北部的省市海洋科技创新增长速度加快，其对沿海地区海洋科技创新能力总体分布格局的影响作用增加。沿海地区海洋科技创新能力空间分布椭圆范围在波动中呈现出一定程度的扩张趋势，表明近年来相对于位于空间分布椭圆内部的省市，位于沿海地区海洋科技创新能力空间分布椭圆外部的省市海洋科技创新增长速度增快，其对沿海地区海洋科技创新能力的拉动作用增强，但扩张幅度较小。因此总的来说，我国沿海地区海洋科技创新虽然呈现出一定的扩散趋势，但区域拉动作用不足。

四、结　　语

本文选取我国沿海省份 2006～2014 年的海洋科技相关数据，运用因子分析、探索性空间数据分析、标准差椭圆的方法，描述并解释我国区域海洋科技创新差异的时空格局演变得到以下结论：

（1）区域海洋科技创新能力的主要评价因子分别是海洋科技创新投入产出、海洋科技创新环境。根据 2006～2014 年综合得分将沿海省市分为三类，山东、广东、上海海洋科技创新水平综合实力最强。发现三类的划分近年来非常稳定，只是内部排名略有变化。我国区域海洋科技创新水平存在明显差异，但是各地区海洋科技创新意识增强，更加重视区域海洋科技创新。

（2）我国区域海洋科技创新水平处于整体性空间离散状态，出现创新溢出效应。运用局部空间自相关的方法进一步说明了我国区域海洋科技创新在空间上呈现两极分化的现象，负相关性不断增强。

（3）沿海地区海洋科技创新水平空间分布总体向北移动，且呈现空间扩张的趋势，但区域拉动作用不足。

参 考 文 献

［1］戴彬，金刚和韩明芳（2015）.我国沿海地区海洋科技全要素生产率时空格局演变及影响因素.地理研究，（2）：328 – 340.

［2］樊华（2011）.我国区域海洋科技创新效率及其影响因素实证研究.海洋开发与管理，（9）：57 – 64.

［3］蒋天颖（2013）.我国区域创新差异时空格局演化及其影响因素分析.经济地理，（6）：22 – 29.

［4］雷亮，许继琴和应妙红（2015）.区域创新产出时空格局演变研究——以浙江省县域为例.科技与管理，（1）：24 – 29.

［5］刘曙光和李莹（2008）.基于技术预见的海洋科技创新研究.海洋开发与管理，（4）：16 – 20.

［6］马志荣（2008）.我国实施海洋科技创新战略面临的机遇、问题与对策.科技管理研究，（6）：68 – 69，76.

［7］马志荣和张莉（2007）.科技创新：海洋经济可持续发展的新动力.当代经济，（1）：48 – 49.

［8］孟庆武（2013）.海洋科技创新基本理论与对策研究.海洋开发与管理，（2）：40 – 43.

［9］倪国江（2010）. 基于海洋可持续发展的我国海洋科技创新战略研究. 中国海洋大学博士学位论文.

［10］乔俊果（2010）. 基于我国海洋产业结构优化的海洋科技创新思路. 改革与战略，（10）：140 - 143.

［11］王泽宇和刘凤朝（2011）. 我国海洋科技创新能力与海洋经济发展的协调性分析. 科学学与科学技术管理，（5）：42 - 47.

［12］谢子远（2014）. 沿海省市海洋科技创新水平差异及其对海洋经济发展的影响. 科学管理研究，（3）：76 - 79.

［13］赵璐，赵作权和王伟（2014）. 中国东部沿海地区经济空间格局变化. 经济地理，（2）：14 - 18.

［14］Archibugi, D.（1988）. The inter-industry distribution of technological capabilities：a case study in the application of the Italian patenting in the USA. Technovation, 7（3）：259 - 274.

［15］Braczyk, H. J., Cooke, P. N. and Heidenreich, M.（1998）. Regional innovation systems：the role of governances in a globalized world. Psychology Press.

［16］Cooke, P.（1992）. Regional innovation systems：competitive regulation in the new Europe. Geoforum, 23（3）：365 - 382.

［17］Corsatea, T. D and Magagna, D.（2013）. Overview of European innovation activities in marine energy technology. Publications Office of the European Union, Luxembourg.

［18］Doloreux, D. and Melancon, Y.（2009）. Innovation-support organizations in the marine science and technology industry：the case of Quebec's coastal region in Canada. Marine Policy, 33（1）：90 - 100.

［19］Ebadi, Y. M. and Utterback, J. M.（1984）. The effects of communication on technological innovation. Management Science, 30（5）：572 - 585.

［20］Freeman, C.（1989）. Technology policy and economic performance. Great Britain：Pinter Publishers.

中国东部沿海三大城市群的科技创新
与绿色发展耦合协调关系[*]

尚英仕　刘曙光[**]

【摘要】 基于2009～2018年中国东部沿海三大城市群34个城市面板数据,运用耦合协调度模型和障碍度模型,厘清其科技创新与绿色发展的耦合协调关系及其障碍因素的空间异质性特征。结果表明:①三大城市群科技创新与绿色发展水平均保持平稳增长状态,且呈相似空间特征,指数均值由大到小依次为珠三角、长三角和京津冀城市群;城市群内部各城市发展存在显著不均衡,其中深圳处于领跑地位,而惠州、江门、肇庆及河北多数城市相对落后。②三大城市群科技创新和绿色发展耦合协调关系不断改善,但整体表现仍为失调型;珠三角和长三角城市群处于磨合阶段,所有城市均摆脱低水平耦合关系,而京津冀城市群尚处于拮抗耦合阶段,仅有北京、天津和秦皇岛进入高水平耦合阶段,"强更强"的发展态势使城市间两系统协调发展差距进一步增大。③各指标因素对三大城市群两系统协调发展的影响呈趋同

---

　* 本文发表于《科技管理研究》2021年第14期。本文受研究阐释党的十九大精神国家社会科学基金专项项目"新时代中国特色社会主义思想指引下的海洋强国建设方略研究"(18VSJ067)和国家社会科学基金重大项目"海平面上升对我国重点沿海区域发展影响研究"(15ZDB170)资助。

　** 尚英仕,1990年出生,女,青岛科技大学经济与管理学院讲师,研究方向:区域经济和区域可持续发展。刘曙光,1966年出生,男,博士,中国海洋大学经济学院、经济发展研究院教授,博士生导师。

性，创新投入、产出、储备及绿色生活建设是主要制约因素。基于研究结论，提出推动三大城市群实现高质量发展的有关对策建议，包括制定差异化科技创新策略、实施区域协调发展与互动政策、推进高新技术产业发展，以及增强城市之间的空间关联、促进城市群内绿色协同发展、深化绿色生活理念培育等。

【关键词】科技创新　绿色发展　耦合协调　障碍度　沿海三大城市群

"创新、协调、绿色、开放、共享"五大发展理念是引领中国发展的"指挥棒"。创新位居五大发展理念之首，是引领高质量发展的首要动力与战略支撑；绿色是实现高质量发展的必要条件（黄娟，2017）。当前，中国由高速发展向高质量发展过渡，高能耗、高污染的粗放型发展方式仍严重制约着区域绿色发展，提升经济发展质量、优化资源配置效率，实现经济、社会和环境协调发展是当前区域发展的根本要求。创新作为中国经济发展与转型的主要动力，对推动以绿色理念为导向的高质量发展具有重要作用。厘清科技创新与绿色发展的内在作用机理，对优化资源配置、提升科技创新水平、推动绿色发展具有重要意义。城市群作为中国经济发展和城镇化建设的战略核心区域，是未来中国经济发展的先驱与代表，担当着引领中国区域发展和科技进步的重任（刘树峰等，2018）。在全球新一轮科技革命和产业变革背景下，中国正在经历从创新追随者成长为创新赶超者的蜕变，城市群凭借优厚的创新资源和巨大的市场潜力，在中国创新发展的浪潮中脱颖而出。京津冀城市群、长三角城市群和珠三角城市群作为中国三大国家级城市群（以下简称"三大城市群"），在创新优势资源吸附和区域创新政策中更是具有无可比拟的优势，科技投入与产出在全国 14 个城市群中占比超过 60%（黄天航、刘红煦和曾明彬，2017）。得益于科技创新与经济发展的双重推动，三大城市群绿色发展长期处于国内领先水平，但其内部城市绿色发展空间差异显著，绿色发展无效率与低效率问题凸显（刘曙光和尚英仕，2020）。基于此，本研究运用耦合协调度模型对中国沿海三大城市群科技创新与绿色发展的协调关系进行测算，运用障碍度模型对影响两系统协调发展的因素进行分析，旨在丰富创新与绿色协调发展相关研究成果，以期为中国沿海城市群实现创新与绿色协调发展提供参考借鉴。

一、研究综述

创新是经济发展的动力源泉，这一观点在学术界早已得到普遍认可，经济增长极理论和内生增长理论等都明确指出科技创新是实现经济持续增长的主要动力（Perroux，1950；Romer，1990）。然而随着区域发展中的资源环境问题日益突出，如何在确保生态安全的前提下实现科技创新对经济发展的驱动作用成为学术界普遍关注的问题。波特假说指出，严格环境约束下的科技创新在短期内会因为创新成本的增加导致经济增长下降，而在长期内则有利于提升经济产出效率、促进经济增长（Porter，1991）。改革开放以来，在技术创新的推动作用下，中国的科技进步与经济发展取得了瞩目成就，随着资源环境约束、区域发展不平衡等问题的日益突出，国内学者开始关注创新与经济发展背后的生态问题，戈华清（2010）指出因科技利用使环境恶化的"科技失灵"现象是导致现代社会生态危机的一大原因。而科技作为提升区域环境容量与资源利用效率的重要手段，如何实现科技创新与生态环境的耦合发展成为国内学者普遍关注的问题，赵传松等（2018）指出科技创新与中国可持续发展呈明显的正相关关系，两系统之间的耦合协调度呈现"东高西低"的空间特征；廖凯诚等（2019）指出目前国内科技创新与绿色治理协调发展普遍处于较低水平。

在"十三五"期间及经济发展进入新常态的时代背景下，创新和绿色被列入新时期中国经济高质量发展的五大指导理念之中，针对科技创新与绿色发展之间关系的研究得到国内学者的广泛关注。主要体现在：一是科技创新对绿色发展的效应研究。何兴邦（2019）基于省级面板数据，就技术创新对中国经济高质量发展的影响进行了测度，指出技术创新显著地改善了中国经济增长效率，提升了社会福利水平，促进了绿色发展的实现；袁润松等（2016）指出技术创新对中国绿色发展形成具有明显的正向效应。二是绿色发展理念指引下科技创新的发展方向研究。贾军（2016）指出要实现制造业绿色发展，中国必须要加快绿色技术研发及商业化运作，同时要实现相关制度等配套设施的建设，以实现绿色技术体制对传统体制的替代；丁显有等（2019）基于对长三角城市群工业绿色创新发展效率的研究指出，要实现工业绿色创新协同效率的提升，应在优化环境规制政策的同时加快创新技术尤其是绿色创新技术的研发。三是科技创新与绿色发展的协调关系研究。藤堂伟等（2019）以长江经济带为例对科技创新与绿色发展的耦合协调关系进行了探讨，指出长江经济带科技创新与绿色发展的协调度呈集群化现象，空间上呈"下游＞中游＞上游"特征。

综上可见，在研究内容上，学者们较多关注科技创新对中国绿色发展的影响测度，对科技创新与绿色发展耦合作用过程的研究较少，对科技创新与绿色发展的耦合作用机理缺乏深度分析；在研究尺度上，仍集中于全国以及省域层面，以城市为基础单位的相关研究目前仍只有少数，对城市群、经济区等空间组合地域单元少有涉及，在实证研究对象选取中较少针对科技创新与整体经济发展水平领先、资源环境压力较大的沿海地区单独展开研究；在研究方法上，对环境规制对科技创新或科技创新对区域发展的影响研究多倾向于采用基于微观数据的回归分析，以定性分析为主，定量分析方法仍相对匮乏。

二、研究设计

（一）研究方法

1. 耦合协调度模型

耦合度是研究对象系统整体或内部要素之间相互作用程度的测度指标；

协调度是研究对象系统协调配合、良性运转程度的测度指标。本研究引入耦合协调度模型，对三大城市群科技创新与绿色发展相互耦合协调程度进行测算。参考刘娜娜等（2015）的方法，构建耦合协调度模型如下：

$$U = \left\{ \frac{T_{(x)} \times G_{(x)}}{\left[\frac{T_{(x)} \times G_{(x)}}{2} \right]^2} \right\}^k \tag{1}$$

$$D = \sqrt{U \times T} \tag{2}$$

式（1）、式（2）中，U 为耦合系数；$T_{(x)}$ 为科技创新综合指数；$G_{(x)}$ 为绿色发展综合指数；k 为调节系数，本研究中取值 $k=2$；D 为协调系数；T 为综合调节系数，由公式 $T = \alpha \times T_{(x)} + \beta \times G_{(x)}$ 算得，α 和 β 为待定权数，反映科技创新与绿色发展对协调度的贡献，在本文中考虑两者同等重要，同时取值 0.5。

U 值越大，表示科技创新与绿色发展水平耦合度越高，反之则表示两者耦合度越小；D 值越大，协调度越高，反之协调度越低。借鉴华坚等（2019）对科技创新与高质量发展耦合协调关系进行归类的做法，将耦合协调类型的设定范围为：在 $0 \leqslant U < 0.3$ 时，两系统处于低水平耦合阶段；$0.3 \leqslant U < 0.5$ 时，两系统为拮抗耦合阶段；$0.5 \leqslant U < 0.8$ 时，两系统处于磨合期；$0.8 \leqslant U \leqslant 1$ 时，两系统进入高水平耦合阶段；在 $0 \leqslant D < 0.5$ 时，两系统之间的关系为失调型，按照 0.1 阶梯进行进一步归类，依次为极度、严重、中度、轻度、濒临失调型；在 $0.5 \leqslant D \leqslant 1$ 时，两系统关系为协调性，按照 0.1 阶梯进行进一步归类，依次为勉强、初级、中级、良好、优质协调型。

2. 障碍度模型

在对三大城市群科技创新与绿色发展耦合协调度进行测算的基础上，对影响两系统协调发展的障碍因素进行识别，以此为依据进行政策与行为调整，从而实现三大城市群科技创新与经济、生态、社会协调发展的目标。对障碍因子进行识别通过引入障碍度模型实现，参考尹鹏等（2017）的做法，具体模型结构为：

$$O_i = \frac{(1 - x_i) w_i}{\sum_{i=1}^{n} (1 - x_i) w_i} \qquad (3)$$

式（3）中，O_i 为评价指标对三大城市群科技创新与绿色发展耦合协调度的障碍程度；x_i 为标准化处理后的指标值，相应地，$(1 - x_i)$ 为单项指标与理想值之间的差距；w_i 为单项指标权重；n 为基础指标总数量。

熵值法作为广泛使用的一种因子分析方法，在科技创新和绿色发展测度及评价中被学者们广泛使用，本研究基于熵值法对三大城市群科技创新与绿色发展水平进行测度。由于篇幅受限，详细步骤参见郭强（2012）、袁久和祁春节（2013）的研究；同样，式（3）中 x_i 和 w_i 的计算步骤均在这些文献中具体呈现。

（二）科技创新与绿色发展耦合机理和指标选取

绿色发展和科技创新具有交互耦合关系，两者互相依赖、相互促进、彼此制约（见图1）。绿色发展作为引领高质量发展的核心理念，是指通过构建绿色生产方式，推动绿色经济发展、改良绿色生态、提升绿色福利，从而实现经济、社会和自然三系统协调共生的文明发展方式。科技创新作为推动经济社会发展的第一动力，与区域绿色发展息息相关。滕堂伟等（2019）就科技创新与绿色发展的耦合机理进行了梳理，突出强调科技创新通过作用于生产、生活要素调整与升级，进而提升绿色发展水平，本研究在此基础上对区域绿色发展对科技创新的反向作用进行了补充。在五大发展理念指引下，科技创新与区域环境遵循的"刺激—反应"模式，使得创新主体依据区域绿色发展效果不断调整自身行为，从而推动科技创新与绿色发展协同提升的良性循环。科技创新对绿色发展的促进作用得到了广泛认同，大量学者已就科技创新对绿色发展的作用机理进行了探讨：在对经济增长的推动作用中，科技创新通过融入经济活动生产过程，促使生产要素高级化、提高全要素生产率，从而推动经济结构转型与经济总量增长（尚勇敏和曾刚，2017）；在对生态环境的改善作用中，科技创新通过环保技术的开发与应用，降低工业生产中的碳（C）和硫（S）的排放，并增加传统工业"三废"综合利用产品的产值（黄娟和汪明进，2016）；在对绿色生活的提升作用中，科技创新通过技术创造引导绿色消费、绿色出行，降低绿色生活能耗。斯托珀和维纳布尔（Storper and Venables，2004）提出的"技术－组织－地域"三位一体理论指出区域环境对科技创新存在显著影响，绿色发展所涵盖的经济发展、社会文化、创新政策等软环境无疑是驱动区域科技发展的重要因素。一方面，区域经济发展水平直接影响区域创新策略的选择，即依据区域经济发展水平对技术引进或内生创新等创新模式进行选择，并依据经济发展水平调整创新资源流动，推动区域内生科技创新建设；另一方面，绿色发展水平的提升有利于营造健康的市场环境，促进科技要素在区域内自由流动，由此推动区域科技创新投入规模与结构调整，提升整体科技创新水平。

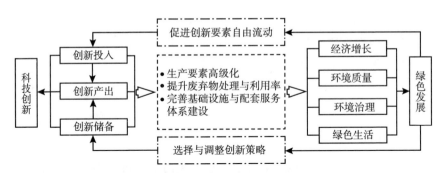

图1　科技创新与绿色发展系统耦合机理

借鉴已有研究对科技创新和绿色发展测度指标选取的经验，如刘树峰等（2018）、赵传松等（2018）、藤堂伟等（2019）、华坚等（2019）和于成学（2015）的做法，综合城市级数据的可获得性及评级指标的科学性，从创新投入、创新产出及创新储备3个维度选取表征科技创新水平的指标，从经济增长、环境质量、环境治理和绿色生活4个维度选取表征绿色发展水平的指标（见表1）。考虑城市群内部各城市相关指标发展规模的差异，采用平均指标作为基础指标进行表征。

表 1　　　　　　　　科技创新与绿色发展评价指标体系

系统层	子系统层	指标层	单位
科技创新	创新投入	每万人科学技术支出	万元
	创新产出	每万人专利授权数	件
	创新储备	每万人普通高等学校在读学生数	人
绿色发展	经济增长	人均地区生产总值（GDP）	元
		第三产业贡献率	%
		人均社会消费品零售额	元
	环境质量	每万元 GDP 工业废水排放量	t
		每万元 GDP 的 SO_2 排放量	t
		每万元 GDP 工业烟尘排放量	t
		每万元 GDP 用电量	kW·h
	环境治理	工业固体废物综合利用率	%
		城镇生活污水处理率	%
		生活垃圾无害化处理率	%
	绿色生活	建成区绿化覆盖率	%
		人均绿地面积	m^2
		每万人拥有公共汽车量	辆

借鉴方创琳等（2011）学者已有研究成果，对三大城市群共 7 个沿海省份的 34 个地级以上城市，选取 2009~2018 年面板数据，对其科技创新与绿色发展耦合协调时空特征进行分析。数据来源于 2010~2019 年《中国城市统计年鉴》和相关省份 2010~2019 年统计年鉴、知识产权局统计数据等。对于个别缺失数据，依据相邻年份数据进行插补。

三、结果与分析

（一）综合指数时空特征分析

1. 科技创新时空特征

基于表 1 评价指标体系，采用熵值法分别对三大城市群科技创新与绿色发展两系统的综合指数进行测算，结果显示，2009～2018 年，三大城市群科技创新指数由大到小依次为：珠三角城市群 > 长三角城市群 > 京津冀城市群，均值分别为 0.223、0.146 和 0.072。

图 2 为三大城市群科技创新指数的变化趋势。2009～2014 年，随着中国经济发展步入新常态，三大城市群科技创新水平呈逐年缓慢上升趋势，其中珠三角城市群始终处于领先，而京津冀城市群科技创新指数在三大城市群中最低，截至 2014 年，科技创新综合指数仍低于 0.1；2015～2018 年，在国家"双创"发展战略下，国内科技创新步入高速发展时期，三大城市群科技创新水平得到大幅提升，其中珠三角城市群因科技要素的集聚优势而增幅最大，尤其在粤港澳大湾区建设规划纲要提出及实施后，广州、香港和澳门之间的科技交流合作进一步加强，助推了珠三角城市群中深圳高科技园区等地企业的创新能力提升，同时，随着区域协同创新逐步推进，长三角城市群和京津冀城市群科技创新发展水平不断提升。对三大城市群内部城市科技创新指数进行进一步分析可见，除北京和天津外，京津冀城市群其余城市科技创新水平较低，综合指数低于 0.1；长三角城市群内部城市科技创新水平明显优于京津冀城市群，综合指数高于 0.1 的城市达 9 个，占其城市总数的 60%，其中以南京的科技创新水平最高，指数值为 0.285；珠三角城市群内部城市科技创新水平空间差异较大，其中深圳、珠海、广州和东莞科技创新水平较高，

指数排名为三大城市群所有城市中的前 4 位，而肇庆、江门、惠州和佛山等城市科技创新指数却低于 0.1。

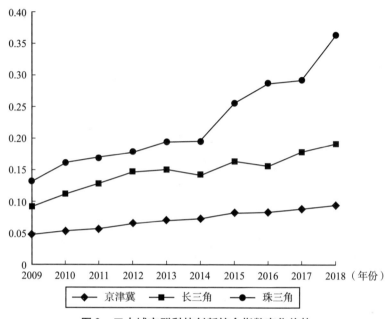

图 2 三大城市群科技创新综合指数变化趋势

资料来源：笔者依据 2010～2019 年《中国城市统计年鉴》和相关省份 2010～2019 年统计年鉴、知识产权局统计数据等计算整理。

图 3 为三大城市群内部城市科技创新水平的时间变化趋势。其中，除上边缘波动较大外，上四分位、均值、下四分位和下边缘均呈平稳上升态势，说明研究时段内科技创新水平最高的城市的创新发展存在明显波动，其余城市维持稳定发展态势；同一年份内箱型图上下边缘差距在 2010 年为最小值，2011～2018 年呈 N 形变化趋势，说明各城市科技创新水平差距在 2010 年最小，之后呈"增大—缩小—增大"变化趋势，主要是因为深圳等城市科技创新近几年得到高速发展，而水平落后的城市发展速度却相对缓慢，因此，空间差距逐渐拉大。

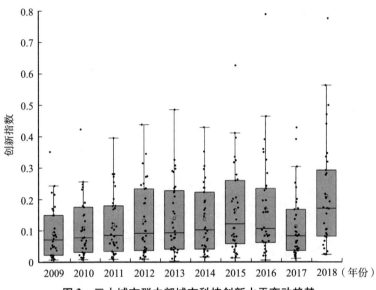

图3 三大城市群内部城市科技创新水平变动趋势

资料来源：笔者依据2010~2019年《中国城市统计年鉴》和相关省份2010~2019年统计年鉴、知识产权局统计数据等计算整理。

2. 绿色发展时空特征

2009~2018年三大城市群绿色发展指数由大到小依次为：珠三角城市群 > 长三角城市群 > 京津冀城市群，均值分别为0.310、0.220和0.171。图4所示为三大城市群绿色发展综合指数变化趋势，其中京津冀城市群与长三角城市群变动趋势保持一致，在2011年轻微下降，其余时间段保持平稳增长，珠三角城市群始终保持增长态势。2011年，石家庄、唐山、保定、张家口等城市单位产值的工业污染物排放增加是造成京津冀城市群整体绿色发展水平有所下降的主要原因；城市人均绿地面积明显减少造成长三角城市群部分城市绿色发展综合指数在本年份走低，也是导致长三角城市群整体绿色发展水平下降的主要原因，这与滕堂伟等（2019）的已有研究结论也基本保持一致；珠三角城市群不论在经济发展总量、经济结构优化、环境质量改善还是社会生活绿色化方面的水平都得到不断提升，这与珠三角为推进国家绿色发展示范区建设而不断加快绿色产业体系建设、打造绿色发展引擎等工作息息相关。结合三大城市群科技创新指数变化趋势可见，京津冀和长三角城市群2009～2011年科技创新与绿色发展变动趋势并未保持一致，科技创新对绿色发展的推动作用尚未显著体现，2012～2018年两系统综合指数均呈不同浮动上升态势，协调发展得到显著改善。

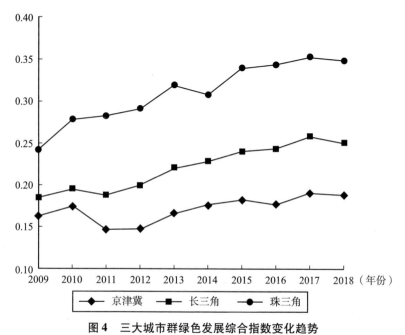

图4　三大城市群绿色发展综合指数变化趋势

资料来源：笔者依据2010～2019年《中国城市统计年鉴》和相关省份2010～2019年统计年鉴、知识产权局统计数据等计算整理。

　　对三大城市群内部城市绿色发展指数进行进一步分析可见，京津冀城市群中除北京和天津外，其余城市绿色发展水平较低，指数值均低于0.2；长三角城市群城市的绿色发展水平优于京津冀城市群，其中综合指数大于0.2的城市有9个，以南京绿色发展指数最高，上海次之，两城市的指数值分别为0.327和0.313；珠三角城市绿色发展水平空间差距较大，其中深圳指数高达0.711，为三大城市群中最高水平，东莞、广州等地的绿色发展也居于较高水平，而肇庆、江门和惠州的绿色发展却相对落后，指数值低于0.2。

图 5 为三大城市群内部城市绿色发展水平的时间变化趋势，在研究时段内上边缘持续上升，尤其在 2014~2017 年上升幅度显著提升，可见发展水平最高的城市绿色化水平仍在不断优化，同时上四分位、均值、下四分位和下边缘呈波动上升态势，可见大多数城市绿色化水平都得到不同程度提升；而同一年份内上下边缘差距不断拉大，尤其在 2015~2018 年这一差距更为显著，可见随着高水平城市绿色发展的大幅改善，尽管中小城市的绿色发展也在不断优化，但增幅较小，与高水平城市的差距逐渐增大。

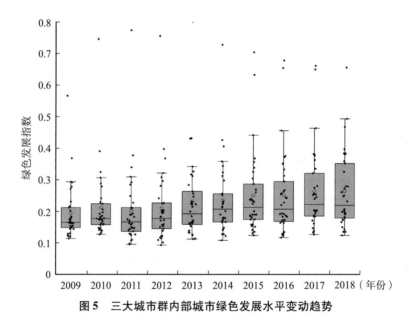

图 5 三大城市群内部城市绿色发展水平变动趋势

资料来源：笔者依据 2010~2019 年《中国城市统计年鉴》和相关省份 2010~2019 年统计年鉴、知识产权局统计数据等计算整理。

（二）耦合协调度时空特征分析

1. 耦合度时空特征

采用耦合协调度模型对三大城市群科技创新与绿色发展两系统耦合协调

度进行测算，结果显示，2009～2018 年耦合度由大到小依次为：长三角城市群＞珠三角城市群＞京津冀城市群，均值分别为 0.782、0.718 和 0.497，即长三角和珠三角城市群整体处于磨合阶段，京津冀城市群整体处于拮抗耦合阶段。由表 2 可见，三大城市群耦合度均呈波动上升趋势，其中京津冀城市群从拮抗耦合型逐渐改善为磨合型，耦合度于拮抗耦合阶段和磨合阶段的临界值位置上下波动，耦合度仍处于较低水平；长三角城市群两系统耦合关系持续改善，在 2013 年之后维持在高水平耦合阶段；珠三角城市群在 2009～2016 年保持平稳增长，两系统处于磨合阶段，至 2017 年耦合度大幅提升，两系统进入高水平耦合阶段。可见，京津冀城市群在科技创新、绿色发展以及两系统耦合发展方面均处于相对落后水平，北京和天津作为龙头城市，对京津冀城市群整体水平的提升作用尚不显著，内部城市发展水平的断层成为阻滞京津冀城市群两系统协调的重要因素。

表 2　　　　　三大城市群科技创新与绿色发展的耦合度和协调度

年份	京津冀城市群		长三角城市群		珠三角城市群	
	耦合度	协调度	耦合度	协调度	耦合度	协调度
2009	0.403	0.197	0.665	0.301	0.625	0.328
2010	0.400	0.204	0.740	0.334	0.662	0.365
2011	0.490	0.219	0.798	0.350	0.689	0.381
2012	0.546	0.235	0.799	0.366	0.666	0.385
2013	0.522	0.237	0.800	0.378	0.673	0.404
2014	0.492	0.243	0.789	0.377	0.705	0.409
2015	0.540	0.259	0.837	0.405	0.749	0.459
2016	0.542	0.258	0.821	0.399	0.764	0.475
2017	0.536	0.268	0.813	0.406	0.834	0.518
2018	0.582	0.284	0.902	0.448	0.880	0.546
均值	0.497	0.237	0.782	0.372	0.718	0.422

资料来源：笔者依据 2010～2019 年《中国城市统计年鉴》和相关省份 2010～2019 年统计年鉴、知识产权局统计数据等计算整理。

对内部城市耦合度进行进一步分析可见，2009～2018 年两系统发展处于低水平耦合阶段、拮抗耦合阶段、磨合阶段和高水平耦合阶段的城市分别有 3 个、6 个、9 个和 16 个，以处于高水平耦合阶段的城市居多。其中，京津冀城市群中耦合度均值低于 0.5 的城市有 5 个，占 50%，处于高水平耦合阶段的城市仅有天津和北京两个城市；长三角城市群中仅有泰州的耦合度均值低于 0.5，处于高水平耦合阶段的城市有 9 个，占 60%，其中南京的耦合度最高，耦合系数为 0.990；珠三角城市群中处于高水平耦合阶段的城市有 5 个，耦合系数空间分异明显，江门、肇庆和惠州 3 个城市仍处于拮抗耦合阶段。图 6 所示为三大城市群内部城市在 3 个不同时间段内的耦合度均值，可见大多数城市科技创新和绿色发展的耦合程度得到不断改善。其中，京津冀城市群中处于低水平耦合阶段的城市由 5 个减少为 3 个，高水平耦合城市数量不断增多，除天津外，北京和秦皇岛也达到高水平耦合阶段；2009～2013 年，长三角城市群中唯一的低水平耦合城市改善为拮抗耦合型，到 2018 年各城市两系统耦合关系进一步改善，除泰州、舟山、扬州和南通外，其余城市

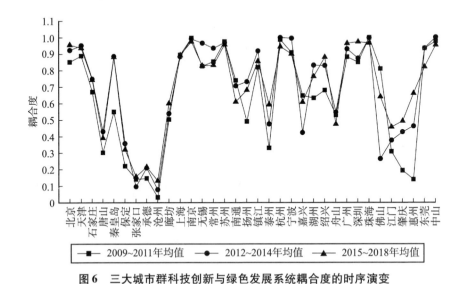

图6　三大城市群科技创新与绿色发展系统耦合度的时序演变

资料来源：笔者依据 2010～2019 年《中国城市统计年鉴》和相关省份 2010～2019 年统计年鉴、知识产权局统计数据等计算整理。

均达到了高水平耦合阶段；珠三角城市群中珠海、中山、东莞、广州和深圳始终为高水平耦合型，到2018年各城市两系统耦合关系明显改善，仅有肇庆为拮抗耦合型城市，惠州和江门进入磨合阶段，佛山进入高水平耦合阶段。

2. 协调度时空特征

2009～2018年三大城市群协调度呈波动上升趋势，协调度系数由大到小依次为：珠三角城市群 > 长三角城市群 > 京津冀城市群，均值分别为0.422、0.372和0.237，分别属于濒临、轻度和中度失调型。其中，珠三角城市群为三大城市群中协调度最高，京津冀城市群为最低。京津冀城市群在2009年为重度失调型，从2010年起改善为中度失调型，协调度每年递增值维持在0.01上下，科技创新与绿色发展协调发展缓慢改善，两系统相互提升作用未显著体现；长三角城市群在2015年改善为濒临失调型，至2018年协调系数在轻度和濒临失调型临界值附近浮动，协调度每年增长值也处于较低水平，两系统协调发展存在较大提升空间；2009～2018年珠三角城市群协调系数增长0.218，增幅居三大城市群之首，从2009年的轻度失调型发展为2018年的勉强协调型。从三大城市群两系统协调指数的均值水平及变化趋势来看，珠三角城市群在整体协调度水平及优化方面都明显优于京津冀城市群和长三角城市群，这一方面得益于珠三角城市群内深圳、广州、珠海等创新型城市的快速发展，另一方面粤港澳大湾区建设、加快建设国家绿色发展示范区等国家及地方发展战略的实施也起到了关键作用。

对内部城市协调度进行进一步分析可见，2009～2018年三大城市群中协调系数均值在0.5以上即处于协调发展阶段的城市仅有6个，除北京和南京外其余4个城市均属于珠三角城市群，以深圳协调系数最高，协调度为0.729，为中级协调型。其中，除北京处于协调发展阶段外，京津冀城市群其余城市均处于失调阶段，并且协调系数较低的城市数量居多，协调指数低于0.2的城市有5个，占50%；长三角城市群城市协调度集中于0.2～0.5的范围内，并以濒临协调型城市数量最多，可见长三角城市群城市两系统协调发展明显优于京津冀城市群，且各城市之间的协调度差异相对较小；珠三角城市群城市协调度以两个范围最为集中，一是协调指数高于0.5的深圳、广州、东莞和珠海，二是协调指数低于0.2的肇庆、江门和惠州，这与两系统发展水平两极分化的现象相一致。图7为三大城市群城市两系统协调度在3个不同时段内的均值水平，不同时序下各城市表现出的空间差异呈现趋同，但增长与下降趋势存在差异。其中，京津冀城市群中北京、天津协调度较高，且呈时段递增趋势，其余城市增长幅度不明显或呈下降趋势；长三角城市群各城市空间差异较小，在3个时段内协调度递增的城市仅有少数，两系统的发展随时间的优化特征不明显；除佛山外，珠三角城市群各城市协调度均呈上升趋势，且2015～2018年增幅最为明显，可见科技创新与绿色发展的相互促进作用不断增强。

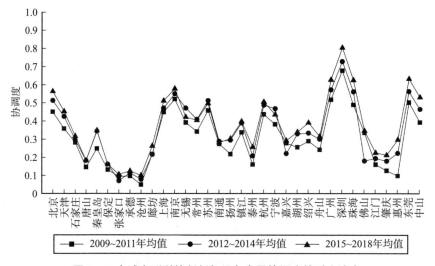

图7　三大城市群科技创新与绿色发展协调度的时序演变

资料来源：笔者依据2010～2019年《中国城市统计年鉴》和相关省份2010～2019年统计年鉴、知识产权局统计数据等计算整理。

（三）障碍因素分析

图8显示了各指标对三大城市群科技创新与绿色发展协调关系的障碍度。

具体分析如下：

第一，科技创新指标方面，每万人科学技术支出、专利授权数及普通高等学校在读学生数是主要障碍因子，障碍度由大到小依次为：每万人科学技术支出、每万人专利授权数及每万人普通高等学校在读学生数，平均障碍度分别为0.232、0.149和0.107。其中，每万人科学技术支出和普通高等学校在读学生数对珠三角城市群的障碍水平最高，专利授权数对京津冀城市群的障碍水平最高。可见珠三角城市群在科技创新投入及储备中相比于其他两大城市群相对不足；京津冀城市群尽管在科技创新投入与储备方面优于其他两大城市群，但科技创新产出却相对落后。对城市群内部城市障碍因子进一步分析发现，科技创新各指标对城市绿色发展的障碍度具有一定的空间差异性。其中，京津冀城市群各城市的指标障碍度基本维持在平均水平；长三角城市群中南京的人均科技创新投入及产出指标障碍度较高，相反，人均科技储备障碍度较低；珠三角城市群内城市间指标障碍度差距较大，深圳存在"低投入、低储备、高产出"现象，广州和东莞则存在"低投入、高储备、低产出"现象。可见，北京和上海作为城市群内龙头城市，在科技创新中的活力明显弱于深圳；南京、广州和东莞这类城市，科技创新产出水平与投入及储备并不匹配，产出效率低成为制约两系统协调发展的主要障碍。

第二，绿色发展指标方面，以人均绿地面积的障碍度最高，均值达到0.196；每万人公交汽车拥有量的障碍度也高达0.113；其余各基础指标的障碍度普遍较低，尤其是表征环境质量和环境治理水平的7个基础指标的障碍度均低于0.01。各基础指标对三大城市群两系统协调发展的障碍度基本保持趋同，无显著差异，可见从城市群整体层面来看，影响三大城市群科技创新与绿色发展协调关系的因素基本相同。对内部城市基础指标障碍度进一步分析发现，人均GDP、人均社会消费品额及第三产业贡献率对于北京、上海、广州、东莞等城市群内大型城市的障碍度较低，对于其他城市的障碍度则相对较高，可见在城市群内部，相比于大城市而言，经济发展水平仍是制约中小型城市两系统协调发展的重要因素；工业废水对杭州、嘉兴、绍兴及河北部分城市协调关系的障碍度较高，主要是这些城市目前仍存在大规模的制造业，工业废水的大量排放阻滞整体绿色发展水平的提升；工业废气及粉尘的排放量对河北城市的障碍度明显高于其他城市，长期以来京津冀城市群的空气质量制约了绿色发展，如何借助科技成果实现工业废气治理是京津冀城市群未来重点关注的方向；环境治理基础指标对三大城市群两系统协调度的障碍度较低，可见各城市在环境治理方面取得了一定进步，但承德、南京、泰州和东莞在工业固体废弃物及生活垃圾和污水排放方面仍需进一步改善；除深圳外，人均绿地面积和万人公交拥有量对其余各城市协调发展的障碍度均维持在较高水平，城市绿化建设和基础配套完善制约了整体绿色发展，也影响了科技创新与绿色发展关系的协调。

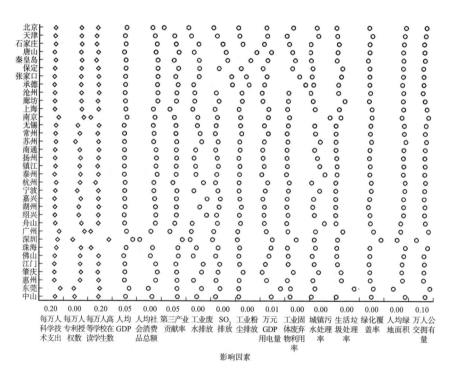

图8　三大城市群科技创新与绿色发展耦合协调关系障碍因素的影响程度

注：◇和○分别表示科技创新和绿色发展各指标障碍度。

资料来源：笔者依据2010～2019年《中国城市统计年鉴》和相关省份2010～2019年统计年鉴、知识产权局统计数据等计算整理。

四、结论与建议

（一）结论

本研究对科技创新与绿色发展相互作用机制进行了梳理，借助耦合协调度模型，对 2009~2018 年中国东部三大沿海城市群科技创新与绿色发展耦合协调演进关系特征进行了分析。得出以下结论：

（1）三大城市群两系统均保持平稳增长状态，两系统发展指数分别始终呈珠三角城市群 > 长三角城市群 > 京津冀城市群。城市群内部两系统发展的空间差异特征保持基本一致，其中珠三角和京津冀城市群内部两极分化现象明显，珠三角内属于高创新与绿色化水平的城市多于低水平的城市，京津冀城市群则与之相反，而长三角城市群内各城市空间差异呈渐进式，空间异质性弱于其他两大城市群。深圳市在三大城市群中处于领跑地位，而惠州、江门、肇庆及河北多数城市的科技创新与绿色发展水平仍相对落后。

（2）得益于科技创新与绿色发展的相互推动，三大城市群两系统耦合协调关系不断改善，其中珠三角和长三角城市群耦合协调指数明显高于京津冀城市群；耦合指数均值水平显示，珠三角和长三角城市群已处于磨合阶段，而京津冀城市群仍为拮抗耦合阶段；协调指数均值水平显示，珠三角、长三角和京津冀城市群分布属于濒临、轻度和中度失调型，两系统的协调关系仍处于较低水平，需进一步改善。从城市层面进行分析，截至 2018 年，珠三角和长三角城市群所有城市均摆脱低水平耦合关系，京津冀城市群则仅有北京、天津和秦皇岛进入高水平耦合阶段；各城市协调关系改善缓慢，仅深圳、东莞、北京和广州等龙头城市两系统协调发展水平增幅明显，"强更强"的发展态势使城市间两系统协调发展差距进一步增大。

（3）障碍度分析结果显示，科技创新是阻滞三大城市群两系统良性耦合的主要原因，其中绿色生活对两系统的障碍度最大、环境治理和环境质量障碍度最小、基础指标障碍度呈一定趋同性，即环境治理和环境质量均接近零障碍度，而创新投入、创新产出、创新储备、城市绿化与绿色出行均呈高障碍度。从城市层面的障碍度分析可见，北京、上海、广州、深圳等一线城市在城市群内部受各基础指标的障碍作用，两系统的协调发展均处于较低水平，而中小型城市因为制造业集聚等原因，产业结构布局不合理、创新动力不足、环境问题突出仍是目前制约其两系统协调进步的重要阻碍。

（二）对策建议

创新是推动高质量发展的内在动力，绿色是实现高质量发展的方向与要求。基于以上结论，提出如下建议：

（1）增强科技创新能力，优化科技创新环境，发挥创新驱动作用。三大城市群应依据各城市科技创新发展现状制定差异化科技创新策略，重点扶持龙头城市（如北京、天津、上海、杭州、广州、深圳、东莞）内生型科技创新发展，鼓励发展相对滞后城市（如河北的城市及泰州、江门、肇庆、惠州）将技术引进与自主创新相结合。实施区域协调发展与互动政策，增强创新要素在各城市间自由流动，优化资源配置，提升创新资源利用率，重点加强协调度较低城市科技人员和科研经费等要素的投入与管理，并通过城市间帮扶、技术援助等手段加强城市群内部技术开发与管理活动交流，增强科技成果在城市群内部及邻近地区的溢出效应，推动三大城市群内部科技创新协同进步。推进高新技术产业发展，将科技成果转化与绿色发展衔接起来，提升创新能力和创新效率，推动经济高质量发展。

（2）深入贯彻绿色发展理念，推进绿色经济建设，打造绿色宜居环境。本研究对三大城市群的实证分析发现，对于科技创新和绿色发展水平均较低的城市，当务之急仍是要解决发展问题，应增强城市之间的空间关联，通过城市间关联产业发展推动集群型经济建设；促进城市群内绿色协同发展，通过引入绿色生产技术提升资源能源利用率，依据污染强度合理规划产业在城市群内部空间布局，仍需重点加强"三高"污染产业治理力度，严格控制水、大气及农业面源等污染问题，推动绿色生产与绿色环境的同步改善。实证结果表明，绿地建设与绿色出行仍是制约三大城市群创新与绿色协调发展的重要因素，因此要深入绿色生活理念培育，借助科技成果转化推进绿色交通体系完善、绿色生活基础设施建设及城市绿化工程实施，引导绿色出行、绿色居住与绿色消费的生活模式。

参 考 文 献

［1］丁显有，肖雯和田泽（2019）. 长三角城市群工业绿色创新发展效率及其协同效应研究. 工业技术经济，（7）：67 – 75.

［2］方创琳和关兴良（2011）. 中国城市群投入产出效率的综合测度与空间分异. 地理学报，（8）：1011 – 1022.

［3］戈华清（2010）. 论科技失灵与环境管理制度的完善：以科技规制为视角. 科技进步与对策，（7）：92 – 94.

［4］郭强（2012）. 基于省级数据的区域科技创新政策评估. 统计与决策，（3）：81 – 84.

［5］何兴邦（2019）. 技术创新与经济增长质量：基于省际面板数据的实证分析. 中国科技论坛，（10）：24 – 32.

［6］华坚和胡金昕（2019）. 中国区域科技创新与经济高质量发展耦合关系评价. 科技进步与对策，（8）：19 – 27.

［7］黄娟（2017）. 科技创新与绿色发展的关系：兼论中国特色绿色科技创新之路. 新疆师范大学学报（哲学社会科学版），（2）：33 – 41.

［8］黄娟和汪明进（2016）. 科技创新、产业集聚与环境污染. 山西财经大学学报，（4）：50 – 61.

［9］黄天航，刘红煦和曾明彬（2017）. 我国三大城市群科技要素分布与科技竞争力比较. 科研管理，（1）：525 – 535.

［10］贾军（2016）. 中国制造业绿色发展的锁定形成机理及解锁模式. 软科学，（11）：15 – 18.

［11］廖凯诚，戴胜利和段新（2019）．科技创新与绿色治理协调效应评价及动态关系研究．科技进步与对策，（16）：34-43．

［12］刘娜娜，王效俐和韩海彬（2015）．高校科技创新与高技术产业创新耦合协调发展的时空特征及驱动机制研究．科学学与科学技术管理，（10）：59-70．

［13］刘曙光和尚英仕（2020）．中国东部沿海城市群绿色发展效率评价及障碍因子分析．城市问题，（1）：73-80．

［14］刘树峰等（2018）．中国沿海三大城市群企业创新时空格局与影响因素．经济地理，（12）：111-118．

［15］尚勇敏和曾刚（2017）．科技创新推动区域经济发展模式转型：作用和机制．地理研究，（12）：2279-2290．

［16］滕堂伟，孙蓉和胡森林（2019）．长江经济带科技创新与绿色发展的耦合协调及其空间关联．长江流域资源与环境，（11）：2574-2585．

［17］尹鹏，刘曙光和段佩利（2017）．海岛型旅游目的地脆弱性及其障碍因子分析：以舟山市为例．经济地理，（10）：234-240．

［18］于成学（2015）．资源开发利用对地区绿色发展的影响研究：以辽宁省为例．中国人口·资源与环境，（6）：121-126．

［19］袁久和和祁春节（2013）．基于熵值法的湖南省农业可持续发展能力动态评价．长江流域资源与环境，（2）：152-157．

［20］袁润松等（2016）．技术创新、技术差距与中国区域绿色发展．科学学研究，（10）：1593-1600．

［21］赵传松等（2018）．中国科技创新与可持续发展耦合协调及时空分异研究．地理科学，（2）：214-222．

［22］Perroux, F. (1950). Economic space：theory and applications. The Quarterly Journal of Economics, 64（1）：89-104.

［23］Porter, M. (1991). America's green strategy. Scientific American, 264（4）：193-246.

［24］Romer, P. (1990). Endogenous technological change. Journal of Political Economy, 98（5）：71-102.

［25］Storper, M. and Venables, A. J. (2004). Buzz：face-to-face contact and the urban economy. Journal of Economic Geography, 4（4）：351-370.

区域经济活动的沿海化布局规律探析

——国内外历史经验及启示[*]

刘曙光^{**}

【摘要】国内外历史经验与理论研究表明，区域经济活动的布局和海洋有着历史渊源，内部统一的政治经济环境和主动对外开放的经济一般带来沿海经济活动的繁荣，同时也将导致海岸带空间紧张与海洋资源环境压力。中国正处于沿海产业发展与布局的上升期，其发展必然伴生着海岸开发利用过程中的空间竞争与拥挤效应。而要推动沿海产业合理布局与建设的区划与规划，则需积极借鉴国际先进经验。

【关键词】区域经济活动　沿海布局　历史规律　启示

一、我国沿海经济空间布局的现实背景

（一）海岸带自然地理基础

我国拥有的海岸线长度为 18 000 多千米。从资质构造基础看，主要欧亚

---

　* 本文发表于《社会科学辑刊》2012 年第 3 期。

　** 刘曙光，1966 年出生，男，博士，中国海洋大学经济学院、经济发展研究院教授，博士生导师，研究方向：海洋经济、区域创新与国际经济合作。

大陆板块与太平洋板块作用下形成的北东—南西向新华夏系构造系控制，形成了一系列沿海隆起和沉降带，在河流沉积和与洋流等综合作用下，形成了沉积型海岸与基岩海岸交错的格局。其中长江口以南以基岩海岸为主，以北除山东半岛和辽东半岛以外，以沉降型海岸为主。

这样的海岸带自然地理基础提供了沿海港口、产业和城市布局的基础，形成了诸如珠江三角洲、长江三角洲和京津唐等城市－工业群，也支持了大连、青岛、厦门等基岩海岸线港口及其产业的形成与集聚。同时，我国东部沿海区域整体位于世界最大的环太平洋地震带，近年来不断加剧的海洋及地质灾害不仅提醒我国沿海区域空间容量的整体限制，而且加剧了沿海产业布局对自然环境安全隐患的影响。

（二）沿海区域经济发展战略升级

近年来沿海省份纷纷提出和实施面向海洋资源开发和海洋空间资源利用的区域经济与社会发展战略，而且多数已上升为国家级发展战略。相应的规划、建设等一系列涉海重大工程，在国家层面上存在较为严重的产业布局同构现象，同时造成对海岸带宝贵空间资源的占用，对沿海生态环境形成巨大的压力。根据国家海洋局《海域使用管理公报》数据显示，我国"十一五"期间累计确权填海面积6.7万公顷，其中建设用地6.4万公顷，农业用地0.3万公顷。而且随着近年全国沿海省份国家级发展战略的陆续出台，涉海产业规划及其用海规模出现大幅度和快速的增长。其中，津滨海新区规划面积2 270平方千米，国务院批准填海造地规划200平方千米，涉及8个产业功能区；河北曹妃甸工业区规划用海面积340平方千米，其中填海造地面积240平方千米，依托矿石码头和首钢搬迁，大力建设精品钢材生产基地，发展大型船舶、港口机械、发电设备、石油钻井机械、工程机械、矿山机械等大型重型装备制造业。江苏省规划了18个围海造地区，计划围海造地总面积400平方千米，规划到2015年，将江苏省打造成区域性国际航运中心、新能源和临港产业基地、农业和海洋特色产业基地、重要的旅游和生态功能区。浙江省滩涂围垦总体规划中 7 市 32 县区的造地面积为 1 747 平方千米。福建省 2005～2020 年规划 13 个港湾 158 个项目，围填海 572 平方千米。上海市 2010～2020 年规划填海造地 767 平方千米。

（三）陆地与海洋空间规划差距

我国的区域经济发展长期以陆地经济发展为主，沿海产业的布局也形成了"陆强海弱""陆先海后"的陆地经济思维模式。与此相对应，我国的海陆经济发展与空间规划尚未采取国际较为普及的海岸带空间规划（coastal spatial planning）模式。而沿海产业涉海重大工程的空间布局将影响海陆统筹协调发展，进而影响工程本身的可持续发展。国务院于 2010 年 12 月发布的首个全国性国土空间开发规划《全国主体功能区规划》，涵盖陆地和海洋国土，按开发方式将国土空间划分为优化开发区域、重点开发区域、限制开发区域和禁止开发区域，但是依然以陆地空间规划为主导，并且迫使更多土地开发导向围填海。

海洋既是目前我国资源开发、经济发展的重要载体，也是未来我国实现可持续发展的重要战略空间。国家海洋局按照《全国主体功能区规划》要求，已开展《全国海洋主体功能区规划》编制工作，将依据沿海海洋资源环境承载力、开发强度和开发潜力，从科学开发的角度，统筹考虑海域资源环境、海域开发利用程度、海洋经济发展水平、依托陆域的经济实力和城镇化格局、海洋科技支撑能力以及国家战略的牵引力等要素，按照内水与领海、海岛、大陆架和专属经济区分区，将管辖海域划分为优化开发区、重点开发区、限制开发区和禁止开发区四类主体功能区，以合理规划海洋空间布局。

二、我国沿海经济发展与布局的历史回顾

我国海陆经济发展的历史经验表明，沿海经济发展及涉海产业工程建设，

与国际、国内政治经济形势存在着密切关系（见表1）。海岸带的经济发展受陆域经济外向化发展（对外出口、海外投资）和海外经济进入（古代海外袭扰、近代殖民等）的影响。沿海工程设施在政治统一和经济繁荣上升时期成为支持和推进经济外向发展的桥头堡；在内部纷争和外部袭扰时期又成为国际冲突的"挡箭牌"和"牺牲品"。

表1　　　　　　　　我国区域经济发展与沿海开发活动概略

时间阶段	国际背景	国内经济	海洋经济	涉海工程
先秦（前2100～前221年）	世界原始文明形成，但是缺乏交流	内陆沿河部落经济形成融合	人类活动到达沿海，利用滨海资源	开始煮海为盐；以海贝为币
秦汉（前221～280年）	实现华夏一统，早于恺撒大帝统一地中海	建立统一的经济运行与布局体系	经济活动达到甚至超越现今岸线（设立南海郡）	兴鱼盐之利，行舟楫之便（汉朝开辟至印度航线）
隋唐（581～907年）	建立广泛的国际经济联系	经济空前繁荣，海陆国际交流频繁	"海上丝绸之路"促进国际贸易发展	沿海港口及造船产业建设
宋元（960～1368年）	中亚游牧民族崛起，国际关系紧张	南北政治经济格局冲突	北部沿海活动衰退，南方沿海经济出现繁荣	南部沿海港口、贸易栈（设有多个市舶司）建设
明（1368～1644年）	奥斯曼帝国兴起，阻断丝绸之路；倭寇袭扰	初期疆土统一和经济开放，促进经济发展	初期郑和拓展海外交流；后期倭寇袭扰迁界禁海	前期沿海港口及出口加工业发达；后期沿海防卫工程强化
清（1644～1911年）	西方国家开始大航海时代的对外扩张和殖民	初期实现统一疆土后的繁荣；后期闭关锁国	为巩固自身统治，禁止海上经济交流	强化海防设施；被迫建设通商口岸；沿海近代工业兴起
民国（1911～1949年）	国际经历两次世界大战，政治经济格局出现巨变	内战和外来侵略导致经济活动的极端不稳定	近代沿海买办工业发展；战争导致沿海产业破坏	沿海防卫工程遭受破坏；沿海产业内迁和受损

三、新中国成立后我国沿海经济布局动态

1949 年，中华人民共和国成立，美国对我国实行军事和经济的海上封锁。而旧中国作为半殖民地经济，其近代工业设施的 70% 集中在沿海一带（无为，1999）。工业过于集中于东部沿海一隅，不仅不利于资源的合理配置，而且对于国家的经济安全也是极为不利的。为了改变这种状况，在第一个五年计划和第二个五年计划中，中国政府把苏联援建的工程和其他限额以上项目中相当大的一部分摆在了工业基础相对薄弱的内地。将东北地区确定为新中国工业建设的基地。这使我国初步建立了一个比较完整的国民经济体系和工业体系。1959 年中苏关系破裂，苏联撤销对华援助。"三五"期间，我国把国防建设放在第一位，加快了"三线"建设。三线建设的深入实施，较大规模地改变了我国的工业布局，对于促进内地经济发展、改善经济布局起到重要的作用，对于增强国家的国防实力具有深远的意义，并为日后解决东西部经济发展不均衡问题，推动西部大开发战略的实施奠定了坚实的基础（中共中央党史研究室，2011）。

因此，新中国成立后的这段时期，我国的沿海产业布局并没有成为国家的重点，致使"上（海）青（岛）天（津）"等近代港口工商业中心城市"蜕变"为全国轻纺工业城市。同时，沿海防卫设施和工程（包括海防林等）的建设，客观上对沿海岸线造成了严重的破坏。此阶段的涉海工程，在围填海方面以潮滩造田、建设海防设施等为主，建设规模和增加幅度并不太大。

1978 年中国共产党十一届三中全会召开，确立以经济建设为中心，实行改革开放的政策，从根本上促进了我国区域经济建设的重心向沿海区域的战略转移。1979 年，党中央、国务院批准广东、福建在对外经济活动中实行"特殊政策、灵活措施"，并决定在深圳、珠海、厦门、汕头试办经济特区。1984 年，党中央和国务院决定进一步开放大连、秦皇岛、天津、烟台、青岛、连云港、南通、上海、宁波、温州、福州、广州、湛江、北海 14 个港口

城市，并逐步兴办起经济技术开发。1988 年增辟了海南经济特区，导致海南沿海设施建设急剧升温，成为我国面积最大的经济特区。1990 年，党中央和国务院从我国经济发展的长远战略着眼，又作出了开发与开放上海浦东新区的决定。我国的对外开放出现了一个新局面。1992 年，邓小平同志南方谈话，中国改变了过去建立有计划的商品经济的提法，正式提出建立和发展社会主义市场经济，使改革掀起了新一轮的以沿海城市为重要载体的高新区和开发区建设高潮。至此，我国发展政策向沿海地区倾斜，并引发起新一轮的产业活动的"孔雀东南飞"。

从具体空间格局看，我国改革开放以后的沿海工程开发与建设出现了以下特征：开发时空变化表现为 20 世纪 80 年代以珠三角沿海地区为重点和热点，90 年代以长三角地区为重点和热点，2000 年以后以环渤海地区为重点和热点；临海产业区域经济功能类型划分的主要建设内容涵盖沿海城市（城区）综合开发建设、区域港口群（综合性港口、专业性港口）建设，临港工业区（临港加工出口型、内陆向海搬迁型、外资登陆桥头型、转口贸易口岸型等）建设；海岸带利用模式由临海向海岸线改造与利用、围海及填海、海岛开发及陆岛工程建设等方面扩展，海岸带开发规模和速度明显加大。

四、金融危机以来我国沿海经济发展新格局

我国应对全球金融危机所采取的启动内需刺激政策，稳定了传统产业的发展，与此同时，我国也在逐步寻求战略性新兴产业的发展和新的地区经济增长空间。海洋产业作为国家战略受到空前的重视，沿海省区市的地区发展战略逐步上升为国家级战略，使得海岸带开发与建设迎来一个空前的热潮。

作为直接开发利用海岸带和海洋资源的海洋产业，在近年来实现了稳步的发展，大部分海洋产业增长率一般高于全国平均水平。2010 年全国海洋生产总值 38 439 亿元，比上年增长 12.8%。同时，海洋产业生产总值占 GDP

的比重持续上升，从 2001 年的 8.58% 上升至 2010 年的 9.7%。[①] 海洋经济已经成为国民经济的重要组成部分。

同时，海洋产业活动无论总量还是增长率，都表现为环渤海地区的涉海经济活动是全国热点中的重点。当然，随着 2011 年浙江、广东、山东国家海洋经济先行示范区的建立，以及舟山群岛国家副省级海洋经济区、潭岛海峡两岸合作示范区等综合工程的开发建设，以国家级沿海发展战略为导引的全国新一轮沿海产业布局与城市（港口）建设已经开始。

应该看到，这种沿海省区市经济发展在国家整体战略支持和推动下的能量释放，以及地方政府之间在发展领域的白热化竞争，是我国国家经济在全球经济低迷背景下推进经济发展的难得现象，海洋资源与环境的空间还远远没有得到充分开发与利用。但是，我们依然需要关注沿海资源开发中海洋资源的稀缺或短缺、海洋资源环境的容量与分布不均衡，要充分考虑海洋资源利用的成本和风险、海洋生态服务的利用价值及其使用成本，为海洋经济的可持续发展与产业合理布局提供保障。

五、国际沿海经济活动历史变迁与新近动向

（一）欧洲古代的涉海产业活动及沿海工程

应该说，早期腓尼基人与雅利安人（其中的重要分支希腊人）在环地中海上的交流与冲突，成为欧洲与西亚地区海洋经济活动的早期表现。而 9 世纪以来北欧维京人的沿海袭扰，客观上促成了以北德国城邦为主的汉萨同盟的形成，也扩大了波罗的海和北海的沿海港口城市及沿海贸易设施的建设。到 16 世纪，欧洲基本上形成了以吕贝克和汉堡的中北欧汉萨同盟航线，和以

---

① 国家海洋局：《2010 年中国海洋经济统计公报》。

威尼斯和热那亚为中心的地中海航线等交织而成的网络，并在安特卫普、阿姆斯特丹和伦敦形成交汇，催生出一系列大西洋沿岸港口群。

（二）欧洲地理大发现以来的沿海产业格局

17世纪的荷兰利用难得的南北欧海上交通枢纽位置，形成了海运中转以及海陆（主要通过内陆河流）贸易与运输枢纽，也成为其跟随西班牙和葡萄牙开辟全球贸易口岸和从事海洋运输的桥头堡。当然，随着人口剧增和临港产业活动（尤其是造船和国际贸易、国际金融等）的增加，其作为低地国家的沿海用地趋于紧张，这也是荷兰建设一系列涉海工程的基本动因（围填海造地解决城市、产业、港口建设需要），由此客观上促进了被殖民地区的沿海贸易口岸与城市建设。18世纪以来的英国，不仅通过与西班牙、荷兰的海上竞争，而且通过尊重自然科学和推进科技创新应用，实现了本土工业化与产业国际化的同步推进，同时通过海外殖民和海洋贸易航线建设，促进了本国沿海贸易港口和殖民地国家沿海地区的近代化过程，并为全球港口建设和后来的海洋工程建设提供了一系列典范甚至国际标准。

（三）当今国际海洋空间规划动向

欧盟国家、美国、澳大利亚等于21世纪初开始正式推进以海洋活动综合协调布局为主旨的海洋空间规划（marine spatial planning），积极探索涉海多部门、多区域用海的结合途径（Oxley，2006；Eastern Research Group，2010），为我国的沿海产业发展与涉海工程合理布局提供了直接参考的典范和合作对象。其给我们带来四点主要启示：第一，建立国际、国家、沿海地方相协调的法律与政策框架体系，是实现沿海工程建设与海岸带可持续发展的基本前提；第二，对利益相关者进行分析与整合，是解决沿海工程建设重复和不合理布局的内在机制；第三，依靠科学的现代化手段，进行跨行业、跨地区规划协调，是解决上述问题的现实工具；第四，提出具有共同价值取向的目标和战略部署方略，是引导解决现实问题的基本导向。

六、结　语

我国沿海产业发展与布局的历史经验表明，我国的经济重心基本上经历了从西北内陆向东南沿海稳步迁移的过程，沿海经济活动及产业布局压力的增加基本符合这一历史趋势，需要正确理解和对待；而且我国历史上的政治统一和经济上升过程，一般伴随着沿海、沿边经济交往的繁荣，也是沿海产业建设与布局的有利时期。我国现今的政治经济形势尽管面临不利的国际局势，但是依然可以判断为沿海产业发展与布局的上升时期。所以，必然伴生海岸带开发利用过程的空间竞争与拥挤效应，而这种过程的理性回归需要一定的时间。

国际（尤其是欧洲）沿海经济活动发展与布局的漫长历史告诉我们，沿海经济发展与产业聚集是一个国家和地区经济对外交往过程中的区域性甚至全球性竞争与合作的结果。封闭不仅导致沿海经济衰退，而且可能导致被列强袭扰，只能带来沿海被动防御，所建设的沿海工程只能是沿海和近岸防御设施。

推动沿海产业合理布局和建设的区划与规划具有必要性，我国业已开始的海洋功能区划、全国主体功能区划（包含海洋主体功能区划）等，都是直接相关的区划方案，但是与国际推行的海洋空间规划相比，我国的相关区划和规划在利益相关者关系整合、区划效果评价机制建设、区划技术手段及经济投入等方面，都需要借鉴国际经验并吸取其教训。

参 考 文 献

［1］任宗哲，白宽犁和谷孟宾（2017）. 丝绸之路经济带发展报告（2017），社会科学文献出版社 .

［2］无为（1999）. 1998 年中国经济史研究述评. 中国经济史研究,（2）：119－134，1.

［3］中共中央党史研究室（2011）. 中国共产党历史（第二卷）. 中共党史出版社.

［4］Eastern Research Group（2010）. Marine spatial planning stakeholder analysis. NOAA Coastal Oastal Service Center.

［5］Oxley, S. （2006）. Marine spatial planning-policy adaptation in Australia. BIM CO Conference on Future Maritime Policy for the European Union Brussels.

第三篇 | 海洋经济国际合作发展

中国与小岛屿发展中国家
贸易特征与影响因素[*]

尹　鹏　刘曙光　段佩利　王　璐^{**}

【摘要】在分析 2001～2017 年中国与小岛国贸易总额与贸易差额基础上，运用 HM 指数和贸易引力模型诊断中国与小岛国贸易依赖程度及贸易影响因素。结果表明：①中国与小岛国贸易总额呈现波动上升，空间分异愈发明显，与加勒比海小岛国贸易额最高，与非洲西海岸小岛国贸易额最低，马耳他是中国最大贸易伙伴。②中国与小岛国贸易差额呈现贸易顺差，且贸易顺差逐年增大，与加勒比海小岛国贸易顺差最大，与非洲西海岸小岛国贸易顺差最小，马绍尔群岛是中国最大商品出口市场。③小岛国对中国贸易依赖度明显高于中国对小岛国贸易依赖度，但这一依赖度整体偏低、波动性强、空间分异明显，所罗门群岛对中国贸易依赖度最高，以木材和木炭出口为主，图瓦卢对中国贸易依赖度最低。④经济规模、人口规模和对外直接投资对中国与小岛国贸易具有正向效应，地理距离对中国与小岛国贸易具有负向效应。

＊ 本文发表于《经济地理》2019 年第 3 期。本文受研究阐释党的十九大精神国家社会科学基金专项（18VSJ067）、国家社会科学基金重大项目（15ZDB170）和中国博士后科学基金面上项目（2018M632719）资助。

＊＊ 尹鹏，1987 年出生，男，博士，鲁东大学商学院讲师，研究方向：海岛经济与海岛旅游。刘曙光，1966 年出生，男，博士，中国海洋大学经济学院、经济发展研究院教授，博士生导师。段佩利，1986 年出生，女，博士，鲁东大学商学院讲师。王璐，1988 年出生，女，中国海洋大学经济学院博士研究生。

【关键词】 贸易特征 HM 指数 贸易引力模型 贸易依存度 小岛屿发展中国家 海洋经济合作

国际贸易是经济全球化的助推器，为一国积极参与国际分工、发展本国经济提供外部条件。二战结束以来，国际贸易格局不断分化，呈现发展中经济体迅速崛起和多极化发展趋势（张亚斌和范子杰，2015；Tian，2018）。中国自 2001 年加入 WTO 以来，对外贸易飞速发展，主要贸易指标排在世界前列，逐渐从贸易大国向贸易强国转变（张勤和李海勇，2012）。根据《中国对外贸易形势报告》可知，2017 年中国外贸发展总体向好，货物贸易进出口总额 27.8 万亿元，同比增长 14.2%，对中国经济发展、世界贸易复苏及全球一体化实现有着重要贡献。其中，中国对欧盟、美国等发达经济体进出口全面回升，分别增长 15.5% 和 15.2%，对"一带一路"沿线国家进出口增长 17.8%，在新兴市场开拓方面同样取得显著成效，可见，中国贸易发展的国际市场布局更加优化。小岛屿发展中国家（简称"小岛国"）作为领土完全坐落在一个或多个岛屿之上的主权国家，一般具有地理位置孤立、地域空间不足、产业结构单一、资金技术缺乏、生态环境脆弱等特征（Banerjee et al.，2018；Polido，João and Ramos，2018；Boräng，Jagers and Povitkina，2016），旅游业、农业和捕捞许可证费是主要经济来源（邱巨龙等，2012）。囿于国内市场限制，小岛国严重依赖国际市场，2017 年，小岛国外贸依存度平均值 55.24%，对外开放与国际合作成为其经济社会可持续发展的重要途径。作为世界经济发展的引擎和负责任的大国，中国尤为重视与小岛国的经贸往来和人员交流（梁甲瑞，2018），通过增强政治互信、扩大人文交流、开启"一带一路"对接门户、构建蓝色经济合作新格局等，逐渐建立起多层次、宽领域、全方位的经贸合作关系。

目前，学术界从不同学科和视角对中国国际贸易问题开展一系列研究，经过梳理发现：研究区域上，中美、中欧、中非、中国－东南亚、中国－南亚、中国－中亚以及中国与"一带一路"沿线国家等的国际贸易成为关注热点（杨文龙、杜德斌和马亚华，2017；姜宝、邢晓丹和李剑，2015；李昊和黄季焜，2016；宗会明和郑丽丽，2017；Min，2017；宋周莺、车姝韵和杨宇，2017）；研究内容上，集中阐释区域贸易格局及贸易商品结构（公丕萍、宋周莺和刘卫东，2015）、贸易便利化程度及其影响（李思奇，2018）、贸易网络结构特征（姚秋蕙、韩梦瑶和刘卫东，2018）、贸易效率与贸易潜力（胡艺、杨晨迪和沈铭辉，2017）等；研究方法上，贸易强度指数、贸易互补性指数、贸易密切度指数、社会网络分析、随机前沿引力模型和投入产出分析等成为主要计量手段。然而，针对中国与小岛国的贸易研究十分匮乏，更多分析小岛国特色旅游对中国游客的吸引（Ying，2018）、小岛国应对气候变化对中国的启示以及对包括中国在内主要经济体碳排放量降低的希冀（伍维模等，2016）等内容。考虑到小岛国具有良好的海洋生态环境，其丰富独特的渔业资源、森林资源和矿产资源是中国所需，小岛国应对气候变化、海洋环境保护、渔业养殖等的经验是中国海洋经济可持续发展的重要借鉴，另外，小岛国普遍缺乏船舶与浮式海洋结构物，中国能为其提供来源。可见，随着小岛国在国际关系中"能见度"的不断提升，中国与小岛国贸易研究在丰富"一带一路"尤其是"21世纪海上丝绸之路"贸易理论基础上，通过中国与小岛国在海洋防灾减灾、海洋生态环境保护、海洋科学研究等领域海洋合作的深层次探讨，有利于全面推动海洋强国建设，进一步实现中国国际合作承诺的落实、小岛国贫困目标的消除（Balcilar，Kutan and Yaya，2017），以及中国与小岛国命运共同体的打造。因此，本文以2001~2017年为研究时段，以34个小岛国为研究区域，基于大量贸易数据分析，探寻中国与小岛国贸易总额、贸易差额演变特征，运用HM指数测算中国与小岛国贸易依赖程度，运用贸易引力模型诊断中国与小岛国贸易演变的影响因素，旨在为中国区域贸易战略政策的制定实施提供参考借鉴。

一、研究区概况、研究方法和数据来源

（一）研究区概况

全球小岛国主要分布在南太平洋、印度洋、加勒比海、地中海和非洲西海岸五大地区，共 34 个国家。其中：南太平洋小岛国包括巴布亚新几内亚、帕劳、密克罗尼西亚联邦、马绍尔群岛、基里巴斯、瑙鲁、所罗门群岛、图瓦卢、瓦努阿图、萨摩亚、斐济、汤加、库克群岛 13 个国家；印度洋小岛国包括马尔代夫、塞舌尔、科摩罗、毛里求斯 4 个国家；加勒比海小岛国包括安提瓜和巴布达、巴哈马、巴巴多斯、古巴、多米尼克、多米尼加共和国、格林纳达、海地、牙买加、圣卢西亚、圣文森特和格林纳丁斯、圣基茨和尼维斯、特立尼达和多巴哥 13 个国家；地中海小岛国包括塞浦路斯、马耳他 2 个国家；非洲西海岸小岛国包括佛得角、圣多美和普林西比 2 个国家。根据世界银行统计可知，2017 年，34 个小岛国总面积 177.43 万平方千米，总人口 5 726.31 万人，地区生产总值（GDP）3 114.55 亿美元，分别占到全球土地总面积、总人口和 GDP 总量的 1.19%、0.75% 和 0.46%，可见小岛国国土面积小、人口总量少、经济发展水平落后特征尤为明显。

（二）研究方法

1. HM 指数

HM 指数（hubness measurement index）由鲍德温（Baldwin）于 2003 年提出，用以测算经济体之间相互贸易的依赖程度，计算公式为（张雨佳，张晓平和龚则周，2017；阳茂庆，杨林和胡志丁，2015）：

$$HM_{ij} = \frac{E_{ij}}{E_i} \times \left(1 - \frac{I_{ij}}{I_i}\right) \times 100\% \qquad (1)$$

式中，HM_{ij} 为 i 经济体出口对 j 经济体的依赖程度，在 [0，1] 之间取值，其值越大，说明 i 经济体出口对 j 经济体的依赖性越强，其值越小，说明 i 经济体出口对 j 经济体的依赖性越弱；E_{ij} 为 i 经济体到 j 经济体的出口额；E_i 为 i 经济体的总出口额；I_{ij} 为 i 经济体从 j 经济体的进口额；I_i 为 i 经济体的总进口额。

2. 贸易引力模型

荷兰计量经济学家廷伯根（Tinbergen，1962）最早将引力模型引入贸易研究领域，构建贸易引力模型，认为国家间的贸易流量与各自的经济规模成正比，与相互之间的距离成反比。之后，人口规模、人均收入、对外直接投资、碳排放、是否拥有共同边界、文化差异、地理距离等变量也逐渐被引入贸易引力模型中。考虑到中国是世界第二大经济体和第一人口大国，具有较强的消费能力和大规模的消费群体；小岛国地理位置相对较偏，与中国空间距离较大；中国对小岛国投资持续增加等原因，参照相关研究成果（刘倩、刘清杰和刘敏，2018；傅帅雄和罗来军，2017），本文以经济规模、人口规模、地理距离和对外直接投资为解释变量，以中国与小岛国贸易总额为被解释变量，阐释中国与小岛国贸易影响因素。为避免异方差和多重共线性问题，对所有变量取自然对数，模型结构为

$$\ln T_{ij} = \beta_0 + \beta_1 \ln G_i G_j + \beta_2 \ln P_i P_j + \beta_3 \ln D_{ij} + \beta_4 \ln F_{ij} + \varepsilon_{ij} \qquad (2)$$

式中，i 为中国；j 为小岛国；$j = 1$，2，…，34；T_{ij} 为中国与小岛国贸易总额；$G_i G_j$ 为经济规模，G_i、G_j 分别为中国与小岛国 GDP；$P_i P_j$ 为人口规模，P_i、P_j 分别为中国与小岛国人口数量；D_{ij} 为地理距离，这里采用中国与小岛国首都距离；F_{ij} 为对外直接投资，即中国对小岛国对外直接投资存量；β_0 为常数项；β_1、β_2、β_3、β_4 为回归系数；ε_{ij} 为随机干扰项。

（三）数据来源

本文主要涉及中国与 34 个小岛国之间 22 类、99 种贸易商品的进口额、出口额和进出口总额，该数据源于联合国商品贸易统计数据库和国际贸易中心数据库。中国与小岛国 GDP 和人口数据源于世界银行，首都距离源于 https：//www. timeanddate. com/，对外直接投资存量源于历年《中国对外直接投资统计公报》。

二、结果与分析

（一）中国与小岛国贸易总额分析

2001～2017 年，中国与小岛国贸易总额整体呈现上升趋势，由 2001 年的 13. 5812 亿美元增至 2017 年的 176. 0093 亿美元，年增长率 17. 36%，在中国与全球贸易总额中的对应占比由 0. 27% 增至 0. 43%。原因在于 2001 年加入 WTO 以来，中国积极响应"促贸援助"倡议，在不断加大对最不发达国家援助力度的同时，对其多数税目产品实施零关税，尤其 2007 年以来，中国对小岛国直接经济投资存量呈现指数增长，相应地，在全球贸易增速放缓的形势下，中国与小岛国贸易实现逆势快速增长，这一增长势头在 2013 年"海上丝绸之路"倡议实施以来尤为明显。然而，中国与小岛国贸易更多以无偿援助和低息贷款为主，公共产品与市场产品良性互动关系尚未形成；对小岛国研究尚处起步阶段，成果较为零散且不够深入，影响贸易的系统化顶层设计；小岛国作为气候变化的最大受害者，守土和购土移民成为近期关注重点，受此综合影响，2015 年以来，中国与小岛国贸易总额开始减弱。从五大小岛国分布地区来看，2001～2017 年，中国与加勒比海小岛国贸易额最高，均值

44.1602 亿美元，"中国 - 加勒比经贸合作论坛"对于增强中加相互了解和政治互信、营造良好的贸易环境起着关键作用，成为政府界和企业界良性沟通与务实合作的重要纽带。中国与南太平洋、地中海小岛国贸易额次之，均值分别为 32.5718 亿美元和 25.8699 亿美元，其中中国与南太平洋岛国始终本着平等互利的原则，依托较强的经济互补性和"中国 - 太平洋岛国经济发展合作论坛"，积极推动投资贸易、旅游、农业渔业等领域的交流合作；中国与印度洋、非洲西海岸小岛国贸易额较低，均值分别为 5.7149 亿美元和 0.3451 亿美元（见图 1）。

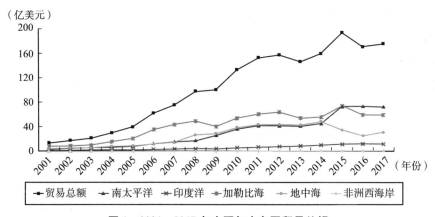

图 1 2001 ~ 2017 年中国与小岛国贸易总额

资料来源：笔者依据 2001 ~ 2017 年联合国商品贸易统计数据库和国际贸易中心数据库数据计算整理。

2001 ~ 2017 年，中国与小岛国贸易总额空间分异愈发明显，标准差由 2001 年的 0.8357 增至 2017 年的 8.4617。总体来看，有着"地中海心脏"之称的马耳他是中国最大的贸易伙伴，贸易总额均值 17.4272 亿美元，自 1972 年中国与马耳他建交以来，依托马耳他稳定的政治、发达的经济、独具魅力的风土人情以及中国积极广泛的投资合作与"一带一路"倡议的深入实施，两国经贸关系不断发展，经贸合作愈发频繁，先后签署《贸易和经济合作协定》，确立中马政府经贸混委会制度，成立马耳他 - 中国商会等，未来双方将在可再生能源利用、金融、节能减排、旅游等服务贸易方面加强密切交流。古巴、马绍尔群岛和巴布亚新几内亚是中国第二大贸易伙伴，贸易总额均超过 10 亿美元，均值分别为 14.9041 亿美元、13.3010 亿美元和 11.2893 亿美元，古巴作为第一个与中国建交的拉美国家和中国在加勒比海最大的贸易伙伴，两国关系长期保持稳定发展势头，高层的频繁互访和中国的长期援助，为企业投资提供良好环境，服务贸易有望成为未来双方经贸合作的新增长点；马绍尔群岛和巴布亚新几内亚是中国在南太平洋的主要贸易对象，两国贸易总额占中国与南太平洋岛国贸易总额的 75.50%，其中巴布亚新几内亚作为南太平洋岛国的最大经济体，既是中国最大的原木进口国，也是重要的镍矿出口国。中国与瑙鲁贸易总额最低，均值仅 0.0059 亿美元，尚不及中马贸易总额的 0.03%，原因在于瑙鲁是世界最小岛国，开展国际贸易的地域空间不足，此外，与台湾当局建立所谓"友邦"关系、因磷酸盐大面积开采导致资源环境危机以及政府管理混乱与贪污腐败等问题阻碍双方贸易的正常开展。

（二）中国与小岛国贸易差额分析

2001～2017 年，中国与小岛国贸易差额整体呈现贸易顺差，且贸易顺差逐年增大，贸易差额由 2001 年的 6.3754 亿美元增至 2017 年的 95.5002 亿美元，年增长率 18.43%，这与贸易总额变化趋势基本一致。其中，中国与小岛国出口额由 2001 年的 9.9783 亿美元增至 2017 年的 135.7548 亿美元，均值 79.9613 亿美元，进口额由 2001 年的 3.6029 亿美元增至 2017 年的 40.2545 亿美元，均值 23.1076 亿美元，年增长率分别为 17.72% 和 16.28%（见图 2）。从五大小岛国分布地区看，2001～2017 年，中国与加勒比海小岛国贸易顺差最大，均值 25.9405 亿美元，出口额和进口额均值分别为 33.9865 亿美元、8.0460 亿美元，通过优化商品结构，中国不断提升对加勒比海地区工业制成品、深加工产品、重工业产品和高新技术产品等的出口比重；中国与地中海小岛国和南太平洋小岛国贸易顺差次之，贸易差额均值分别为 15.2198 亿美元和 10.1509 亿美元；中国与印度洋小岛国和非洲西海岸小岛国贸易顺差最小,贸易差额均值分别为 5.2175 亿美元和 0.3249 亿美元。

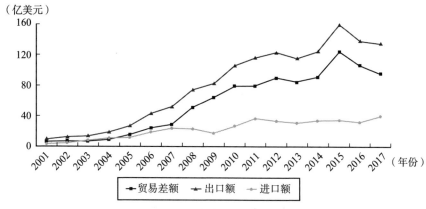

图 2 2001~2017 年中国与小岛国贸易差额

资料来源:笔者依据 2001~2017 年联合国商品贸易统计数据库和国际贸易中心数据库数据计算整理。

2001~2017 年,中国与小岛国贸易差额空间分异愈发明显,标准差由 2001 年的 0.4866 增至 2017 年的 6.9608。总体来看,马绍尔群岛、马耳他、塞浦路斯、多米尼加共和国、古巴、毛里求斯、巴哈马、安提瓜和巴布达、牙买加、海地处于贸易顺差前十位,贸易差额均值均大于 2 亿美元(见图 3)。其中,中国与马绍尔群岛贸易顺差最大,马绍尔群岛成为中国最大商品出口市场,出口额(均值 13.1587 亿美元)是进口额(均值 0.1422 亿美元)的 92.54 倍,以船舶和浮式结构物、矿物燃料和矿物油、钢铁制品、机械设备、机车车辆及其零件等的出口为主,其中船舶和浮式结构物是最主要的出口商品,占全部商品出口额的 86.14%,这与马绍尔群岛是世界第二大船舶注册国有直接关系。马耳他是中国第二大商品出口市场,船舶和浮式结构物、针织服装、矿物燃料和矿物油、家具和床上用品、机电设备及其零件、贱金属及制品等是主要出口商品。仅有中国与南太平洋地区所罗门群岛和巴布亚新几内亚两个小岛国的贸易差额为负,呈现贸易逆差,均值分别为 -2.1738 亿美元和 -3.6576 亿美元,中国与两个国家的进口额分别是对应出口额的 8.37

倍和 1.96 倍，所罗门群岛和巴布亚新几内亚依托丰富的木材资源和铅、锌、镍、金等矿产资源，成为中国商品进口主要来源地。

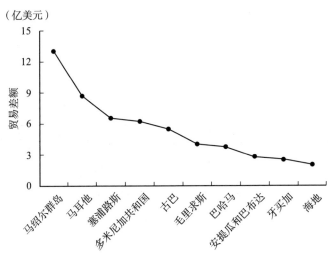

图 3　2001 ～ 2017 年中国与小岛国贸易差额前十位国家

资料来源：笔者依据 2001 ～ 2017 年联合国商品贸易统计数据库和国际贸易中心数据库数据计算整理。

（三）中国与小岛国贸易依赖度分析

运用公式（1），计算中国出口对小岛国贸易依赖度和小岛国出口对中国贸易依赖度。从图 4 清晰看出，2001 ～ 2017 年，中国出口对小岛国的 HM 指数（均值 0.02%）明显小于小岛国出口对中国的 HM 指数（均值 1.84%）。可见，小岛国商品出口对中国市场的依赖度明显高于中国商品出口对小岛国市场的依赖度。稳定的政治环境、稳中向好的经济增速、低廉的劳动力成本和庞大的消费群体等，使得中国市场"不可抗拒"，但小岛国出口对中国市场的依赖度偏低。另外，小岛国出口对中国贸易依赖度的波动特征明显。2001 ～ 2005 年，小岛国出口对中国贸易依赖度快速提升，HM 指数均值由 0.46% 增至 2.73%，这更多与中国加入 WTO 之后的大力援助密切相关；之后许多小岛国摒弃一个中国原则，相继与台湾当局"建交"，一定程度上降低了对中国贸易的依赖度，进而影响双边经贸往来，另外，虽然中央经济工作会议提出"转变外贸增长方式"这一全新外贸发展思路，但却没有具体的政策指向，相应地，HM 指数均值降至 2009 年的 1.28%；随着中国综合国力的提升、多数小岛国与台湾当局的"断交"以及"一带一路"倡议的实施等，小岛国出口对中国的贸易依赖度稳步提升，HM 指数均值增至 2017 年的 2.26%。

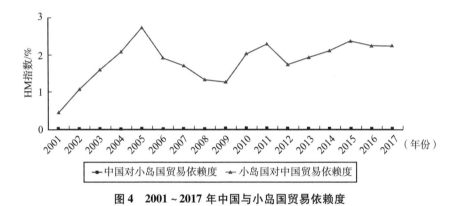

图 4　2001～2017 年中国与小岛国贸易依赖度

资料来源：笔者依据 2001～2017 年联合国商品贸易统计数据库和国际贸易中心数据库数据计算整理。

2001～2017 年，小岛国出口对中国贸易依赖度的空间分异明显，HM 指数标准差均值 6.68。具体而言，所罗门群岛对中国贸易依赖度处于最高一级，HM 指数均值 39.7463%，对中国出口额（均值 1.2398 亿美元）占所罗门群岛出口总额的 51.69%，其中以木材和木炭出口为主，占所罗门群岛对中国出口商品总额的 97.92%。库克群岛与牙买加对中国贸易依赖度次之，HM 指数均值分别为 4.6189% 和 3.7108%，由于进出口商品类型和空间距离等原因，库克群岛的主要贸易伙伴是新西兰、日本、美国和澳大利亚等，因此库克群岛对中国贸易依赖度仅是相较于其他小岛国而言的，牙买加对中国出口额（均值 0.5914 亿美元）占其出口总额的 3.89%，其中无机化学品、贵金属的有机或无机化合物和稀土金属在对中国出口商品中所占比重（76.66%）最高，对中国出口的钢铁在牙买加钢铁出口额中所占比重（56.44%）最高。图瓦卢对中国贸易依赖度最低，HM 指数均值 0.0001%，这与其在海平面上升影响下国土面积的不断减少密切相关。

（四）中国与小岛国贸易影响因素分析

运用公式（2），基于 EViews 9.0 软件中的混合最小二乘估计法，对本文构建的贸易引力模型进行多元线性回归分析。由表 1 回归结果可知：$\ln G_i G_j$、$\ln P_i P_j$、$\ln D_{ij}$、$\ln F_{ij}$ 4 个解释变量均通过 1% 的显著性检验，R^2 和调整后 R^2 均接近 0.68，说明方程拟合优度较高且有较强的解释能力，F 统计量303.8294，远大于临界值，说明方程具有明显的线性关系，各解释变量与常数项的 T 统计量也较高，可见该模型能较好地描述中国与小岛国贸易的传统影响因素，具有良好的现实意义。

表1　　　　　　　　　　　贸易引力模型回归结果

变量	系数	标准差	T 值	Prob.
$\ln G_i G_j$	0.8138	0.0549	14.8210	0.0000
$\ln P_i P_j$	0.1624	0.0568	2.8570	0.0044
$\ln D_{ij}$	−0.7590	0.2001	−3.7933	0.0002
$\ln F_{ij}$	0.1277	0.0250	5.1017	0.0000
常数项	10.0307	1.9177	−5.2307	0.0000
指标值	$R^2 = 0.6796$；Adjusted $R^2 = 0.6774$；F-statistic $= 303.8294$；Prob(F-statistic) $= 0.0000$			

根据回归结果得出如下方程：

$$\ln T_{ij} = -10.0307 + 0.8138 \ln G_i G_j + 0.1624 \ln P_i P_j - 0.7590 \ln D_{ij} + 0.1277 \ln F_{ij}$$

$$(3)$$

由各解释变量的回归系数可知，中国与小岛国贸易影响因素和传统研究结论基本一致，即经济规模、人口规模和对外直接投资对贸易总额产生正向驱动，地理距离对贸易总额产生负向制约。其中：

（1）经济规模边际效应0.8138，表明中国与小岛国GDP乘积的对数每增加1%，其贸易总额的对数提升0.8138个百分点，可见贸易国经济发展与贸易额增加呈现正相关，即经济规模越大，意味着消费能力越强，对差异化产品尤其是国外产品的需求越高，进而促进双边贸易流量的增加，这更多与近年来中国经济实力的显著增强有着密切关联，越来越多的高收入人群不断开展小岛国出境旅游以及商业移民、婚姻移民和亲属移民等活动，但中国仍属发展中国家，整体消费需求与西方发达国家尚存差距，对差异化产品的偏好不是特别明显，因而经济规模对贸易总额的正向驱动效应不强。

（2）地理距离边际效应−0.7590，表明中国与小岛国首都距离的对数每增加1%，其贸易总额的对数下降0.7590个百分点，可见随着地理距离的增加，中国与小岛国贸易运输成本将会上升，有时甚至大于产品本身的价值，影响国际贸易的产生和贸易的利润空间，这符合距离衰减原理和理论预期，以国际航运能力提升为核心的交通运输网络的跨越式发展成为降低运输成本、增加贸易机会最好和最直接的方式。

（3）人口规模边际效应0.1624，表明中国与小岛国人口数量乘积的对数每增加1%，其贸易总额的对数提升0.1624个百分点，一般而言，人口数量多意味着消费人数较多、消费需求旺盛，有助于贸易产生，然而，中国是农业大国，农业从业人口比重高，部分小岛国如斐济、瓦努阿图等也以农业从业人口为主，农民相对较低的收入水平和购买力导致对外部市场的有效需求不旺，另外，小岛国较少的人口数量不利于其出口规模的增加，因而人口规模对双边贸易的正向驱动效应同样不强。

（4）对外直接投资边际效应0.1277，表明中国对小岛国对外直接投资存量每增加1%，其贸易总额的对数提升0.1277个百分点，可见，中国对小岛国对外直接投资对于双边贸易的促进作用大于替代作用，但促进作用不明显，未来应调整直接投资的合理布局，适当扩大对落后经济体的投资存量比例，继续增加农业、经济技术、渔业、文化、商务服务、金融以及应对气候变化等领域的投资，实现投资与贸易的良性互动。

三、结论与讨论

本文基于大量国际贸易数据，结合 HM 指数和贸易引力模型，对 2001 ~ 2017 年中国与 34 个小岛国贸易总额、贸易差额、贸易依赖度演变格局及贸易影响因素进行诊断。通过分析总结，得出以下四点结论：

第一，中国与小岛国贸易总额整体呈现上升趋势，均值由 2001 年的 13.5812 亿美元增至 2017 年的 176.0093 亿美元。与加勒比海小岛国贸易总额最高，均值 44.1602 亿美元，与非洲西海岸小岛国贸易总额最低，均值 0.3451 亿美元。中国与小岛国贸易总额空间分异愈发明显，马耳他是中国最大贸易伙伴，贸易总额均值 17.4272 亿美元，瑙鲁是中国最小贸易伙伴，贸易总额均值 0.0059 亿美元。

第二，中国与小岛国贸易差额整体呈现贸易顺差，且贸易顺差逐年增大，均值由 2001 年的 6.3754 亿美元增至 2017 年的 95.5002 亿美元，与贸易总额变化趋势基本一致。与加勒比海小岛国贸易顺差最大，均值 25.9405 亿美元，与非洲西海岸小岛国贸易顺差最小，均值 0.3249 亿美元。中国与小岛国贸易差额空间分异愈发明显，其中马绍尔群岛是中国最大商品出口市场，贸易差额均值 13.0165 亿美元，仅有中国与所罗门群岛和巴布亚新几内亚两个国家呈现贸易逆差。

第三，小岛国出口对中国贸易依赖度明显高于中国出口对小岛国贸易依赖度，HM 指数均值分别为 1.84% 和 0.02%，但是依赖度整体偏低。小岛国出口对中国贸易依赖度的波动特征明显，2005 年之前呈现快速提升，之后 HM 指数降至 2009 年的 1.28%，再增至 2017 年的 2.26%。小岛国出口对中国依赖度空间分异明显，HM 指数标准差均值 6.68，其中所罗门群岛出口对中国贸易依赖度最低，图瓦卢出口对中国贸易依赖度最高，HM 指数均值分别为 39.7463% 和 0.0001%。

第四，经济规模、人口规模、地理距离和对外直接投资对中国与小岛国的贸易影响与理论预期相符，与传统研究结论基本一致。其中，经济规模、人口规模和对外直接投资对中国与小岛国贸易具有正向促进作用，边际效应分别为 0.8138、0.1624 和 0.1277，尤以经济规模对中国与小岛国贸易的影响效果相对显著，贸易国经济发展与贸易额增加的正相关性较强；地理距离对中国与小岛国贸易具有负向阻碍作用，边际效应 -0.7590，符合距离衰减原理，有必要实现交通运输网络的跨越式发展。

国际贸易的本质内涵较为深厚，小岛国经济发展整体滞后且国情特殊，实现中国与小岛国全方位自由贸易这一实践工作需要循序渐进，因此是一个复杂的系统工程。本文对中国与 34 个小岛国贸易特征与影响因素的研究成果是较为初步的，今后将在方法运用、类型划分、机制分析和政策提出等方面进行深入探讨。

参 考 文 献

［1］傅帅雄和罗来军（2017）.技术差距促进国际贸易吗？——基于引力模型的实证研究.管理世界，(2)：43-52.

［2］公丕萍，宋周莺和刘卫东（2015）.中国与"一带一路"沿线国家贸易的商品格局.地理科学进展，(5)：571-580.

［3］胡艺，杨晨迪和沈铭辉（2017）."一带一路"背景下中国与南亚诸国贸易潜力分析.南亚研究，(4)：78-92.

［4］姜宝，邢晓丹和李剑（2015）."走出去"战略下中国对欧盟逆向投资的贸易效应研究——基于 FGLS 和 PCSE 修正的面板数据模型.国际贸易问题，(9)：167-176.

［5］李昊和黄季焜（2016）.中非农产品贸易：发展现状及影响因素实证研究.经济问题探索，(4)：142-149.

［6］李思奇（2018）."一带一路"背景下中国与中亚五国贸易便利化的经贸效应研究.东北亚论坛，(4)：112-126.

［7］梁甲瑞（2018）.中国—大洋洲—南太平洋蓝色经济通道构建：基础、困境及构

想. 中国软科学, (3): 1-9.

[8] 刘倩, 刘清杰和刘敏 (2018). "丝绸之路经济带"背景下新疆与欧亚经济联盟贸易潜力实证研究. 经济地理, (4): 65-72.

[9] 邱巨龙等 (2012). 小岛国联盟在国际气候行动格局中的地位分析. 世界地理研究, (1): 158-167.

[10] 宋周莺, 车姝韵和杨宇. (2017) "一带一路"贸易网络与全球贸易网络的拓扑关系. 地理科学进展, (11): 1340-1348.

[11] 伍维模等 (2016). 小岛屿发展中国家面临的气候变化挑战和应对策略——以塞舌尔共和国为例. 科技通报, (4): 48-54.

[12] 阳茂庆, 杨林和胡志丁 (2015). "一带一路"背景下中国与中南半岛贸易格局演变及面临的挑战. 热带地理, (5): 655-663.

[13] 杨文龙, 杜德斌和马亚华 (2017). 经济权力视角下中美战略均势的地理透视. 地理研究, (10): 1901-1914.

[14] 姚秋蕙, 韩梦瑶和刘卫东 (2018). 全球服装贸易网络演化研究. 经济地理, (4): 26-36.

[15] 张勤和李海勇 (2012). 入世以来我国在国际贸易中角色地位变化的实证研究——以社会网络分析为方法. 财经研究, (10): 79-89.

[16] 张亚斌和范子杰 (2015). 国际贸易格局分化与国际贸易秩序演变. 世界经济与政治, (3): 30-46.

[17] 张雨佳, 张晓平和龚则周 (2017). 中国与"一带一路"沿线国家贸易依赖度分析. 经济地理, (4): 21-31.

[18] 宗会明和郑丽丽 (2017). "一带一路"背景下中国与东南亚国家贸易格局分析. 经济地理, (8): 1-9.

[19] Balcilar, M., Kutan, A. M. and Yaya, M. E. (2017). Testing the dependency theory on small island economies: the case of Cyprus. Economic Modelling, 61: 1-11.

[20] Banerjee, O. et al. (2018). Estimating benefits of investing in resilience of coastal infrastructure in small island developing states: an application to Barbados. Marine Policy, (90): 78-87.

[21] Boräng, F., Jagers, S. C. and Povitkina, M. (2016). Political determinants of electricity provision in small island developing states. Energy Policy, (98): 725-734.

［22］ Min, B. S. （2017）. Cooperation on finance between China and Nepal: Belt and Road initiatives and investment opportunities in Nepal . Journal of Finance & Data Science, 3 （1 – 4）: 31 – 37.

［23］ Polido, A. , João, E. and Ramos, T. B. （2018）. How may sustainability be advanced through Strategic Environmental Assessment （SEA） in Small Islands? Exploring a conceptual framework. Ocean & Coastal Management, （153）: 46 – 58.

［24］ Tian, X. et al. （2018）. Trends and features of embodied flows associated with international trade based on bibliometric analysis. Resources Conservation & Recycling, （131）: 148 – 157.

［25］ Tinbergen, J. （1962）. Shaping the world economy: Suggestion for an international economy policy. New York: The Twentieth Century Fund.

［26］ Ying, T. et al. （2018）. Chinese cigar tourists to Cuba: a motivation-based segmentation. Journal of Destination Marketing & Management, （10）: 112 – 121.

丝绸之路经济带沿线国家农产品
贸易网络结构特征*

王　璐　刘曙光　段佩利　尹　鹏**

【摘要】在分析丝绸之路经济带沿线国家农产品贸易格局演变基础上，运用社会网络分析方法探究沿线国家农产品贸易网络结构特征。结果表明：①2010年以来，沿线国家农产品贸易整体呈现增长态势，德国、法国农产品贸易额始终处于第一位，中国与沿线国家农产品贸易空间分异明显，印度是中国最大农产品贸易伙伴。②沿线国家农产品贸易网络密度整体较高，农产品贸易关系密切，农产品贸易网络密度呈现先降后升的波动特征。③沿线国家农产品贸易网络三个中心度指标均存在明显的空间分异，重要节点国家稳中有变，核心国家和中介能力强的国家存在差异。④国家个数最多的凝聚子群包含的国家相对稳定，国家个数较少的五个凝聚子群的组团情况随着时间的推移变化很大，丝绸之路经济带农产品贸易网络呈现明显的"核心＋半边缘＋边缘"空间圈层结构特征。

＊ 本文发表于《经济地理》2019年第9期。本文受国家社会科学基金重大项目（15ZDB170）、研究阐释党的十九大精神国家社会科学基金专项（18VSJ067）、中国博士后科学基金面上项目（2018M632719）和教育部人文社会科学研究青年基金项目（19YJCZH229）资助。

＊＊ 王璐，1988年出生，女，中国海洋大学经济学院博士研究生，研究方向：国际经济合作与区域经济发展。刘曙光，1966年出生，男，博士，中国海洋大学经济学院、经济发展研究院教授，博士生导师。段佩利，1986年出生，女，博士，鲁东大学商学院讲师。尹鹏，1987年出生，男，博士，鲁东大学商学院讲师。

【关键词】 农产品贸易　社会网络分析　丝绸之路经济带　"一带一路"
倡议　贸易结构优化升级　高质量发展

农产品贸易作为国际贸易的重要组成，是农业资源丰富地区和匮乏地区
的连接纽带，有助于实现农业产业优势互补、保障农产品有效供给和食物安
全、缓解资源和环境压力、促进产业结构调整等。20 世纪 90 年代中期以来，
随着全球一体化进程的持续推进和农业开放程度的不断提升，农产品技术含
量逐渐提高，农产品出口的技术结构逐步改善，世界农产品贸易额整体呈现
增长态势，对国际贸易的贡献程度越来越高（Balassa，1965）。根据国际贸
易中心统计可知，2016 年，世界农产品贸易额 29 523.99 亿美元，占全部商
品贸易总额的 9.18%，农产品贸易成为国际经贸往来和人类命运共同体构建
的重要内容。丝绸之路经济带这一概念由国家主席习近平于 2013 年 9 月出访
哈萨克斯坦时提出，是中国"一带一路"倡议的重要组成部分，是区域协同
发展和经贸交流的重要平台（李洁静等，2014），"政策沟通、道路联通、贸
易畅通、货币流通和民心相通"是其主要建设内容。农业是丝绸之路经济带
沿线国家国民经济发展的重要基础，面临保障粮食安全、解决饥饿与贫困问
题等新挑战和新难题，农产品贸易作为症结破解的根本，逐渐引起社会各界
的广泛关注。

学术界从不同学科和视角对农产品贸易开展相关研究，通过梳理发现：
研究区域上，以全球（马述忠、任婉婉和吴国杰，2016）、单一国家（佟继
英，2016）或两国之间（Caporale et al.，2009；何敏、张宁宁和黄泽群，
2016）为主要空间尺度，较少涉及跨国经济体或国际经济组织；研究内容上，
集中于农产品贸易的竞争性与互补性测算（Hale，2010）、隐含碳排放测度
（孙致陆和李先德，2013）、贸易潜力分析（尹鹏等，2019）、影响因素诊断
（秦富、钟钰和贾伟，2015）以及对策建议提出（张国梅和宗义湘，2018）
等；研究方法上，运用产业内贸易指数、显性比较优势指数、贸易互补性指
数、二元边际测算方法、空间集中度指标等（杨文倩、杨军和王晓兵，2013；
谭晶荣等，2015；王祥等，2018）日渐成熟的技术手段，开展农产品贸易相

关研究。随着农产品供需格局和贸易政策等的变化，全球农产品贸易网络日益复杂（崔莉，2017）。然而，仅有少数学者从网络视角出发，探讨农产品贸易特征及演化格局，其中崔莉运用社会网络分析对2010～2014年"一带一路"沿线国家农产品贸易网络的网络关系、权力等级、核心边缘结构等进行量化（詹淼华，2018），胡鞍钢等（2014）运用社会网络分析诊断"一带一路"沿线国家农产品贸易的出口、竞争与互补关系网络特征等。

鉴于此，本文以2010～2016年为研究时段，以丝绸之路经济带25个沿线国家为研究区域，运用社会网络分析方法，探讨农产品贸易网络结构特征，这不仅有利于正确评价区域农产品对外贸易结构的合理性，为农产品外贸结构的优化升级和农业产业结构调整提供科学依据，更有利于农业资源管理走向社会化、区域化和国际化，为全面强化丝绸之路沿线区域协作与对外合作提供决策参考。

一、研究区概况、数据来源和研究方法

（一）研究区概况

丝绸之路经济带贯通亚欧两大洲，包括中国、哈萨克斯坦、塔吉克斯坦、吉尔吉斯斯坦、乌兹别克斯坦、土库曼斯坦、俄罗斯、阿富汗、印度、巴基斯坦、伊朗、阿塞拜疆、亚美尼亚、格鲁吉亚、土耳其、沙特阿拉伯、伊拉克、埃及、利比亚、阿尔及利亚、英国、法国、德国、意大利、乌克兰等25个国家，是世界上最具发展潜力的经济大走廊（杨艳红和熊旭东，2011）。根据世界银行统计可知，2016年，丝绸之路经济带沿线25个国家土地总面积4 640万平方千米、总人口38.54亿人，地区生产总值（GDP）28.53万亿美元，分别占到全球土地总面积的35.77%、总人口的51.77%和GDP总量的37.58%，地域面积广、人口规模大、经济总量高是其显著特征。同年，丝绸之路经济带沿线 25 个国家农产品贸易额 9 424.99 亿美元，占世界农产品贸易总额的 31.90%（任宗哲等，2017），可见，农产品贸易是沿线国家经贸合作的重要内容，且存在具有巨大的贸易合作潜力，开展农产品贸易相关研究对于区域一体化进程的全方位实现以及"一带一路"倡议的深入推进具有显著的促进作用和示范价值。

（二）数据来源

本文主要涉及 2010～2016 年丝绸之路经济带沿线 25 个国家之间农产品贸易的进口额、出口额和进出口总额数据，该数据源于联合国商品贸易统计数据库（UN Comtrade Database）和国际贸易中心数据库（International Trade Center Database）。参照杨艳红等（2011）、尹宗成等（2013）的研究成果，界定丝绸之路经济带沿线国家农产品贸易种类，主要包括：①大宗农产品；②畜产品；③水产品；④园艺类产品；⑤饮料及烟草；⑥其他农产品，根据 2018 年中国海关编码税则（HS），这些农产品贸易种类对应的编码范围是第 1～24 章以及第 52 章。

（三）社会网络分析

社会网络分析（social network analysis，SNA）是一种针对关系数据的跨学科分析方法，其在分析贸易网络时优势明显。一方面，它关注网络中节点间的联系，深入分析贸易网络的结构特征，比单纯分析属性数据更有价值；另一方面，它具有全局性分析的特点，能够反映贸易网络中各个国家对于贸易网络的影响。本文主要通过网络密度、网络中心性、凝聚子群和核心边缘结构四方面分析丝绸之路经济带沿线国家农产品贸易网络特征。

1. 网络密度

网络密度通过网络连接的扩散性和连通性体现整体网的结构特征，揭示网络中各节点成员间联系的紧密程度，由网络结构中"实际存在的节点连线数"与"可能存在的节点连线数"之比计算得到（汤碧，2012）。网络密度取值范围在 0~1 之间，值越接近 1 表示整体网的密度越大，各国之间的贸易活动越频繁；值越接近 0 表示整体网密度越小，各国之间的贸易往来越少。假设贸易网络是无向的，其中有 n 个国家，那么"可能存在的节点连线数"为 $\dfrac{n(n-1)}{2}$，如果"实际存在的节点连线数"是 m，那么网络密度计算公式为

$$D = \frac{2m}{n(n-1)} \tag{1}$$

式中，D 表示无向整体网的密度；m 表示网络联系中实际存在的网络关系数目；n 表示网络单元数量。

2. 网络中心性

网络中心性主要衡量网络结构中各节点在网络中的"权力"与地位，处于中心位置的节点更易获得资源和信息，拥有更大的权力，对其他国家有更强的影响力。网络中心性可以用节点中心度、接近中心度和中间中心度三个指标进行度量。其中，节点中心度衡量一个节点与网络中其他节点发展贸易关系的能力，接近中心度和中间中心度表征网络中某节点对其他节点之间联系进行控制的能力。

用 C_{ad} 代表节点中心度，则一个国家 x 的节点中心度表示为 $C_{ad}(x)$。一个网络节点的接近中心度可以用该网络节点与所有其他网络节点的捷径距离的总和来表征，有绝对和相对之分，接近中心度越高的节点在网络中的核心地位越低。绝对接近中心度计算公式为

$$C_{Ai}^{-1} = \sum_{j=1}^{n} d_{ij} \tag{2}$$

式中，C_{Ai}^{-1} 表示节点 i 的绝对接近中心度；d_{ij} 表示节点 i 与节点 j 间的捷径距离，即两点之间的捷径中包含的连线数。相对接近中心度计算公式为

$$C_{Pi}^{-1} = \frac{C_{Ai}^{-1}}{n-1} \tag{3}$$

用 g_{ij} 表示节点 i 和节点 j 间的捷径数目；用 $b_{ij}(k)$ 表示节点 k 处于节点 i 和节点 j 间捷径上的概率；$g_{ij}(k)$ 表示节点 i 和节点 j 之间的经过点 k 的捷径数目，于是，$b_{ij}(k) = g_{ij}(k)/g_{ij}$；用 $C_{ij}(k)$ 表示节点 k 的绝对中间中心度，则

$$C_{ij}(k) = \sum_i^n \sum_j^n b_{ij}(k) \tag{4}$$

其中，$i \neq j \neq k$ 且 $i < j$。

3. 凝聚子群

凝聚子群是具有相对较直接、较紧密、较频繁的积极关系的行动者子集合，用于刻画群体内部的子结构状态。通过找到贸易网络中凝聚子群的个数及每个凝聚子群包含哪些成员，分析凝聚子群间的关系及联接方式，从新的维度考察贸易网络的发展状况。本文使用迭代相关收敛法（CONCOR）进行凝聚子群分析。迭代相关收敛法程序首先计算一个矩阵的各行（或各列）的相关系数，得到一个测度结构对等性的相关系数矩阵 C_1，然后计算矩阵 C_1 的各行（或各列）的相关系数，得到"相关系数的相关系数矩阵" C_2，按照此方法进行无数次迭代计算，最后得到只包含 1 和 -1 的矩阵后，对只包含 1 和 -1 的矩阵进行重排分区。迭代相关收敛法程序用树形图表征各位置间的结构对等程度和每个位置包含的网络成员。

4. 核心边缘结构

核心边缘理论是经济地理学中的重要理论，起源于美国地理学家 J. R. 弗里德曼。一般认为，核心区技术水平和工业相对发达，资本和人口密集度相对较高，经济增长速度较快，是城市聚集区；边缘区是城市规模较小，经济比较落后的区域，核心区和边缘区均会随着区域经济增长发生空间结构变化。随着经济全球化的发展，国际经济秩序也可以用核心边缘理论来解释。通过分析社会网络中的核心边缘结构，定量计算各网络节点的核心度，根据经验判断设定核心度范围来探究各个国家在贸易网络中核心度的变动情况及网络

整体核心边缘结构变化特征。核心度越高的节点国家在贸易网络中的地位越高，与网络中其他节点联系越密切。

二、结果与分析

（一）丝绸之路经济带沿线国家农产品贸易格局演变

以每个国家作为节点，以双边农产品贸易总额作为权重，以两节点间连线作为边，选取 2010 年、2013 年和 2016 年三个时间断面，总结以下结构特征：

（1）2010～2016 年，丝绸之路经济带沿线国家之间农产品贸易额整体呈现增长态势，由 2010 年的 1 256.7558 亿美元增长至 2016 年的 1 389.4006 亿美元，年均增长率 1.6864%。德国和法国之间的农产品贸易总额始终处于第一位，2010 年、2013 年、2016 年分别为 150.0297 亿、172.6702 亿、145.2525 亿美元。德国和法国均是世界尤其是欧盟重要的农业大国，两国地理位置靠近，经贸关系密切，德国是法国第一大农产品供应国和消费国，法国则是德国最重要的农产品贸易伙伴。德国和意大利之间的农产品贸易总额次之，分别为 147.5851 亿、165.1815 亿、137.7054 亿美元。德国和英国之间的农产品贸易总额处于第三位，分别为 67.9462 亿、82.2148 亿、74.3913 亿美元。此外，俄罗斯也是贸易网络中的重要节点，其在 2010 年与乌克兰的农产品贸易总额居于网络中的第五位，2013 年与土耳其的农产品贸易总额居第七位，2016 年与中国的农产品贸易总额居第五位。[①] 综上，欧盟成员国之间农产品贸易额位居前列，德国与贸易伙伴国的农产品贸易额

[①] 数据源于联合国商品贸易统计数据库（UN Comtrade Database）和国际贸易中心数据库（International Trade Center Database），下同。

始终最高。

（2）就中国而言，其与丝绸之路经济带沿线国家农产品贸易空间分异明显。印度是中国最大的农产品贸易伙伴，中国与印度农产品贸易额在2010年和2013年均居于丝绸之路经济带沿线国家农产品贸易网络中的第四位。中印两国均是亚洲的发展中大国和传统农业大国，自然资源和劳动力等要素禀赋相似（吴雪，2013），对外贸易结构互补（Fagiolo，Reyes and Schiavo，2010）。20世纪90年代中期以来，随着经济全球化和区域经济一体化进程的持续快速推进，中印两国经贸合作日益频繁，双边农产品贸易额持续增长。俄罗斯、德国和法国是中国第二、三、四大农产品贸易伙伴，贸易总额均超过30亿美元，均值分别为36.8989亿美元、32.1799亿美元和31.9056亿美元。中国与亚美尼亚农产品贸易总额最低，均值仅0.0695亿美元，尚不及中印贸易总额的0.17%，两国较远的地理距离在一定程度上阻碍其农产品贸易。

（二）网络密度分析

运用UCINET6软件测算2010年以来丝绸之路经济带沿线国家农产品贸易网络密度（见表1），从表1可以看出，一方面，丝绸之路经济带沿线国家农产品贸易网络密度较高，说明网络中国家之间的农产品贸易关系密切；另一方面，网络密度呈现出波动特征，2010～2012年，整体网密度呈下降趋势，从2010年的0.9183下降到2012年的0.9050，说明网络中各国农产品贸易关系逐渐疏远，而2013年"一带一路"倡议提出后丝绸之路经济带沿线国家农产品贸易网络密度整体呈上升趋势，从2013年的0.9083上升到2016年的0.9367，说明"一带一路"倡议的提出促进了丝绸之路经济带沿线国家之间的农产品贸易，贸易活动日益频繁，贸易关系日益紧密。

表1　　　　　　丝绸之路经济带沿线国家农产品贸易网络密度

项目	2010 年	2011 年	2012 年	2013 年	2014 年	2015 年	2016 年
网络密度	0.9183	0.9067	0.9050	0.9083	0.9183	0.9200	0.9367
标准差	0.2739	0.2909	0.2932	0.2886	0.2739	0.2713	0.2436

资料来源：笔者依据 2010～2016 年联合国商品贸易统计数据库（UN Comtrade Database）和国际贸易中心数据库（International Trade Center Database）相关数据计算整理。

（三）网络中心性分析

通过测算网络节点国家的节点中心度、接近中心度和中间中心度（见表2），探究丝绸之路经济带沿线国家农产品贸易网络中心性特征，可以发现：

（1）网络中核心国家稳中有变。俄罗斯、中国、土耳其、德国、印度一直是节点中心度前5位的国家，虽然排名顺序有所变化，但此五国始终居于贸易网络中的核心支配地位。阿尔及利亚、埃及、伊拉克、意大利、英国等5国的节点中心度不断上升，可见这些国家在贸易网络中的地位不断上升，其中，阿尔及利亚的节点中心度上升速度最快，从 2010 年的 25.000 上升到 2013 年的 29.167，再到 2016 年的 41.667，年均增长率达到 8.89%，其次是伊拉克，从 2010 年的 20.833 上升到 2013 年的 25.000，再到 2016 年的 33.333，上升趋势明显。阿塞拜疆、德国、利比亚等国的节点中心度不断下降，其中，阿塞拜疆下降速度最快，说明其在贸易网络中的核心地位大大下降。值得注意的是，中国的节点中心度在 2010～2013 年是下降的，但随着"一带一路"倡议的提出，2013～2016 年又呈现上升趋势，可见"一带一路"倡议对中国在农产品贸易网络中的地位起到一定提升作用。

表2　　　　　　丝绸之路经济带沿线国家农产品贸易网络中心性

国家	2010 年			2013 年			2016 年		
	节点中心度	接近中心度	中间中心度	节点中心度	接近中心度	中间中心度	节点中心度	接近中心度	中间中心度
阿尔及利亚	25.000	54.545	0.000	29.167	57.143	0.000	41.667	63.158	0.000

续表

国家	2010 年			2013 年			2016 年		
	节点中心度	接近中心度	中间中心度	节点中心度	接近中心度	中间中心度	节点中心度	接近中心度	中间中心度
阿富汗	16.667	51.064	0.112	16.667	52.174	0.104	16.667	50.000	0.112
阿塞拜疆	17.203	57.143	0.000	16.416	58.537	0.685	9.353	52.174	0.000
埃及	54.167	68.571	1.685	58.333	70.588	1.763	58.333	70.588	1.802
巴基斯坦	50.000	66.667	1.628	54.167	68.571	1.540	50.000	66.667	1.558
德国	66.667	75.000	3.058	66.667	75.000	2.746	62.500	72.727	1.913
俄罗斯	87.500	88.889	26.320	87.500	88.889	16.117	87.500	88.889	22.325
法国	54.167	68.571	1.042	54.167	68.571	0.492	54.167	68.571	0.267
格鲁吉亚	8.333	50.000	0.000	25.000	57.143	0.478	16.667	53.333	0.000
哈萨克斯坦	50.000	66.667	6.032	54.167	68.571	6.207	45.833	64.865	5.285
吉尔吉斯斯坦	12.500	52.174	0.000	12.500	52.174	0.000	12.500	52.174	0.000
利比亚	25.000	55.814	0.000	25.000	55.814	0.000	16.667	50.000	0.000
沙特阿拉伯	33.825	66.667	0.906	32.409	66.667	0.665	32.913	66.660	0.384
塔吉克斯坦	8.333	50.000	0.000	12.500	53.333	0.000	8.333	50.000	0.000
土耳其	75.000	80.000	7.509	87.500	88.889	12.822	83.333	85.714	11.388
土库曼斯坦	16.667	54.545	0.000	16.667	54.545	0.000	16.667	54.545	0.000
乌克兰	38.715	75.000	5.762	39.129	77.419	6.034	38.731	77.419	6.032
乌兹别克斯坦	16.667	54.545	0.000	20.833	55.814	0.000	16.667	54.545	0.000
亚美尼亚	4.167	48.000	0.000	12.500	50.000	0.000	8.333	50.000	0.075
伊拉克	20.833	51.064	0.081	25.000	54.545	0.350	33.333	58.537	1.617
伊朗	54.167	68.571	3.949	58.333	70.588	4.051	54.167	68.571	3.083
意大利	50.000	66.667	0.450	54.167	68.571	0.796	54.167	68.571	1.205
印度	62.500	72.727	3.996	62.500	72.727	3.249	62.500	72.727	2.951
英国	50.000	66.667	0.204	50.000	66.667	0.113	54.167	68.571	0.267
中国	75.000	66.667	5.020	66.667	75.000	4.469	70.833	77.419	5.314
平均值	38.923	63.049	2.710	41.518	65.118	2.507	40.240	64.257	2.623
标准差	24.111	10.765	5.435	23.354	11.024	4.103	24.058	11.421	4.918

资料来源：笔者依据 2010~2016 年联合国商品贸易统计数据库（UN Comtrade Database）和国际贸易中心数据库（International Trade Center Database）相关数据计算整理。

（2）网络结构中处于核心支配地位的国家和中介能力强的国家并不一致。中间中心度前五位的国家一直是俄罗斯、土耳其、哈萨克斯坦、乌克兰和中国，说明这些国家的中介能力很强，可以很好地控制资源。其中，俄罗斯、中国、土耳其三国不但节点中心度高，而且中间中心度高，说明此三国不但在农产品贸易网络中处于核心支配地位，而且其中介功能和支配资源的能力也最高。哈萨克斯坦和乌克兰虽然节点中心度和接近中心度不高，但中间中心度很高，说明两国虽不在网络中的核心支配位置，但其中介能力很强。德国和印度节点中心度很高而中间中心度不高，说明其虽在网络中居于核心支配地位，但其中介功能相对较弱。中国在 2010 年和 2013 年的中间中心度均处于第 5 位，而 2016 年上升到第 4 位，说明中国对农产品进出口贸易网络的控制程度不断增强。

（四）凝聚子群分析

采用 UCINET 软件中的迭代相关收敛法画出丝绸之路经济带沿线国家农产品贸易网络凝聚子群图（见图 1），从图 1 中可以看出：①随着时间的推移，凝聚子群总数没有变化，但子群成员发生很大变化。中国始终处于国家个数最多的凝聚子群中，说明与中国农产品贸易关系比较紧密的国家较多，中国的凝聚力相对较高。与中国处于同一个凝聚子群的国家个数在 2010 年和 2013 年均是 10 个，而 2016 年是 11 个，说明中国与丝绸之路经济带沿线国家之间的农产品贸易关系越来越紧密。②国家个数最多的凝聚子群包含的国家相对稳定，中国、德国、法国、伊朗、意大利、印度、英国、巴基斯坦、乌克兰等国家一直处于同一个最大的凝聚子群，说明这些国家的农产品贸易在互惠性基础上相互选择的频次最多，相对于网络中其他国家之间的农产品贸易关系来说，这些国家一直保持较紧密的农产品贸易关系和较强的凝聚力。俄罗斯在 2010 年不属于任何子群，2013 年开始进入此最大的凝聚子群中，与这些沿线国家农产品贸易联系增强。沙特阿拉伯在 2010 年处于最大的凝聚子群，但从 2013 年开始进入阿尔及利亚和利比亚的凝聚子群。③国家个数较少的五个凝聚子群的组团情况随着时间的推移变化很大。其中，沙特阿拉伯从2013年开始加入阿尔及利亚和利比亚的凝聚子群，塔吉克斯坦、土库曼斯坦从2016年开始不再和伊拉克、乌兹别克斯坦凝聚，而是和哈萨克斯坦凝聚在一个子群，阿富汗、阿塞拜疆、亚美尼亚、吉尔吉斯斯坦、哈萨克斯坦、格鲁吉亚等国家在2010年同属于一个凝聚子群，但2013年分为阿富汗、阿塞拜疆、亚美尼亚和吉尔吉斯斯坦、哈萨克斯坦、格鲁吉亚两个凝聚子群，且土耳其加入前一个子群中。埃及由2010年与土耳其凝聚到2013年不属于任何凝聚子群，再到2016年与亚美尼亚凝聚，子群结构变化较大。

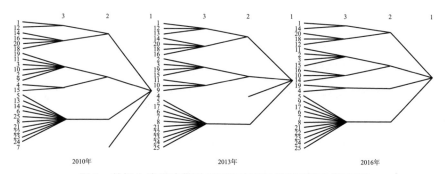

图1　丝绸之路经济带沿线国家农产品贸易网络凝聚子群

注：1. 阿尔及利亚；2. 阿富汗；3. 阿塞拜疆；4. 埃及；5. 巴基斯坦；6. 德国；7. 俄罗斯；8. 法国；9. 格鲁吉亚；10. 哈萨克斯坦；11. 吉尔吉斯斯坦；12. 利比亚；13. 沙特阿拉伯；14. 塔吉克斯坦；15. 土耳其；16. 土库曼斯坦；17. 乌克兰；18. 乌兹别克斯坦；19. 亚美尼亚；20. 伊拉克；21. 伊朗；22. 意大利；23. 印度；24. 英国；25. 中国。

资料来源：笔者依据2010～2016年联合国商品贸易统计数据库（UN Comtrade Database）和国际贸易中心数据库（International Trade Center Database）相关数据计算整理。

（五）核心边缘结构分析

运用核心 – 边缘连续模型测算每个国家的核心度（见表3），由表3可知，总体来看，丝绸之路经济带沿线国家农产品贸易网络呈现出明显的"核心 + 半边缘 + 边缘"空间圈层结构特征。将核心度大于0.3的国家所在圈层称为绝对核心圈层，核心度在0.2～0.3之间的国家所在圈层称为半边缘圈层，核心度在0.2以下的国家所在圈层称为边缘圈层（李崇光，2017）。俄

罗斯、土耳其两国始终处于核心圈层，核心度一直在 0.3 之上，说明这两个
国家一直处于农产品贸易网络中最重要的位置；印度、埃及、英国、沙特阿
拉伯、巴基斯坦、哈萨克斯坦、意大利等国家始终处于半边缘圈层；乌克兰
核心度上升较快，从 2010 年的 0.284 上升到 2013 年的 0.295，再到 2016 年
的 0.300，从半边缘圈层上升到核心圈层，说明其在此农产品贸易网络中的
重要性越来越强；德国的核心度下降趋势明显，从 2010 年的 0.303 下降到
2013 年的 0.278，再到 2016 年的 0.230，从核心圈层转变成半边缘圈层，说
明其在此农产品贸易网络中的重要性越来越弱；法国核心度从 2010 年的
0.227 下降到 2016 年的 0.194，从半边缘圈层下降到边缘圈层；伊朗和法国
的核心度呈现波动特征，其中伊朗核心度从 2010 年的 0.189 上升到 2013 年
的 0.208，又下降到 2016 年的 0.194，在半边缘和边缘圈层之间波动；剩下
的国家始终处于贸易网络中的边缘圈层。值得注意的是，中国的核心度在
2010~2013 年出现轻微下降，但随着 2013 年"一带一路"倡议的提出，核
心度从 2013 年的 0.260 上升到 2016 年的 0.283，虽然一直处于半边缘圈层，
但在贸易网络中的重要性越来越强，核心度排名也由 2013 年的第五位上升到
2016 年的第四位，可见，"一带一路"倡议的提出对中国与丝绸之路沿线国
家之间的农产品贸易起到一定的促进作用。

表3　　　　　丝绸之路经济带沿线国家农产品贸易网络核心度

序号	2010 年（fitness：0.955）		2013 年（fitness：0.911）		2016 年（fitness：0.931）	
	国家	核心度	国家	核心度	国家	核心度
1	俄罗斯	0.379	俄罗斯	0.365	俄罗斯	0.371
2	土耳其	0.303	土耳其	0.347	土耳其	0.353
3	德国	0.303	乌克兰	0.295	乌克兰	0.300
4	乌克兰	0.284	德国	0.278	中国	0.283
5	中国	0.265	中国	0.260	印度	0.265
6	印度	0.265	印度	0.260	埃及	0.247
7	埃及	0.246	埃及	0.243	德国	0.230

续表

序号	2010 年（fitness：0.955）		2013 年（fitness：0.911）		2016 年（fitness：0.931）	
	国家	核心度	国家	核心度	国家	核心度
8	法国	0.227	巴基斯坦	0.226	英国	0.230
9	英国	0.227	意大利	0.226	意大利	0.230
10	沙特阿拉伯	0.227	伊朗	0.208	巴基斯坦	0.212
11	巴基斯坦	0.227	英国	0.208	沙特阿拉伯	0.212
12	哈萨克斯坦	0.208	沙特阿拉伯	0.208	法国	0.194
13	意大利	0.208	哈萨克斯坦	0.208	伊朗	0.194
14	伊朗	0.189	法国	0.191	哈萨克斯坦	0.177
15	阿塞拜疆	0.114	阿塞拜疆	0.122	阿尔及利亚	0.177
16	伊拉克	0.095	伊拉克	0.104	伊拉克	0.141
17	利比亚	0.095	利比亚	0.104	格鲁吉亚	0.071
18	阿尔及利亚	0.095	阿尔及利亚	0.104	阿富汗	0.071
19	阿富汗	0.076	乌兹别克斯坦	0.087	乌兹别克斯坦	0.071
20	乌兹别克斯坦	0.076	阿富汗	0.069	利比亚	0.071
21	吉尔吉斯斯坦	0.057	格鲁吉亚	0.069	吉尔吉斯斯坦	0.053
22	土库曼斯坦	0.057	塔吉克斯坦	0.052	土库曼斯坦	0.053
23	塔吉克斯坦	0.038	土库曼斯坦	0.052	阿塞拜疆	0.053
24	格鲁吉亚	0.038	吉尔吉斯斯坦	0.052	塔吉克斯坦	0.035
25	亚美尼亚	0.019	亚美尼亚	0.052	亚美尼亚	0.035

资料来源：笔者依据 2010～2016 年联合国商品贸易统计数据库（UN Comtrade Database）和国际贸易中心数据库（International Trade Center Database）相关数据计算整理。

三、结论与讨论

（一）主要结论

本文在对丝绸之路经济带沿线国家农产品贸易空间格局进行可视化分析

的基础上，运用社会网络分析方法分析农产品贸易网络密度、网络中心性、凝聚子群及核心边缘结构，这不仅有利于正确评价区域农产品对外贸易结构的合理性，为农产品外贸结构的优化升级和农业产业结构调整提供科学依据，更有利于农业资源管理走向社会化、区域化和国际化，为全面强化丝绸之路沿线区域协作与对外合作提供决策参考。通过分析总结，得出以下三点结论：

第一，2010 年以来，丝绸之路经济带沿线国家农产品贸易增长态势明显，欧盟成员国之间农产品贸易额位居前列，德国和法国农产品贸易额始终处于第一位，德国和意大利次之，德国和英国处于第三位；中国与丝绸之路经济带沿线国家农产品贸易空间分异明显，印度是中国最大农产品贸易伙伴，贸易额均值为 40.9821 亿美元；俄罗斯、德国、法国次之，贸易总额均超过30 亿美元，均值分别为 36.8989 亿美元、32.1799 亿美元和 31.9056 亿美元；亚美尼亚与中国农产品贸易总额最低，均值仅 0.0695 亿美元，尚不及中印贸易总额的 0.17%，但中国和亚美尼亚农产品贸易前景非常乐观。

第二，丝绸之路经济带沿线国家农产品贸易网络密度整体较高，农产品贸易关系密切，农产品贸易网络密度呈现 2010~2012 年下降，2013~2016年上升的波动特征。三个中心度指标均存在明显的空间分异，网络中核心国家稳中有变，俄罗斯、中国、土耳其、德国、印度一直是节点中心度前 5 位的国家，阿尔及利亚、埃及、伊拉克、意大利、英国等 5 国在网络中的地位不断上升，阿塞拜疆、德国、利比亚等国在网络中的地位下降。中间中心度前 5 位的国家一直是俄罗斯、土耳其、哈萨克斯坦、乌克兰和中国，说明这些国家的中介能力和对资源的控制程度较强。

第三，随着时间的推移，凝聚子群个数没有变化，但子群成员发生很大变化。国家个数最多的凝聚子群包含的国家相对稳定，中国、德国、法国、伊朗、意大利、印度、英国、巴基斯坦、乌克兰等国家一直处于同一个最大的凝聚子群，说明这些国家的农产品贸易在互惠性基础上相互选择的频次最多，国家个数较少的五个凝聚子群的组团情况随着时间的推移变化很大。丝绸之路经济带农产品贸易网络呈现出明显的"核心 + 半边缘 + 边缘"空间圈层结构特征，俄罗斯、土耳其始终处于核心圈层，印度、埃及、英国、沙特阿拉伯、巴基斯坦、哈萨克斯坦、意大利等始终处于半边缘圈层，乌克兰核心度上升较快，德国、法国的核心度下降趋势明显，伊朗和法国的核心度呈现波动特征，中国虽然一直处于半边缘圈层，但在贸易网络中的重要性越来越强。

（二）讨论

随着科技进步和经济发展水平的提高，中国农业发展进入以高质量发展为特征的新阶段，农产品是农业的产物，农产品国际合作是丝绸之路经济带沿线国家共同建立命运共同体和利益共同体的最佳结合点之一，而中国人口众多，人均水、土资源相对短缺，加之中国农业劳动生产率与国际平均水平有很大差距，农业经营细碎化问题突出，导致中国在丝绸之路经济带沿线国家农产品贸易网络中处于半边缘圈层，对外贸易中竞争力不足。为了强化中国与丝绸之路经济带国家的农产品贸易关系，需要注意以下几点：

第一，利用农产品贸易竞合关系，立足中国资源禀赋和产业优势，进一步加强与俄罗斯、土耳其、德国、印度、哈萨克斯坦、乌克兰等核心国家的贸易合作，维护与中国处于同一个凝聚子群的德国、法国、伊朗、意大利等国家的农产品贸易主要通道，提升中国在丝绸之路经济带沿线国家农产品贸易网络中的节点中心度和中间中心度，同时借助核心国家较强的凝聚作用和中介能力，共同提升丝绸之路经济带沿线国家的农产品贸易联系。

第二，完善农产品进出口调控机制，充分利用国内国际"两个市场、两种资源"，推进农产品贸易市场多元化。从周边国家开始，进一步加强与丝绸之路沿线国家的农产品贸易，逐步建立价格低廉、风险较低、市场稳定的农产品供应来源地，保障中国农产品安全供给。同时，建立"生产、需求、进口"三元平衡，避免过度进口对国内农产品市场的冲击。通过科研创新逐步提升中国在农业全球价值链中的位置，优化中国对丝绸之路经济带沿线国家的农产品出口结构，"确保国家粮食安全，把中国人的饭碗牢牢端在自己手中"（李崇光，2017）。

第三，积极参与讨论和制定农产品国际贸易规则，主动与丝绸之路经济带沿线国家开展双边和区域国际贸易谈判，争取更大的农产品贸易话语权。充分利用进口的溢出效应和传导效应，通过科技创新、专业化生产和规模经营等渠道强化中国农业基础，提高农业劳动生产率。优化农产品产业结构，同时，注意农产品贸易对农业产业安全、农民就业及收入和农村发展的影响，在国际化视野下创新调整农业政策，维护农民切身利益，促进农村发展。

总之，"一带一路"倡议的提出给丝绸之路经济带沿线国家的农产品贸易提供了新的契机，全面推进丝绸之路经济带沿线国家农产品贸易是一项长期而复杂的系统工程。本文对丝绸之路经济带沿线国家农产品贸易网络特征的研究成果是较为初步的，今后将在方法选择、机理分析和政策建议等方面进行更为深入的探讨。

参 考 文 献

［1］崔莉（2017）．"一带一路"沿线国家农产品贸易格局分析．统计与决策，(16)：152-156.

［2］何敏，张宁宁和黄泽群（2016）．中国与"一带一路"国家农产品贸易竞争性和互补性分析．农业经济问题，(11)：51-60.

［3］胡鞍钢，马伟和鄢一龙（2014）．"丝绸之路经济带"：战略内涵、定位和实现路径．新疆师范大学学报（哲学社会科学版），(2)：1-10.

［4］李崇光（2017）．确保国家粮食安全 把中国人的饭碗牢牢端在自己手中．农业经济与管理，(5)：8-9.

［5］李洁静等（2014）．1996年和2011年全球农产品贸易中氮素流向和流量的变化．资源科学，(8)：1755-1764.

［6］刘军（2009）．整体网分析讲义——UCINET软件实用指南．格致出版社．

［7］马述忠，任婉婉和吴国杰（2016）．一国农产品贸易网络特征及其对全球价值链分工的影响——基于社会网络分析视角．管理世界，(3)：60-72.

［8］秦富，钟钰和贾伟（2015）．主动应对农产品贸易挑战的思考和建议．农业经济

问题，(11)：4 - 8.

[9] 孙致陆和李先德 (2013). 经济全球化背景下中国与印度农产品贸易发展研究——基于贸易互补性、竞争性和增长潜力的实证分析. 国际贸易问题，(12)：68 - 78.

[10] 谭晶荣等 (2015). 中国对丝绸之路经济带沿线国家农产品出口贸易决定因素分析. 农业经济问题，(11)：9 - 15.

[11] 汤碧 (2012). 中国与金砖国家农产品贸易：比较优势与合作潜力. 农业经济问题，(10)：67 - 76.

[12] 佟继英 (2016). 中澳农产品贸易特征及国际竞争力分解——基于分类农产品的 CMS 模型. 经济问题探索，(8)：155 - 164.

[13] 王祥等 (2018). 全球农产品贸易网络及其演化分析. 自然资源学报，(6)：940 - 953.

[14] 吴雪 (2013). 中国与印度农产品产业内贸易实证分析. 世界农业，(3)：90 - 93.

[15] 杨文倩，杨军和王晓兵 (2013). 中非农产品贸易国别变化时空分析. 地理研究，(7)：1316 - 1324.

[16] 杨艳红和熊旭东 (2011). 加入 WTO 十年我国农产品进出口贸易的国际比较分析. 世界经济研究，(12)：40 - 43.

[17] 尹鹏等 (2019). 中国与小岛屿发展中国家贸易特征与影响因素. 经济地理，(3)：117 - 124.

[18] 尹宗成和田甜 (2013). 中国农产品出口竞争力变迁及国际比较——基于出口技术复杂度的分析. 农业技术经济，(1)：77 - 85。

[19] 詹森华 (2018). "一带一路"沿线国家农产品贸易的竞争性与互补性——基于社会网络分析方法. 农业经济问题，(2)：103 - 114.

[20] 张国梅和宗义湘 (2018). 中国与其他金砖国家农产品产业内贸易及其影响因素分析. 统计与决策，(9)：143 - 146.

[21] Balassa, B. (1965). Trade liberalization and revealed comparative advantage. Manchester School, 33 (2)：99 - 123.

[22] Caporale, G. M. et al. (2009). On the bilateral trade effects of free trade agreements between the EU - 15 and the CEEC - 4 countries. Review of World Economics, 145 (2)：189 - 206.

[23] Fagiolo, G., Reyes, J. and Schiavo, S. (2010). The evolution of the world trade web: A weighted-network analysis. Journal of Evolutionary Economics, 20 (4): 479 – 514.

[24] Hale, G. (2010). Comment on "What accounts for the rising sophistication of China's exports?". Nber Chapters, 19 (1): 43 – 47.

金融危机背景下国际航运市场对
中国航运企业影响的小波分析[*]

刘曙光　　纪瑞雪[**]

【摘要】运用小波分析理论，对金融危机前后波罗的海指数与国内航运业上市公司代表中国远洋 H 股股价波动的联动性加以实证研究。研究结果表明，两者的波动存在共变性与非一致性并存的显著特征，对来自金融危机的强烈冲击呈现较强的异质性波动规律。2008 年国际金融危机前后，两者的相关性达到顶峰，大多时域及频域内，波罗的海指数波动领先于中国远洋 H 股股价波动。面对来自国际市场的负面冲击，完善风险抵御机制，提升危机应对水平，有助于国内航运业的健康发展和长期稳定。

【关键词】金融危机　航运　小波分析

* 本文发表于《中国海洋大学学报》（社会科学版）2014 年第 6 期。

** 刘曙光，1966 年出生，男，博士，中国海洋大学经济学院、经济发展研究院教授，博士生导师，研究方向：海洋经济、区域创新与国际经济合作。纪瑞雪，1990 年出生，女，中国海洋大学经济学院硕士研究生。

一、引　言

航运业作为我国的战略性产业，其发展一直备受关注。2000 年以来，我国航运业呈现井喷式发展，各企业纷纷兴建港口，增加运量，盲目追求规模扩张导致行业内部供过于求矛盾突出，"泡沫繁荣"背后蕴藏着巨大的行业危机。2008 年，国际金融危机爆发并迅速在世界各国蔓延，全球经济急剧恶化，国际航运市场备受打击，中国作为世界海运大国，众多航运企业在此次危机中也未能幸免。以行业龙头中国远洋运输（集团）总公司（COSCO，简称"中远集团"）为例，2008 年公司净利润同比锐减 43.3%，短期内大量资本迅速蒸发，国内航运市场陷入持续低迷。进入后金融危机时代，世界经济复苏迹象显现，形势有所好转，但在政治环境日益复杂、国际贸易持续低迷、航运市场运力严重过剩等一系列不利因素的综合作用下，航运业复苏困难重重。作为实体经济的重要组成部分，航运业的发展在一定程度上直接关系到一国经济发展的活力，持续低迷的航运市场无益于我国外向型经济的培育与发展壮大。

此次金融危机前后，国际航运市场对我国航运企业产生了显著冲击，成为影响国内航运业发展的关键因素，但一直以来，学界关于国际航运市场与我国航运业发展之间的相关性及联动规律研究并不多见。万众和刘斌等（2009）运用相关系数和有效性检验等统计分析方法，对金融危机下国际波罗的海干散货运价指数（Baltic Dry Index，简称"波罗的海指数"）与上证综指的相关性加以研究；李腾等（2010）对金融危机以来波罗的海指数暴跌的原因加以分析，并以此为基础定性研究了其对中国航运业的影响；刘鹏等（2011）运用格兰杰因果关系检验及灰色关联分析，得出航运类公司股价受波罗的海指数影响大于港口类公司股价，且其影响大小与对外贸易比重及公司市值密切相关的重要结论；罗婷等（2012）通过建立向量自回归（VAR）、向量误差修正（VEC）计量模型，分析了波罗的海指数对中国远洋股价波动的潜在影响；肖佳（2012）则以运输类、港口类和船舶制造类三类航运公司为例，通过对面板数据建立计量经济模型，证明了波罗的海指数值与航运上市公司股票价格之间的正相关关系，并指出运输类航运公司对市场反应最为灵敏。国外关于此类问题的研究也较为少见，已有文献显示，巴克希等（Bakshi，Panayotov and Skoulakis，2012）通过样本内回归及样本外预测，结合经济现象实际证明了波罗的海指数三个月增长率对全球股票市场回报率、大宗商品回报率及全球实际经济活动增长的预测作用；周和林（Chou and Lin，2010）则运用 VAR 模型对波罗的海指数与钢材价格指数之间的关联关系加以研究。

综合国内外相关文献可以发现，多数研究将波罗的海指数与行业股价作为量化分析的重要对象，其中，波罗的海指数作为衡量国际海运情况与国际贸易状况的"晴雨表"，其波动可有效反映全球经济状况，而股价作为上市公司在资本市场上表现的最直观体现，能够直接、客观地反映企业经营状况，且变动灵敏，易于分析；从研究方法来看，包括向量自回归模型、向量误差修正模型、格兰杰因果关系检验等在内的传统计量经济模型在此类研究中被广泛运用，对于判断波罗的海指数与企业股价波动的因果关系、敏感性，估计两者回归方程有较好效果，然而，要在微观领域深入剖析研究变量之间的联动关系，对不同时域、频域下波罗的海指数与股价变动的特征进行有效分析，传统的计量经济模型显然无能为力。

相比而言，目前国际上较为流行的小波分析方法则较为先进。它既能有效捕捉不同时间序列在时域维度上的结构性转变，又能清晰甄别其在频域维度上的短期、中期和长期相关性（江春、李小林和张仓耀，2013），甚至能揭示两者在特殊时期的"先行－滞后"特征（陈磊，2001），并由此判断两者的因果关系。本文拟运用该方法，以 2006 ~ 2013 年 8 年间波罗的海指数与中国航运业上市公司代表——中国远洋控股股份有限公司（China COSCO，以下简称"中国远洋")股价月数据资料为例①，对两者波动行为的关联性加以研究，以期深入揭示其内在联动关系，量化分析金融危机背景下国际航运市场对中国航运企业的影响，为我国航运业全面认知国际航运环境、优化自身经营决策，以便及时把握机遇、规避风险提供理论指导和决策依据。

二、波动特征分析

波罗的海指数是由波罗的海航交所发布的用以反映世界航运市场即期行情的综合性指数，也被誉为"全球航运经济景气指数"。作为波罗的海国际运价期货合同的重要交易工具，波罗的海指数能够有效反映国际航运业，特别是以铁矿石、煤炭和粮食为代表的干散货航运市场的运量、运价等综合信息。鉴于海运是国际贸易中产品运输的最主要形式，波罗的海指数已成为判断国际贸易状况乃至世界经济走势的一个先导性指标，其波动与原油价格、黄金价格及股价等密切相关。2003年以来，中国对外贸易依存度超过50%，外向型经济蓬勃发展，航运业规模迅速发展壮大，以中远集团为代表的中国航运企业在国际航运市场中地位稳步提升。作为该公司的上市旗舰和资本平台，中国远洋股价与波罗的海指数联系日益紧密。2006～2013年间，两者的波动状况见图1②。

---

① 实际上，由上海国际航运研究中心于2009年12月开始发布的中国航运业景气指数能够更好地代表中国航运业发展状况，但鉴于其发布时间有限，且为季度数据，难以满足小波分析长周期、高频率的数据要求，在此，选取中国远洋控股股份有限公司（China COSCO）作为我国航运业上市公司代表。考虑到中国远洋H股（股票代码：01919）于2005年6月在香港上市，上市时间早，数据资料相对齐全，国际化程度高，且业务范围涵盖集装箱航运、干散货航运、物流、码头以及集装箱租赁服务等众多领域，能够较为全面地反映我国航运业整体状况，本文将其作为研究对象。文中波罗的海指数数据来源：中国海事服务网，http://www.cnss.com/exponent/bdi/? type=bdi；中国远洋H股原始股价数据来源：新浪财经，http://finance.sina.com.cn/。
② 考虑到中国远洋H股对中远集团在资本市场表现的代表性且为方便后文表述，文中以COS表示中国远洋H股股价。

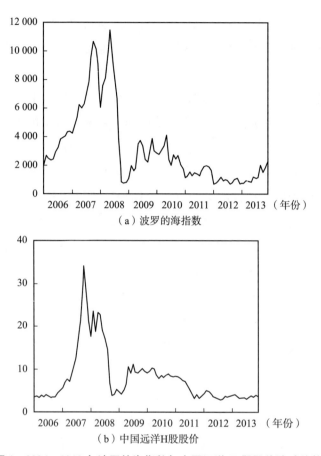

图1　2006～2013年波罗的海指数与中国远洋 H 股股价波动趋势

资料来源：波罗的海指数数据来源于中国海事服务网，中国远洋 H 股股价数据来源于新浪财经。

由图1可知，八年间，波罗的海指数与中国远洋股价呈现共变性与非一致性并存的波动特征，从两者的相互作用机制出发，可以对该现象加以解释。首先，从宏观经济角度来看，波罗的海指数能有效反映世界航运市场的即期行情，其值高意味着国际贸易市场繁荣，宏观经济形势利好，在此背景下，包括航运类企业在内的企业股价上升是大势所趋。其次，根据经济学中理性人预期假设，波罗的海指数上升，必然会提升航运类股票持有者的市场信心，增加航运类股票市场需求，并由此导致股价上涨。最后，无论是航运市场运输成本、供求关系、世界经济形势还是远期运费协议（FFA）市场，对波罗的海指数与中国远洋股价都会产生同向作用，也会在一定程度上导致两者同向波动。

与此同时，必须认识到两者波动行为的潜在异质性。中国航运市场作为世界航运市场的子系统，无论从系统整体到子系统的影响扩散还是由子系统向系统整体的作用传导，都会存在一定的时滞特征和作用衰减，并表现为两者波动周期、波幅的非一致性。作为中国航运业龙头的中国远洋，对待外部冲击也有不同于世界航运市场的自我选择与自我保护机制，特别是在消极冲击的巨大作用下，其自我保护功能相较全球航运市场更为明显，保护措施更易于发挥效果。以 2008 年金融危机为例，面对来自世界经济形势严重恶化的负面冲击，中国政府及航运企业自身采取了一系列措施加以抵御，这对缓和股价波动、维持行业稳定发挥了重要作用。当然，其他国家和地方政府乃至航运企业自身也会对航运业加以保护，出于自利考虑的多国政策作用结果使波罗的海指数呈现复杂波动，并表现为其与中国远洋股价波动的非一致性。

在关注国际航运业对国内航运市场能动作用的同时，也不能忽视中国航运企业对世界航运市场的影响。《中国公路水运交通运输发展报告（1978～2012）》显示，我国港口吞吐量已连续多年位居世界第一，在世界十大港口中中国占据八席，"中国因素"正成为推动全球航运业走出低谷的重要力量。此外，为应对危机，中国政府采取了"一揽子"经济刺激计划，特别是在基础设施建设方面的巨额投入，推动中国铁矿石和煤炭进口量猛增，在很大程度上刺激了中国航运企业发展，这对波罗的海指数上升也起到重要作用。当然，与前述作用相比，这一"反作用"的效果相对有限。在复杂的相互作用过程中，如何甄别不同时间及不同频率尺度下两者的联动特征，正是本文研究的重点。

三、研 究 方 法

小波概念最早由法国地球物理学家莫勒特（Morlet）于 1982 年在分析地震波时提出，所谓"小波"（wavelet），即小区域的波，是一种特殊的长度有限（紧支集）或快速衰减，且均值为 0 的波形（葛哲学和沙威，2007），因其具有可兼顾时域和频域的多尺度分析特征，被誉为"数学中的显微镜"，在地球物理、气象、海洋学等自然科学信号处理过程中被广泛应用。经济研究中的数据很多都是时间序列数据，具有类似信号的特征，因此也可用于小波分析。1994 年，格夫（Goffe，1994）首次尝试将小波分析方法应用于宏观经济分析[①]。此后，小波分析方法在经济和金融领域中得到广泛应用，而股价作为一种灵敏性强、易于获取的高频数据，得到小波分析者的青睐（Rua and Nune，2009；Graham et al.，2010；Graham and Nikkinen，2011；Akoum et al.，2012）。与国外经济金融研究中的小波应用相比，国内学者更加注重小波的经济预测功能，胡俊胜等（2005）、石柱鲜等（2009）均曾以小波分析为基础，对我国不同领域的经济状况加以预测。相比而言，运用小波分析方法探究变量之间的联动关系的研究并不多见。比较有代表性的是董直庆和王林辉（2008a，2008b），两人曾基于小波变换和互谱分析的对比检验，对我国证券市场和宏观经济波动的联动性加以研究。此外，吴礼斌（2010）、苏治（2012）、江春（2013）等学者也对该方法有所涉及。本文拟运用该方法对波罗的海指数与中国远洋股价波动的联动性加以研究。鉴于后文将用到连续小波变换、小波相关系数及相位谱等小波变换或互谱分析方法，在此做

[①] 关于小波理论在经济研究中的首次应用，格夫的研究成果 *Wavelets in Macroeconomics：An Introduction* 在 1993 年 11 月的南部经济协会会议（Southern Economic Association Meeting）中便已提出，其论文于 1994 年正式发表。

简要介绍①。

（一）连续小波变换

给定任意空间中的原始时间序列 $x(t)$，其连续小波变换（continuous wavelet transform）形式如下：

$$CWT_x(\alpha, \tau) = \langle x(t), \psi_{\alpha,\tau}(t) \rangle = \frac{1}{\sqrt{\alpha}} \int_R x(t) \psi^* \left(\frac{t-\tau}{\alpha} \right) dt \qquad (1)$$

式中，α 和 τ 分别表示连续变化的尺度参数和平移参数值，$*$ 表示复共轭，$CWT_x(\alpha, \tau)$ 为连续小波变换函数，其模的平方，即 $|CWT_x(\alpha, \tau)|^2$ 被定义为时间序列 $x(t)$ 的小波功率谱。$\psi_{\alpha,\tau}(t)$ 表示连续小波基函数，其母函数选择形式多样，如哈尔（Haar）小波、多贝西（Daubechies，dbN）小波、墨西哥帽（Mexican Hat，mexh）小波、莫勒特（Morlet）小波等。其中，无量纲频率 $w_0 = 6$ 的莫勒特 t 小波因具有非正交性且在时间与频率的局部化之间有很好的平衡（Farge，1992；Grinsted，Moore and Jevrejeva，2004），在经济金融研究中得到广泛应用。

（二）小波相关系数

1993 年，赫金斯（Hudgins）等首次提出交叉小波变换（discrete wavelet transform），并将其定义为

$$DWT_x(\alpha, \imath) = CWT_x(\alpha, \tau) CWT_y^*(\alpha, \tau) \qquad (2)$$

其中，$DWT_x(\alpha, \tau)$ 为时间序列 $x(t)$ 和 $y(t)$ 的交叉小波变换谱密度函数。与连续小波变换中的小波功率谱类似，交叉小波变换中存在两时间序列交叉小波功率谱，用以反映两者在不同时频域组合下的局部联动性，具体形式

---

① 限于篇幅，此处对小波分析方法仅做简要介绍，详细内容可参见葛哲学、沙威《小波分析理论与 MATLAB R2007 实现》一书。

如下：

$$| DWT_{x,y}(\alpha, \tau) |^2 = | CWT_x(\alpha, \tau) |^2 | CWT_y^*(\alpha, \tau) |^2 \qquad (3)$$

在此基础上，为进行两序列之间的小波相干分析，定义其交叉小波功率谱与小波自功率谱之间的比值为小波相关系数（wavelet coherency coefficient），现实中多采用其平方的形式来表征两变量的局部相关性大小，表达式如下：

$$R_{\alpha,\tau}^2 = \frac{| S(s^{-1} DWT_{x,y}(\alpha, \tau)) |^2}{S(s^{-1} | CWT_x(\alpha, \tau) |^2) S(s^{-1} | CWT_y(\alpha, \tau) |^2)} \qquad (4)$$

其中，S 为平滑因子。与传统计量经济研究中的相关系数类似，$R^2(\alpha, \tau)$ 的值也在 0 ~ 1 之间。当 $R^2(\alpha, \tau) = 0$ 时，$x(t)$、$y(t)$ 不相关；当 $R^2(\alpha, \tau) = 1$ 时，$x(t)$、$y(t)$ 完全正相关。随着 $R^2(\alpha, \tau)$ 的值由 0 到 1 逐渐变大，两者的相关关系也逐步增强。需要特别指出的是，因为小波相关系数的计算过程涉及交叉小波功率谱，其显著性需要通过蒙特卡洛模拟检定[①]。

（三）相位谱

2004 年，布洛姆菲尔德等（Bloomfield et al.，2004）在交叉小波功率谱的基础上，构造了时间序列相位谱计算方法，即两者交叉小波变换谱密度函数 $DWT_{x,y}(\alpha, \tau)$ 的虚部 $\Im(DWT_{x,y}(\alpha, \tau))$ 与实部 $\Re(DWT_{x,y}(\alpha, \tau))$ 的比值，如下所示：

$$\varphi(\alpha, \tau) = \tan^{-1}\left(\frac{\Im(DWT_{x,y}(\alpha, \tau))}{\Re(DWT_{x,y}(\alpha, \tau))} \right) \qquad (5)$$

其中，相位谱值 $\varphi(\alpha, \tau) \in [-\pi, \pi]$。在特定频率下，不同的相位谱值揭示了两序列不同的先行滞后关系，当 $\varphi(\alpha, \tau) = 0$ 时，$x(t)$ 与 $y(t)$ 同步同

---

① 蒙特卡洛（Monte Carlo）模拟是一种通过设定随机过程，反复生成时间序列，计算参数估计量和统计量，进而研究其分布特征的方法。关于小波分析中涉及蒙特卡洛模拟的显著性检验的详细内容，可参见 A. 格林斯蒂德（A. Grinsted）等人的 "Application of the Cross Wavelet Transform and Wavelet Coherence to Geophysical Time Series" 一文，此处不予详述。

向波动，即两者具有很强的正相关关系；当 $\varphi(\alpha, \tau)=\pi$ 时，$x(t)$ 与 $y(t)$ 同步反向波动，两者负相关关系显著。在其他值域区间内，$x(t)$ 与 $y(t)$ 的波动关系及先行－滞后特征如图 2 所示（Aguiar-Conraria，Martins and Soares，2012）。

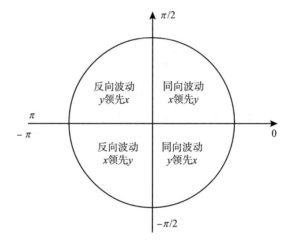

图 2　相位谱值与变量的先行－滞后关系

四、实证分析

（一）数据处理及连续小波变换

为满足小波分析对数据长周期、完整性、连续性的要求，本文选取 2006～2013 年波罗的海指数与中国远洋 H 股股价月数据资料作为小波分析对象，共计 96 组。考虑到数据量纲的差别及可能存在的异方差问题，首先对原始数据进行自然对数变换。鉴于接下来的小波相干分析及相位谱分析均要求变量为平稳的时间序列数据（董直庆和王林辉，2008），对 $\ln BDI$ 与

ln*COSCO* 进行一阶差分处理（*Dln BDI*，*Dln COSCO*），在将非平稳序列平稳化的同时，还能很好地体现波罗的海指数与股价的变动率，见表1。

表1   变量的 ADF 单位根检验

变量	t－统计量	1%临界值	平稳性	变量	t－统计量	5%临界值	平稳性
ln*BDI*	－2.170	－3.501	不平稳	*Dln BDI*	－7.822	－3.501	平稳
ln*COSCO*	－1.863	－3.501	不平稳	*Dln COSCO*	－7.280	－3.501	平稳

注：数据运用 EViews 6 软件计算得出。

根据前文对连续小波变换的介绍，依托 MATLAB 软件的强大功能，将 *Dln BDI* 与 *Dln COSCO* 进行莫勒特连续小波变换（无量纲频率 $\omega 0 = 6$），将时间序列进行分解，得到不同时频域尺度下的连续小波谱图如图3所示。

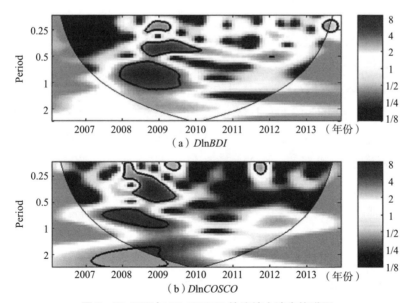

（a）*Dln BDI*

（b）*Dln COSCO*

图3　*Dln BDI* 与 *Dln COSCO* 的连续小波变换谱图

资料来源：笔者依据中国海事服务网的波罗的海指数数据和新浪财经的中国远洋 H 股原始股价数据计算整理。

在图 3 中，浅色区域表示因边缘效应而形成的可能对谱图产生扭曲作用的影响区域，被称为"锥形影响域"（cone of influence，COI），黑色线条圈闭区域则表示该区域超过 5% 的显著性水平。图 3 从时频两域很好地反映了波罗的海指数与中国远洋 H 股股价的波动特征。对比 $DlnBDI$ 与 $DlnCOSCO$ 的连续小波功率谱图发现，2008~2009 年间两者波动尤为显著。从不同频域范围看，2008 年 9 月金融危机爆发前，无论是 0.25~0.5 年还是 0.5~1 年频带内，$DlnCOSCO$ 的波动均强于 $DlnBDI$。此时，受国内外经济形势向好、波罗的海指数居高不下的影响，我国航运企业股价涨势显著，呈现较大幅度波动。然而，金融危机爆发后，无论从波动幅度还是波动持续时间来看，$DlnBDI$ 均强于 $DlnCOSCO$，特别是在 0.25~0.5 年频带内，$DlnBDI$ 的强波动甚至一直持续到 2010 年。相比而言，$DlnCOSCO$ 在危机爆发后的波动以短周期为主，在 0.5 年以上频带内，其波动在 2009 年末已基本结束。为进一步识别两者的相互作用规律，接下来对其相关关系及时滞特征加以分析。

（二）小波相关系数计算及相位谱分析

小波相干分析（WTC）是从时频两域对变量间的相关性进行研究的有效方法，通过对序列的相干谱图加以分析，可以揭示两时间序列在特定时域及频域上的相关性大小。图 4 是运用 MATLAB 软件计算出的 $DlnBDI$ 与 $DlnCOSCO$ 的小波平方相干分析结果，右侧刻度条用以显示两者的相关系数。图中，黑线圈闭区域表示两者之间的相关系数通过了显著性水平为 5% 的蒙特卡洛模拟检验，即两者之间显著相关，而圈闭区域内的箭头方向则表示其相位谱值，用以显示其先行 – 滞后变动关系（见图 2）。

图 4 显示，2008~2009 年间，$DlnBDI$ 与 $DlnCOSCO$ 具有显著的正相关关系，且相关系数均在 0.8 以上，且多数频域内，两者的相位谱值位于 [0，π/2] 区间，表明 $DlnBDI$ 领先于 $DlnCOSCO$ 变动，即波罗的海指数波动是导致中国远洋股价波动的重要原因，表现为中国远洋股价对国际航运市场的跟随效应；个别频域出现相位谱值位于 [–π/2，0] 区间的情况，证实了中国

远洋股价对波罗的海指数"反作用"的客观存在，但此作用仅存在于0.8～1年以及两年以上频域范围内，且后者的有效区域已收窄，统计显著性有限。由此可以断定，在绝大多数情况下，国际航运市场对金融危机的灵敏度高于国内市场，其波动领先于国内航运企业，并将该冲击向国内传导，但因时滞效应的客观存在，以及国内危机应对措施的有效实施，该冲击作用会有所减弱。因此，成熟的危机识别和应对机制、完善的自我防御能力对于我国航运业抵御外部冲击、稳定自身发展具有重要的现实意义。

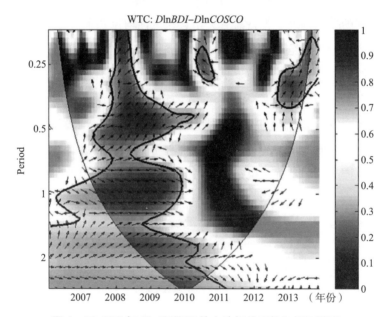

图4　*DlnBDI* 与 *DlnCOSCO* 的小波相关系数和相位谱图

资料来源：笔者依据中国海事服务网的波罗的海指数数据和新浪财经的中国远洋 H 股原始股价数据计算整理。

五、结论与启示

本文以小波分析理论为基础，从时频两域对金融危机前后国际航运业波罗的海指数与中国航运业上市公司代表中国远洋 H 股股价波动的关联性加以研究。结果显示，在不同时域及频域内，两者的波动关系存在非一致性，多数频段和时段，两者同向变动，且中国远洋股价波动相对滞后于国际航运市场波罗的海指数变动。金融危机前后，两者的波幅及波动相关性达到峰值，证实金融危机对国内外航运市场的严重冲击。此外，考虑到部分区域相位谱值的反向变动，可以得出，总体上，我国航运业受到国际航运市场影响，但在少数时段，两者的反向作用亦会涌现。与传统的计量分析方法相比，基于小波分析的两者关系研究将不同时域和频域下两者的联动作用展现得更为细致，变量间的变动幅度、先行滞后关系、相关性均得到了充分体现。

时至今日，金融危机的短期影响已渐渐消失，但其长期影响仍将持续。金融危机的爆发为我国航运业发展敲响了警钟，单纯注重规模扩张，盲目追求规模经济效益的传统发展模式显然已不能适应后金融危机时代世界航运业发展的需要，较低的风险管控能力使行业脆弱性凸显，难以长久立足。对国内航运业与世界航运市场的关联关系拥有充分的认识和准确的把握，是提高行业风险管控能力的基础，也是真正做大做强中国航运业的必然选择。

参 考 文 献

［1］陈磊（2001）．我国宏观经济指标周期波动相关性的互谱分析．统计研究，（9）：38 – 41.

［2］董直庆和王林辉（2008）．我国通货膨胀和证券市场周期波动关系——基于小波变换频带分析方法的实证检验．中国工业经济，（11）：35 – 44.

［3］董直庆和王林辉（2008）．我国证券市场与宏观经济波动关联性：基于小波变换和互谱分析的对比检验．金融研究，（8）：39 – 52.

［4］葛哲学和沙威（2007）．小波分析理论与 MATLAB R2007 实现．电子工业出版社．

［5］胡俊胜，肖冬荣和夏景明（2005）．基于小波神经网络的经济预测研究．统计与决策，（6）：18 – 20.

［6］江春，李小林和张仓耀（2013）．中国货币供给变动与物价变动之间的关系——

基于 Morlet 小波时频相关性分析. 南方经济，（6）：9 – 24.

［7］李腾和王昕菲（2010）. 论波罗的海指数下跌与中国航运业的关系. 中国商贸，（12）：218 – 219.

［8］刘鹏，钱锋和万克仪（2011）. 波罗的海指数与国内相关上市公司股价的灰色关联分析. 商业研究，（2）：169 – 174.

［9］罗婷和朱意秋（2012）. 波罗的海指数对中国远洋股价波动影响的实证研究. 重庆交通大学学报（社科版），（4）：51 – 54.

［10］石柱鲜，黄红梅和朴粉丹（2009）. 基于小波的我国经济周期波动的分析与预测. 吉林大学社会科学学报，（3）：135 – 142.

［11］苏治和陈杨龙（2012）. 基于 Morlet 小波时频互相关的股指期货价格发现效率研究. 数量经济技术经济研究，（6）：140 – 151.

［12］万众和刘斌（2009）. 金融危机下波罗的海指数与上证综指的相关性研究，大连海事大学硕士学位论文.

［13］吴礼斌和崔岩岩（2010）. 基于小波协方差的中国股市波动序列相关性的实证分析. 统计与信息论坛，（2）：100 – 103.

［14］肖佳（2012）. BDI 与航运上市公司的股票价格关系——基于航运上市公司的面板数据分析. 财务与金融，（5）：17 – 21.

［15］Aguiar-Conraria, L. , Martins, M. M. F. and Soares, M. J. （2012）. The yield curve and the macro-economy across time and frequencies. Journal of Economic Dynamics and Control, 36（12）：1950 – 1970.

［16］Akoum, I. et al. （2012）. Co-movement of oil and stock prices in the GCC region：a wavelet analysis. Quarterly Review of Economics & Finance, 52（4）：385 – 394.

［17］Bakshi, G. , Panayotov, G. and Skoulakis, G. （2012）. The Baltic dry index as a predictor of global stock returns, commodity returns, and global economic activity. AFA, Chicago Meetings Paper.

［18］Bloomfield, D. et al. （2004）. Wavelet phase coherence analysis：application to a Quiet-Sun magnetic element. The Astro-physical Journal, 617：623 – 632.

［19］Chou, M. T. and Lin, S. C. （2010）An analysis of the relationships between Baltic dry index and steel price index-an application of the Vector AR model. Chinese Instit. Transport, 22：211 – 232.

［20］Farge, M. (1992). Wavelet transforms and their applications to turbulence. annu. Rev. Fluid Mech, 24: 395 – 457.

［21］Goffe, W. (1994). Wavelets in macroeconomics: an introduction, computational techniques for econometrics and economic analysis. Kluwer Academic, 137.

［22］Graham, M. and Nikkinen, J. (2011). Co-movement of the Finnish and international stock markets: a wavelet analysis. European Journal of Finance, 17 (5 – 6): 409 – 425.

［23］Graham, M. et al. (2010). Global and regional co-movement of the mena stock markets. Journal of Economics and Business, 65: 86 – 100.

［24］Grinsted, A., Moore, J. C. and Jevrejeva, S. (2004). Application of the cross wavelet transform and wavelet coherence to geophysical time series. Nonlinear Processes in Geophysics, 11 (5/6): 561 – 566.

［25］Rua, N. A. and Nune, L. C. (2009). International comovement of stock market returns: a wavelet analysis. Journal of Empirical Finance, 16: 632 – 639.

国际航运价格波动及其价格泡沫测度

——基于 GSADF 方法的检验[*]

刘曙光　王　璐　尹　鹏[**]

【摘要】本文运用 GSADF 方法对国际航运价格是否存在泡沫进行检验。结果表明，1988 年 10 月~2018 年 3 月，国际航运价格共存在 4 个泡沫时期，分别为 2003 年 9 月~2004 年 2 月、2004 年 11 月、2007 年 9~12 月以及 2008 年 5 月，其中结构性失调是前两个泡沫产生的原因，投机因素和金融危机分别是后两个泡沫产生的原因，通过研究泡沫规律、认识泡沫成因、采取积极打击投机泡沫等措施可降低国际航运价格泡沫带来的不利影响。

【关键词】国际贸易　国际航运价格　航运价格　泡沫检验　GSADF 方法　波罗的海指数

国际航运作为国际贸易的衍生品，能够有效带动船舶制造、金融、港航

---

　* 本文发表于《价格理论与实践》2018 年第 11 期。本文系研究阐释党的十九大精神国家社科基金专项"新时代中国特色社会主义思想引领下的海洋强国建设方略研究"（18VSJ067）、国家社会科学基金重大项目"海平面上升对我国重点沿海区域发展影响研究"（15ZDB170）、教育部哲学社会科学研究重大课题攻关项目"新时期中国海洋战略研究"（13JZD041）的阶段性研究成果。

　** 刘曙光，1966 年出生，男，博士，中国海洋大学经济学院、经济发展研究院教授，博士生导师，研究方向：海洋经济、区域创新与国际经济合作。王璐，1988 年出生，女，中国海洋大学经济学院博士研究生。尹鹏，1987 年出生，男，中国海洋大学经济学院博士/博士后。

服务等行业的发展，成为国际市场的重要组成部分以及世界经济形势的"晴雨表"。然而，受到全球经济增速放缓、国际地缘政治局势紧张以及船用燃油价格上涨等因素的综合影响，国际航运市场的不确定性加大，一定程度上增大市场从业者的运营风险，也容易带来投机行为，产生价格泡沫，制约国际航运市场的健康发展。考虑到干散货运输量占到国际航运总量的 70% 左右，本文选择波罗的海干散货运价指数（BDI）代表国际航运价格进行深入分析，运用递归单位根检验方法（GSADF）诊断国际航运价格中是否存在泡沫，并且检测每次泡沫的起始和终止时间，这对于预测国际航运价格走势、掌握国际航运价格波动特性、规避国际航运经营风险、促进国际贸易健康发展具有重要的理论意义和实践价值。

一、相关研究文献评述

对于国际航运价格的研究主要包括价格决定因素和价格波动性。

其一，关于航运价格决定因素。首先，供需关系决定商品基本价格。在国际航运市场上，船吨位数和船用燃油价格等决定散装航运的供给，粮食、煤炭、铁矿石和水泥等大宗初级产品的运输需求量决定散装航运的需求。已有研究表明影响航运需求最重要的因素是世界经济活动，其增加和减少决定航运服务需求的变化，而由于造船需要较长的时间，航运供给在短期至中期内相对平稳。因此，在短期至中期内，航运价格主要由需求驱动。其次，投机等非基本因素导致运费偏离。特里佩尔斯等（Triepels, Daniels and Feelders, 2018）指出，由于国际航运是风险很大的行业，人们往往运用运费衍生品如波罗的海运价指数期货、远期运费协议和运费期权等来规避运费风险，而衍生品市场上往往存在投机因素，这些因素使运价变得更加复杂。此外，许遵武（2014）认为，作为国际贸易的派生需求，国际航运价格还会受到汇率、地缘政治、人们预期甚至自然灾害等的影响。

其二，关于价格波动性。卡乌萨诺斯和维斯维基斯（Kavussanos and Visvikis，2004）运用协整检验、ARCH 检验证明航运价格波动是随机游走过程，郑伟（Zheng Wei，2017）运用 ADF 检验证明航运价格波动是均值回归过程。随着研究方法和技术的进步，人们开始质疑航运价格波动的随机游走过程。田劲松等（2013）运用方差比检验法得出应拒绝航运价格的随机游走过程假设；杨华龙等（2011）运用 GARCH 模型发现航运价格波动具有聚集性，同样拒绝随机游走过程假设；杜昭玺等（2009）通过分析航运价格月度数据，得出航运价格具有周期性、季节性和趋势性特征；李晶等（2015）运用 ARMA-GARCH 模型对波罗的海干散货运价进行波动性研究；刘曙光等（2014）用小波分析理论表明国际航运价格波动与中国远洋 H 股股价波动关系紧密。

综合来看，研究内容上，已有文献主要围绕国际航运价格影响因素以及价格的波动性进行研究，本文从资产价格泡沫的角度探析国际航运价格是否存在泡沫，为国际航运价格研究提供新视角；研究方法上，已有文献多采用传统单位根检验只能检测出一次泡沫，本文采用 GSADF 方法检测国际航运价格可能存在的多个泡沫以及每个泡沫的起止时间，是对传统单位根检验的一种发展。

二、国际航运发展与航运价格波动趋势分析

（一）国际航运发展现状

船舶的身份表现为船舶的注册国籍即方便旗国籍，方便旗注册量代表着国家海洋航运业的发展程度，拥有足够规模和强竞争实力的现代化船队具有重要的经济和战略意义。国际使用方便旗注册商船运力（merchant fleet by flag of registration and by type of ship）分析国际航运发展变化状况。从图 1 可以看出，进入 21 世纪以来，世界方便旗注册商船运力总体呈现持续增长趋

势。从 2001 年的 80 277 万载重吨增加到 2018 年的 192 400 万载重吨，可见国际航运发展状况良好。中国的商船方便旗注册量总体呈现平稳上升趋势，从 2001 年的 2 381 万载重吨增加到 2018 年的 8 419 万载重吨，占世界商船方便旗注册量的比重由 2001 年的 2.97% 上升到 2018 年的 4.38%。[①] 由此可见，中国的航运发展向好，在世界航运市场的中的份额也越来越大。然而，中国只有上海处于国际航运中心体系的第一梯队，众多成长型国际航运中心还有待发展。

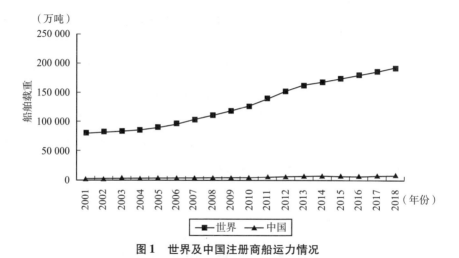

（万吨）

图 1　世界及中国注册商船运力情况

资料来源：根据联合国贸易和发展会议数据整理得到。

（二）航运价格波动状况分析

波罗的海干散货运价指数（Baltic Dry Index，BDI，简称"波罗的海指数"）由波罗的海航运交易所编制并发布，是衡量国际航运价格的权威指数，可以反映以粮食、煤炭、铁矿石、水泥为代表的干散货航运市场的运量、运价等综合信息的整体水平，揭示干散货市场及相关市场的供需态势，是国际

---

① 数据根据联合国贸发会议数据整理得到。

航运市场和国际贸易发展变化的风向标。波罗的海指数上升，说明国家间的国际贸易量增大，各国产业发展态势向好，国际经济形势较为乐观；反之，说明国际贸易量出现萎缩，各国产业发展态势不好，国际经济形势不容乐观。波罗的海指数还是反映国际航运市场即期行情的综合性指数，是波罗的海国际运价期货交易所期货交易的重要工具，被誉为"全球航运经济景气指数"。

　　图2显示1988年10月～2018年3月波罗的海指数共有四次较大波动，即：2003年1月～2004年2月、2004年6～11月、2007年1～12月、2008年1～5月，这四次较大波动均具有先上升后下降的周期性特征，其中第一次和第三次波动呈现长周期性，第二次和第四次波动呈现短周期性。具体来看：第一次和第二次波动强度相对较小，峰值分别出现在2004年1月（波罗的海指数为5 551点）和2004年11月（波罗的海指数为6 051点），在中国入世后降低关税税率和减少非关税壁垒以及美国经济强劲增长拉动国内消费需求增加的影响下，2003年和2004年成为全球海运量增速最快的年份之一，虽然中国对钢铁等行业的宏观调控使得国际航运市场（价格）出现波动，但整体仍保持着高位运行；第三次波动强度较大，峰值出现在2007年10月（波罗的海指数为10 656点），中国对铁矿石和煤炭进出口的增长继续促进国际干散货市场的繁荣，不断拉动国际干散货海运价格的上涨。然而，船用燃油价格的持续升高也给航运企业带来成本压力，船舶安全与环保问题受到越来越多的重视等，同样使得国际航运价格受到影响；第四次波动强度最大，峰值出现在2008年5月（波罗的海指数为11 440点），金融危机的爆发引发全球经济衰退，进而对铁矿石、煤炭、谷物等大宗干散货的需求降低，相应地影响国际航运市场，使得航运企业经营决策面临巨大挑战，航运金融、航运保险等相关金融服务机构面临巨大风险，最终国际航运价格出现较大波动。

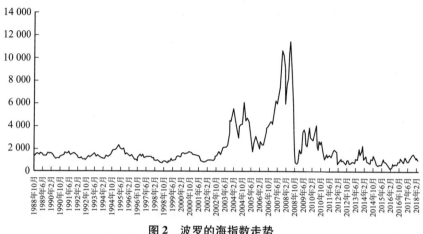

图 2　波罗的海指数走势

资料来源：Wind 数据库。

初步判断，1988 年 10 月 ~ 2018 年 3 月，国际航运价格存在泡沫，下文将采用 GSADF 方法对泡沫进行测度。

三、基于 GSADF 方法的国际航运价格泡沫测度

（一）模型方法数据来源

GSADF 方法是不断向前递归、重复进行并用 SUP 顺序测试来检验爆炸单位根的右侧单位根检验。模型结构为

$$P_t = \mathrm{d}T^{-\eta} + \theta P_{t-1} + \varepsilon_t \qquad (1)$$

其中，P_t 为国际航运价格，T 为样本观察值总数，在 $\mathrm{d}T^{-\eta}$ 中，d 为常数，且 $\eta > 1/2$，$\varepsilon_t \sim N(0,\ \sigma^2)$。

考虑到干散货运输量占到国际航运总量的 70% 左右，本文选择波罗的海

指数表征国际航运价格，时间跨度为 1988 年 10 月到 2018 年 3 月，数据源于 Wind 数据库。

（二）检验结果

运用 SADF 和 GSADF 方法对波罗的海指数进行检测，经过 10 000 次反复模拟得到结果。从表 1 可以看出，国际航运市场存在价格泡沫，全数据系列的 SADF 值和 GSADF 值分别为 4.240 和 4.655，而在 1% 的显著性水平上临界值分别为 2.062 和 2.235，由于 4.240 > 2.062、4.655 > 2.235，所以在 1% 的显著性水平上，拒绝 H0：$r = 1$ 即不存在单位根的原假设，波罗的海干散货运价存在爆炸性子时期。

表 1　　　　　　　　　　　SADF 和 GSADF 方法检验结果

项目	SADF	GSADF
全数据系列	4.240 ***	4.655 ***
10% 显著性水平	1.429	1.909
5% 显著性水平	1.714	2.091
1% 显著性水平	2.062	2.235

注：*** 表示在 1% 的显著性水平下通过检验。

根据 GSADF 检验结果，绘制波罗的海指数的泡沫估计图，选择 95% 的置信区间。如图 3 所示，上方曲线代表波罗的海指数，中间曲线代表 95% 置信水平下的临界值，下方曲线代表 GSADF 统计量。根据泡沫检验原理，当 GSADF 统计量大于 95% 置信水平下的临界值时，表示市场上存在泡沫。基于这一论点，我们可以得出国际航运市场存在多个泡沫的结论。

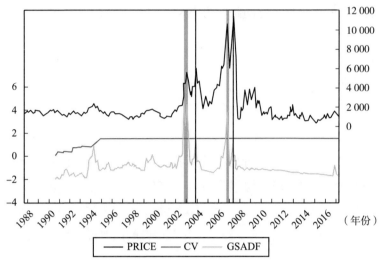

图3　基于波罗的海指数的 GSADF 检验结果

注：图中灰色部分表示存在泡沫的子时期。
资料来源：Wind 数据库。

（三）结果分析

第一个泡沫产生于 2003 年 9 月，持续 6 个月之后于 2004 年 2 月破裂。原因在于国际干散货航运市场的"结构性失调"。从需求来看，2003 年以来，中国一直是世界上最大的铁矿石进口国，消费 30% 以上的全球铁矿石总量，而房地产市场对铁矿石需求比例高达 40%，2003～2004 年，中国房地产开发投资增长超过 30%，致使对铁矿石进口需求增加，中国铁矿石进口增加 5 000 多万吨，增幅高达 35%，别的国家和地区新增的 700 多万吨进口需求需要新增 8 艘船运力，这大大增加运输需求。从供给来看，新船增长较慢和压港问题使运力供应明显不足。虽然 2003 年干散货船下水量为 47 艘，理论上可以满足铁矿石运输需求增长，但是，国际航运市场存在严重的压港问题，给船运力造成很大损失，进口商通过额外租用运力来保证按期交货，综合来看，干散货船运力严重供不应求。由于宏观调控，为了解决房地产开发增长过快问题和供不应求导致的房价上涨，国务院出台多项调控措施，控制房地产开发，直接造成铁矿石需求减少，进而对干散货航运的需求减少，波罗的海指数又迅速下降，泡沫破裂。

第二个泡沫产生于 2004 年 11 月，仅持续一个月就迅速破裂。波罗的海指数从 2004 年 6 月的 3 005 点飙升到 2004 年 11 月的 6 051 点，一直延续到 12 月 8 日的 6 208 点，创下新纪录。然而，到 12 月底波罗的海指数为 4 598 点，一个月的时间下降 1 453 点。究其原因，中国因素仍功不可没。虽然中国铁矿石储量丰厚，但是由于品位低、技术落后等导致的开采量低等原因，价格相对较高，相比之下，进口铁矿石"物美价廉"，所以，中国对铁矿石的进口量居高不下且连年上升。然而，泡沫造成的运价虚高使租船方推迟运输需求；南美洲在 12 月份出现大雨天气，影响哥伦比亚的煤炭开采，煤炭运输需求大幅减少甚至无运输需求；港口内严重压港问题使运输需求推后，12 月份，澳大利亚煤炭港口有 53 艘货轮等待进入，丹皮尔煤炭码头延长等待时间至 11 天，中国青岛港压船时间从 14 天延长至 20 天。据估计，压港 4 天的经济损失相当于 60 艘好望角型船的运力，占运力比例的 10%。这种供过于求的局面必然使波罗的海指数下降，造成泡沫破裂。

第三个泡沫产生于 2007 年 9 月，持续 4 个月后于 2007 年 12 月破裂。这次泡沫主要由投机因素引起。2007 年中国 GDP 增长 14.16%，对外依存度高达 78.5%，带来对初级产品进口需求的增加，进而对海洋运输的需求增加，推动波罗的海指数上涨。由于国际航运市场存在持续的供应约束，短时间内供应无法满足快速增长的需求，运价虚高必然会吸引大量资金流入国际航运市场，投机者也会趁机而入，他们低价时囤积运力和货源，高价时卖出操纵航运现货市场和期货市场，对航运市场价格造成扭曲，价格大涨大落出现泡沫。但是由于价格决定机制的存在，泡沫持续的时间不会太长。

最后一次泡沫产生于 2008 年 5 月，仅持续一个月就迅速破裂。2008 年 1 月，波罗的海指数 6 052 点，2008 年 5 月达到 11 440 点，四个月涨了将近一倍，然而到 2008 年 11 月，波罗的海指数迅速降到 715 点，直到 2009 年及其以后，均维持在较低的水平。金融危机可为其提供解释，当金融危机发生时，美联储实施量化宽松政策，美国的低利率和暴跌的美元汇率导致资本外逃，大部分资金流向商品市场，导致铁矿石、原油和黄金等大宗商品出现价格泡沫，国际贸易量降低进而降低对海洋运输的需求。以中国为例，经济的降温对铁矿石等初级产品贸易的需求降低，对海洋运输的需求随之减少，而海运供应相对稳定，导致波罗的海指数下降。因此，金融危机产生的经济衰退在商品价格泡沫尤其是航运价格泡沫中发挥重要作用。

四、结论与启示

本文以国际航运中的波罗的海指数（BDI）为研究对象，选取 1988 年 10 月~2018 年 3 月的月度数据为样本，运用 GSADF 泡沫检验方法，对国际航运价格指数存在的多个泡沫进行检验，得出以下结论：

波罗的海指数内共存在四个泡沫。分别在 2003 年 9 月～2004 年 2 月、2004 年 11 月、2007 年 9～12 月和 2008 年 5 月，其中第一个和第二个泡沫出现的原因主要是国际干散货航运市场的"结构性失调"，房地产市场对铁矿石的需求起到很大作用，新船增长较慢和压港问题使运力供应明显不足；第三个泡沫产生的原因主要是投机因素，运价衍生工具的产生在帮助参与者规避风险的同时也引来众多投机者；第四个泡沫主要由国际金融危机造成。基于以上分析，得出以下启示：

（1）密切关注航运价格变化特征。有关部门可以通过研究国际航运价格的波动趋势、泡沫演变规律等把握航运价格指数波动特征，预测航运价格的发展趋势，为航运市场管理者合理配置航运资源提供参考，为船东和租船人合理安排运输日程以实现整体利益最大化提供借鉴，避免由于航运价格剧烈波动带来的投资损失。

（2）打击国际航运市场的过度投机行为，减少投机性泡沫。投机性因素是导致价格异常波动和价格泡沫的直接因素，必须打击过度的投机行为，稳定市场，促进正常发展。此外，应考虑到美元等汇率因素对国际贸易的潜在影响，市场参与者应该关注其波动，缓解负面冲击，这有利于大宗商品和国际航运市场航运价格的稳定。

（3）重视"中国因素"的影响。改革开放以来，我国经济不断繁荣，国际贸易逐渐步入世界前列，竞争力不断增强，成为全球干散货运输市场的"顶梁柱"。作为全球贸易的重要指标，波罗的海指数最初主要受欧美等经济繁荣和国际贸易发达的国家和地区的影响，而现在"中国因素"是波罗的海指数波动不可忽略的因素，因此分析预测国际航运价格，不可忽视中国市场的变化状况。

参 考 文 献

［1］杜昭玺，李阳和靳志宏（2009）．波罗的海干散货运价指数预测及实证分析．大连海事大学学报（社会科学版），（1）：77-80.

［2］李晶和王婷婷（2015）．波罗的海干散货运价指数波动研究——基于 ARMA - GARCH 模型的分析．价格理论与实践，（1）：82-84.

［3］刘曙光和纪瑞雪（2014）．金融危机背景下国际航运市场对中国航运企业影响的小波分析．中国海洋大学学报（社会科学版），（6）：69-74.

［4］田劲松和刘丁豪（2013）．波罗的海干散货指数变化与趋势研究．求索，（8）：238-240.

［5］王永钦等（2016）．金融发展、资产泡沫与实体经济：一个文献综述．金融研究，（5）：191-206.

［6］许遵武（2014）．后金融危机时期国际航运企业信用风险分析与管理．管理世界，（6）：1-8.

［7］杨华龙，刘金霞和范永辉（2011）．波罗的海干散货运价指数波动性研究．中国航海，（3）：84-88，102.

［8］Barberis，N. et al.（2018）．Extrapolation and Bubbles. Journal of Financial Economics，129（2）：203-227.

［9］Caballero，R. J. and Krishnamurthy，A.（2006）．Bubbles and capital flow volatility：causes and risk management. Journal of Monetary Economics，（1）.

［10］Kavussanos，M. G. and Visvikis，I. D.（2004）．Market interactions in returns and volatilities between spot and forward shipping freight markets. Journal of Banking and Finance, (8).

[11] Phillips, P. C. B. , Shi, S. and Yu, J. (2015). Testing for multiple bubbles: historical episodes of exuberance and collapse in the S&P 500. International Economic Review, 56 (4): 1043 – 1077.

[12] Punel, A. , Ermagun, A. and Stathopoulos, A. (2018). Studying determinants of crowd-shipping use. Travel Behaviour and Society, 12: 30 – 40.

[13] Triepels, R. , Daniels, H. and Feelders, A. (2018). Data-driven fraud detection in international shipping. Expert Systems with Applications, 99: 193 – 202.

[14] Ventura, J. (2012). Bubbles and capital flows. Journal of Economic Theory, 147 (2): 738 – 758.

[15] Wan, J. (2018). Prevention and landing of bubble . International Review of Economics & Finance, (56).

[16] Zheng, W. , Li, B. and Song, D. P. (2017). Effects of risk-aversion on competing shipping lines' pricing strategies with uncertain demands. Transportation Research Part B: Methodological, 2017, 104 (10): 337 – 356.

RCEP 区域内中国海洋高科技
产业出口效率及前景

——基于随机前沿引力模型的实证研究[*]

刘曙光　刘芳潇[**]

【摘要】海洋经济发展是海洋强国战略目标实现的关键内容，为海洋强国建设提供基础动力。文章运用时变随机前沿引力模型和贸易指数分析法，计算出口贸易拓展空间（*TS*）和海洋高科技产品进口依赖度（*IRCA*）两项指标，结合波士顿矩阵分析法研究中国在《区域全面经济伙伴关系协定》（RCEP）自贸区内海洋高科技产业出口贸易前景。研究结果表明，中国与RCEP成员国的海洋高科技产品贸易前景光明，有较大贸易拓展空间，但是在不同海洋高科技产品细分市场上的具体情况存在较大差异。此外随机前沿引力模型结果表明，整体而言中国经济规模以及RCEP自贸区其他成员国经济规模对中国海洋高科技产品出口贸易存在显著促进作用。RCEP正式生效后将为中国海洋高科技产品贸易带来战略机遇，中国应采取相应措施，提升国内海洋产品产业和企业竞争力，扩大中国海洋产业尤其是海洋高科技产业

* 本文发表于《海洋开发与管理》2023 年第 5 期。本文受国家社会科学基金重大项目"新时代中国特色社会主义思想指引下的海洋强国建设方略研究"（18VSJ067）和中国工程科技发展战略山东研究院咨询研究项目"山东与日韩科技合作战略研究"（912088070）资助。

** 刘曙光，1966 年出生，男，博士，中国海洋大学经济学院、经济发展研究院教授，博士生导师，研究方向：海洋经济、区域创新与国际经济合作。刘芳潇，1998 年出生，女，中国海洋大学经济学院硕士研究生。

贸易，大力提升我国海洋经济强国能力，积极寻求我国海洋经济强国道路。

【关键词】《区域全面经济伙伴关系协定》　海洋经济发展　海洋高科技产业　贸易前景　时变随机前沿　引力模型

一、引　　言

海洋经济发展是海洋强国战略目标实现的关键内容，是海洋强国建设的动力源泉。海洋经济发展通过科技创新和制度变革培育新动能，为海洋强国奠定物质保障（杨朝光，2018）。海洋经济发展注重内外循环并重，有利于提升海洋治理的国际参与能力（曹忠祥，2013）。海洋经济发展为海洋文化供给物质保障，引导海洋文化产业的形成，以海洋经济合作平台构建全球文化交流互鉴平台（郭瑾，2020）。海洋经济发展为海洋社会保障的能力提升提供财力支持和技术支撑（同春芬和吴楷楠，2018）。海洋经济发展与海洋生态文明辩证统一，海洋经济发展往往会破坏生态文明，生态文明建设有利于海洋经济转型，但也会淘汰或限制落后的海洋经济（柴媛、张伟和黄硕琳，2019）。

我国海洋资源丰富，海洋经济存在较大发展空间，成为拉动内需的重要力量，2021年中国海洋经济生产总值超过9万亿元，同比增长8.3%，对国民经济增长的贡献上升为8%（自然资源部海洋战略规划与经济司，2022）。"一带一路"倡议为开放型海洋经济发展提供了平台，《区域全面经济伙伴关系协定》则有利于加强中国同域内国家海洋产业贸易与投资联系，优化区域内产业链和价值链，推动区域性海洋经济国际合作进程。

近年来，中国与《区域全面经济伙伴关系协定》（*Regional Comprehensive Economic Partnership*，RCEP）成员国建立了紧密的经贸关系和高水平的贸易与投资机制，海洋产业贸易联系不断深化。2020年，中国对RCEP区域海洋产业进口和出口贸易总值分别为154.28亿美元和326.12亿美元，占中国海洋产业进口、出口总额比重达30.54%和28.56%。① 在"双循环"和"海洋强国"战略背景下探究海洋产业在 RCEP 区域内的贸易前景对于中国优化海洋产业贸易结构、提高海洋产业国际竞争力、发展海洋高科技产业和建设完善海洋经济体系具有重要意义。

二、文 献 综 述

当今世界正经历百年未有之大变局,中美贸易摩擦导致世界经济全球化进程受阻,对世界经济造成很大的冲击,新冠疫情全球大流行加速了大变局的演变。在此背景下,RCEP 有望在未来数十年内成为推动亚太地区经济增长的重要力量 RCEP 提出以来,众多学者对其经济效应展开了研究,研究采取双循环(周玲玲和张恪渝,2021)、贸易自由化(张裕仁和郑学党,2017)、增加值贸易(杜运苏和刘艳平,2020)和全球价值链(杜声浩和王勤,2021)等多重视角,涉及对象包括宏观经济、社会福利、贸易结构等,研究结果均表明 RCEP 生效将为域内成员国带来持续的宏观经济增长、社会福利改善和贸易结构优化。例如,王春宇等(2022)的研究表明 RCEP 的签署,在中长期会显著提升我国与 RCEP 国家尤其是与日本、韩国的贸易 RCEP 有利于深化我国与东盟、东亚的经贸合作,推动构建更加强大的生产网络,巩固和稳定产业链供应链,提升价值链。王孝松等(2022)的研究考察了RCEP 达成给我国带来的经贸效应,数值模拟结果表明,RCEP 将对我国的产出、外贸、收入、社会福利等多个方面带来促进效应。张洁等(2022)通过构建一般均衡模型,探究了 RCEP 对个体贸易利益的影响。结果表明 RCEP关税削减提高了所有成员国及部分非成员国消费者贸易利益。

具体到产业领域,学术界主要从 RCEP 区域农业和制造业等方面进行了探究。在农业领域,国内学者主要从 RCEP 生效对农产品贸易的冲击(刘艺

---

① 数据来源于 UNCTAD 数据库,笔者计算整理得出。

卓和赵一夫，2017）、中国与 RCEP 各国农产品贸易关系（林清泉、郑义和余建辉，2021）以及中国与 RCEP 区域农产品贸易效率和潜力（李明等，2021；陈雨生，2022）等方面展开研究。在制造业领域，已有研究则主要通过设定不同关税情景，运用 GTAP 模型模拟分析 RCEP 生效对域内成员国制造业贸易规模和结构的影响，结果显示协定带来的关税缩减可以扩大贸易规模和优化贸易结构（陆菁、高宇峰和王韬璇，2021；许玉洁、刘曙光和王嘉奕，2021）。对于数字产品、水产品等制造业细分领域已有学者进行了研究，李丹等（2022）的研究分析了中国对 RCEP 伙伴国数字产品出口效率情况，结果表明目前中国对 RCEP 伙伴国出口效率值较低，数字产品贸易存在较大拓展空间。RCEP 协定的生效，有利于提升中国对 RCEP 伙伴国的出口效率，促进数字产品贸易发展。罗晓斐等（2022）运用贸易结合度指数、RCA 指数、G-L 指数、HIIT 以及 VIIT 指数等指标，对 RCEP 区域内水产品产业链特征进行了研究，结果表明 RCEP 成员国间水产品产业链较为完整，此外中国的水产品产业链在 RCEP 区域内存在较大延伸空间。

综上所述，已有研究主要聚焦于 RCEP 生效对宏观经济和具体产业发展的经济效应、中国对 RCEP 区域农产品贸易关系及贸易效率等方面，但比较缺乏对中国与 RCEP 海洋产业贸易效率及前景的研究。因此，本研究运用时变随机前沿引力模型测算中国对 RCEP 区域海洋产业的贸易拓展空间，选取进口显性比较优势指数衡量东道国进口需求水平，在此基础上，结合波士顿矩阵分析法研究中国与 RCEP 自贸区成员国海洋高科技产业以及其细分产业的贸易前景。

三、研究方法

（一）选取随机前沿引力模型测度中国出口贸易效率

随机前沿引力模型以传统引力模型为基础，在其基础上选择相关变量。

经典的引力模型仅包括经济规模和地理距离两个变量，两个变量的经济学含义分别是国家的经济发展水平和贸易运输成本。此后，学者不断拓展引力模型的变量。林内曼（Linnemann，1966）认为人口数量可以衡量一个国内市场需求，从而影响贸易规模，因此将其引入引力模型中。伯格斯特兰（Bergstrand，1989）认为共同语言能帮助沟通，降低贸易阻力，从而影响贸易规模，因此将共同语言这一虚拟变量纳入模型中。阿姆斯特朗（Armstrong，2007）将影响国际贸易但难以被量化的因素作为贸易非效率项引入模型，模型设定如下：

$$Y_{ijt} = f(X_{ijt};\ \beta)\exp(V_{ijt} - U_{ijt}) \qquad U_{ijt} \geqslant 0$$

$$Y_{ijt}^* = f(X_{ijt};\ \beta)\exp(V_{ijt}) \qquad U_{ijt} = 0$$

$$TE_{ijt} = \frac{Y_{ijt}}{Y_{ijt}^*} = \exp(-U_{ijt}) \qquad TE_{ijt} \in (0,\ 1)$$

$$TS_{ijt} = 1 - TE_{ijt} \qquad TS_{ijt} \in (0,\ 1) \tag{1}$$

式中，Y_{ijt} 为 t 时期对 i 国对 j 国出口贸易总值；Y_{ijt}^* 为贸易潜力；X_{ijt} 为影响出口贸易总值的各种因素；β 为待估参数；V_{ijt} 为随机误差项；U_{ijt} 为贸易非效率项；TE_{ijt} 为贸易效率；TS_{ijt} 为贸易拓展空间。

（二）选取进口显性比较优势指数测度东道国进口需求

巴拉萨（Balassa，1965）提出了可以用来测算一国某具体行业出口贸易竞争力的显性比较优势指数（RCA），并得到广泛运用。因此本研究选取与其对应的进口显性比较优势指数（IRCA）衡量一国对具体产品的进口需求水平。IRCA 指数越大，代表该类产品的国内供给能力越弱，对国外进口需求越高。计算公式为

$$IRCA_{jk} = (M_{jk}/M_j)/(M_{wk}/M_w) \tag{2}$$

式中，M_{jk}、M_j 为 j 国 k 类商品的进口额和进口总额；M_{wk}、M_w 为世界 k 类商品的进口额和进口总额。一国进口需求水平划分标准为：$IRCA \geqslant 2.5$，表示进口需求极高；$1.25 \leqslant IRCA < 2.5$，表示进口需求较高；$0.8 \leqslant IRCA < 1.25$，

表示进口需求处于中等水平；IRCA＜0.8，表示进口需求较低，可视为不存在进口需求。

（三）选取波士顿矩阵分析法衡量贸易前景

本研究借鉴陈雨生（陈雨生，2022）的做法，选取制造业出口贸易拓展空间（TS）和进口需求水平（IRCA）两项指标，在此基础上，结合波士顿矩阵分析法，将贸易前景划分为4种类型：前景光明、前景可期、前景瓶颈和前景暗淡（见图1）。图中横坐标表示各国海洋高科技产品进口依赖度，IRCA≥0.8代表存在海洋高科技产品进口依赖，反之则不存在海洋高科技产品进口依赖；图中纵坐标表示贸易拓展空间（TS），TS≥0.5代表海洋高科技产品贸易存在较大贸易拓展空间，TS＜0.5代表存在较小贸易拓展空间。

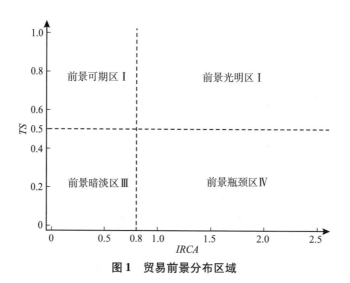

图1 贸易前景分布区域

具体而言，当TS≥0.5，IRCA≥0.8时，表明中国海洋产业存在较大出口贸易拓展空间且东道国存在进口需求，故可视为贸易前景光明；当 $TS \geqslant$ 0.5，$IRCA < 0.8$ 时，表明中国海洋产业存在较大出口贸易拓展空间但东道国进口需求较低，故可视为贸易前景可期；当 $TS < 0.5$，$IRCA \geqslant 0.8$ 时，表明中国海洋产业出口贸易拓展空间较小但东道国存在进口需求，故可视为贸易前景处于瓶颈，此时可通过优化贸易结构和寻找新的贸易增长点以突破瓶颈；当 $TS < 0.5$，$IRCA < 0.8$ 时，表明中国海洋产业出口贸易拓展空间较小且东道国进口需求较小，故可视为贸易前景暗淡。

四、实证检验及数据说明

（一）海洋产业分类及数据来源

本研究选取 2012～2020 年 RCEP 区域跨国面板数据，参照联合国贸易和发展会议数据（UNCTADstat）的分类方式（联合国贸易和发展会议，2017），将海洋产业划分为海洋渔业和水产养殖、海产品加工、海洋矿产资源、船舶和相关设备以及高技术制造业（见表 1），限于篇幅原因，下文将分别采用 T、A、C、D、E、F 代表海洋产业总体及上述 5 类产业；将海洋高技术制造业划分为 F1、F2、F3、F4 等 4 类。海洋产业出口和进口贸易总量数据来源于联合国贸易和发展会议数据库；GDP、人口数据来源于世界银行 WDI 数据库；距离和边界数据来源于 CEPII 数据库；货币和金融等经济自由度指数来源于美国传统基金会。此外，因文莱贸易增加值数据出现部分零值，故研究样本将文莱剔除在外。

表1 海洋产业分类及对应代码

类别	产品名称	产品代码	
海洋渔业和水产养殖	长须鲸、甲壳类动物、软体动物、水生无脊椎动物养殖其他海洋生物产品	O_A1	O_A
		O_A2	
		O_A3	
		O_A4	
		O_A5	
海产品加工	腌制鱼类、甲壳类和软体动物鱼、甲壳类动物、软体动物或其他水生无脊椎动物的养料、鱼类或海洋哺乳动物的油脂（不论是否精制）、加工食品和菜肴	O_C1	O_C
		O_C2	
		O_C3	
		O_C4	
海洋矿产资源	海盐、自然海砂	O_D1	O_D
		O_D2	
船舶和相关设备	船舶、船舶部件及辅助航行和港口的设备	O_E1	O_E
		O_E2	
海洋高技术产业	渔业和水产养殖业的制成品（不包括容器及其部件）、关于环境可持续性和清洁能源的高技术制造、由海洋生物制成的药品和化学品、相关电器设备沿海及海洋运动用品、纺织制品（服装除外）及其他制造材料、其他海洋工业的电气设备、机械和器具	O_F1	O_F
		O_F2	
		O_F3	
		O_F4	
		O_F5	

（二）中国对 RCEP 伙伴国海洋产业出口贸易效率分析

将 GDP、市场规模（POP）、距离（DIS）等自然因素纳入随机前沿引力模型，将人为因素纳入贸易非效率项，本研究模型设定如下：

$$\ln Y_{ijt} = \beta_0 + \beta_1 \ln GDP_{it} + \beta_2 \ln GDP_{jt} + \beta_3 \ln POP_{it}$$
$$+ \beta_4 \ln POP_{jt} + \beta_5 \ln DIS_{ij} + \beta_6 B_{ij} + V_{ijt} - U_{ijt} \tag{3}$$

式中，被解释变量 Y_{ijt} 表示 t 时期中国对其他 RCEP 成员国的实际海洋产品出口额，i 为中国，j 为其他成员国。其中，解释变量包括以下方面：GDP 代表

RCEP 成员国经济规模、需求水平和经济发展程度,一个国家经济规模越大、发展水平越高、消费需求越大,就越能够促进国家间海洋产品贸易额;POP 代表成员国的市场规模,人口数量越多,市场规模越大,国内市场对于产品的需求增加,从而带来出口贸易额的下降;DIS_{ij} 数据以中国上海港到各国代表性港口的距离作为中国到这些国家的海运距离,衡量海洋产品的运输成本。一般而言地理距离对于贸易存在阻碍作用,但随着物流运输行业的快速发展,距离对于国际贸易的阻碍作用正在减弱;B_{ij} 表示是否有共同边界,贸易双方拥有共同边界时可以通过减少运输距离降低运输成本,从而促进贸易发展。因此将边界纳入随机前沿引力模型进行研究,当两国具有共同边界,变量值为 1,否则为 0。本研究使用 Frontier 4.1 软件对于上述模型进行测算时,选取时变随机前沿引力模型的测算结果如表 2 所示。

表 2　　　　　　　　　　　**时变随机前沿引力模型估计结果**

变量	O_F	O_F1	O_F2	O_F3	O_F4
常数项	286.34 *** (199.59)	273.04 * (1.58)	277.07 *** (166.63)	− 320.15 *** (− 311.13)	− 32.98 *** (− 0.10)
$\ln GDP_{it}$	1.64 *** (15.17)	2.41 *** (4.45)	1.10 *** (7.92)	− 0.68 ** (− 6.78)	1.29 *** (1.30)
$\ln GDP_{jt}$	0.83 *** (14.80)	1.13 *** (13.59)	0.72 *** (4.37)	0.57 *** (7.49)	1.16 *** (22.74)
$\ln POP_{it}$	− 13.95 *** (− 105.65)	− 13.57 (− 1.60)	− 13.24 *** (− 98.59)	16.08 *** (181.00)	1.31 *** (0.08)
$\ln POP_{jt}$	− 0.07 (− 0.93)	− 0.22 (− 1.50)	− 0.03 (− 0.41)	0.14 (2.63)	− 0.25 (− 2.42)
$\ln DIS_{ij}$	0.36 (2.62)	− 0.04 (− 0.16)	0.34 (1.92)	0.06 (0.91)	0.02 * (0.36)
B_{ij}	1.00 *** (6.06)	0.44 ** (2.13)	1.06 *** (4.26)	0.24 (1.02)	0.78 *** (4.53)

续表

变量	O_F	O_F1	O_F2	O_F3	O_F4
σ^2	3.55 (1.19)	0.89 (1.68)	3.20 (1.65)	3.68 (2.13)	0.50 (0.82)
γ	0.99 *** (149.63)	0.97 *** (46.33)	0.99 *** (148.36)	0.99 *** (247.68)	0.79 *** (3.17)
η	-0.01 (-0.89)	-0.04 ** (-4.15)	0.02 ** (2.60)	0.02 ** (3.46)	-0.04 (-0.97)
log 似然值	19.55	7.26	6.06	14.35	-47.47
LR 检验	220.56	215.53	221.75	275.61	49.84

注：* 、** 和 *** 分别表示在10%、5%和1%的显著性水平上通过检验。

由估计结果可以看出，除 F3 市场外，中国国内经济规模（GDP_{it}）的影响系数均为正，且通过显著性检验，表明随着中国经济规模的扩大，中国整体经济实力也在不断提升，海洋经济的发展得到更多的政策和资金支持，有利于优化海洋经济发展环境，促进海洋战略性新兴产业发展，增加海洋高技术制造业产品产出量，从而促进我国海洋高技术产品的出口。在海洋高科技产业及其细分产业市场上，其他成员国国内经济规模（GDP_{jt}）均显著为正。这表明随着国家经济规模的不断扩大，其海洋经济发展水平也会相应提高，对海洋高技术产品的需求不断增加，从而促进贸易发展。中国人口（POP_{it}）的影响系数在不同市场上存在差异，系数为负表明随着中国人口增加，国内市场对于海洋高科技产品的需求增加，带来海洋高科技产品出口减少；而系数为正表明中国人口的增加扩大了海洋产品的供给，对产品出口存在促进作用。距离（D_{ij}）的影响系数并非显著为负，这是由于海洋高科技产品对于运输的环境要求不高，运输过程中的损耗较小，所以国家之间在进行高科技产品贸易时，并不会受到距的影响。边界（B_{ij}）对海洋高科技产品贸易的影响系数均为正，且部分通过显著性检验，这表明贸易双方拥有共同边界时，在同等贸易条件下，贸易运输距离的缩短有利于双方贸易的发展。

本研究基于上述模型测算海洋高科技产品及细分产品出口贸易效率的结果如表3所示，通过分析测算结果得出以下3个结论。

表3　　　　　　　　中国对 RCEP 伙伴国高科技产业产品出口贸易效率

国家	F			F1			F2			F3			F4		
	2012年	2016年	2020年	2012年	2016年	2020年	2012年	2016年	2020年	2012年	2016年	2020年	2012年	2016年	2020年
日本	0.46	0.44	0.43	0.14	0.10	0.07	0.51	0.54	0.57	0.31	0.34	0.38	0.60	0.56	0.51
韩国	0.89	0.89	0.89	0.25	0.20	0.16	0.89	0.89	0.90	0.89	0.90	0.91	0.53	0.47	0.42
澳大利亚	0.29	0.28	0.26	0.19	0.15	0.11	0.19	0.22	0.25	0.94	0.94	0.95	0.91	0.90	0.89
新西兰	0.14	0.13	0.12	0.16	0.12	0.09	0.06	0.08	0.10	0.26	0.29	0.32	0.76	0.73	0.70
印度尼西亚	0.40	0.39	0.38	0.23	0.18	0.14	0.49	0.53	0.56	0.40	0.44	0.47	0.40	0.35	0.29
马来西亚	0.95	0.95	0.95	0.56	0.51	0.46	0.91	0.91	0.92	0.83	0.85	0.86	0.81	0.78	0.76
菲律宾	0.74	0.73	0.73	0.48	0.43	0.37	0.47	0.50	0.53	0.61	0.64	0.66	0.89	0.88	0.86
新加坡	0.91	0.90	0.90	0.45	0.40	0.34	0.92	0.93	0.93	0.91	0.91	0.92	0.61	0.56	0.52
泰国	0.85	0.85	0.85	0.47	0.42	0.37	0.86	0.87	0.88	0.91	0.92	0.93	0.82	0.79	0.77
越南	0.93	0.93	0.93	0.91	0.90	0.89	0.93	0.94	0.94	0.87	0.88	0.89	0.92	0.91	0.90
柬埔寨	0.89	0.89	0.88	0.93	0.94	0.96	0.73	0.75	0.77	0.28	0.31	0.34	0.91	0.90	0.89
老挝	0.33	0.31	0.30	0.21	0.17	0.17	0.42	0.44	0.46	0.03	0.04	0.05	0.62	0.57	0.52
缅甸	0.23	0.22	0.21	0.29	0.23	0.19	0.18	0.21	0.24	0.38	0.41	0.44	0.45	0.40	0.34

资料来源：根据 Frontier 软件计算结果。

（1）从整体来看，RCEP 区域内中国海洋高科技产品出口贸易效率及贸易拓展空间差距较大。近年来国际贸易摩擦和新冠疫情给全球经济带来了冲击，海洋高科技产品（F）出口贸易效率逐年下降，2020 年平均贸易效率最低，为 0.60。在 RCEP 成员国之间比较分析，韩国、马来西亚、菲律宾、新加坡、泰国、越南和柬埔寨的出口效率虽然呈下降趋势，但仍然大于 0.5，其余国家效率小于 0.5。

（2）不同细分市场的贸易效率变化不同。2012～2020年，F1和F4市场的贸易效率呈下降趋势，F2和F3市场的出口贸易效率呈上升趋势，F2和F3对应的细分产业为环境可持续性和清洁能源的高科技制造业、海洋生物制成的药品和化学品；行业相关家电设备属于我国海洋产业的战略性新兴产业，近年来在政策的指导下快速发展，出口效率得到提升。

（3）不同细分市场的贸易拓展空间相差较大。2020年F1市场上，除了柬埔寨和越南的贸易效率高于0.5，其他RCEP国家贸易效率均在0.50以下，贸易效率提升空间较大。F2市场上，2020年澳大利亚、新西兰、老挝、缅甸4个国家的贸易效率低于0.5，贸易效率提升空间较大，其他RCEP国家贸易效率均在0.50以上。2020年F3市场上，日本、新西兰、印度尼西亚、柬埔寨、老挝、缅甸6个国家的贸易效率低于0.5，存在较大贸易拓展空间，其他国家贸易效率在0.50以上。2020年F4市场上，只有印度尼西亚和缅甸两个国家的贸易效率小于0.4，存在较大贸易拓展空间，其他国家贸易效率均在0.50以上。

综上所述，受到全球贸易摩擦和新冠疫情的影响，近年来海洋高科技产品整体产业的出口贸易效率逐年下降，存在较大贸易拓展空间。细分产业领域中，F2和F3对应的海洋战略性新兴产业，近年来出口贸易效率得到提升，F1和F4的出口贸易效率逐年下降。但随着各国疫情管控政策的不断完善以及国际组织推动全球经济复苏的不断努力国际经济与贸易环境会不断改善，RCEP的生效，为中国海洋高科技产品在自贸区内贸易效率的提升提供了发展机遇。

（三）RCEP伙伴国海洋产业进口需求分析

根据IRCA指数计算方法，可得RCEP各国海洋产业总体及分行业的进口需求水平，由表4可以看出RCEP各国对于海洋产品进口依赖度特征：①总体来看，除新加坡和老挝外，RCEP各国均具有中等以上的进口需求。澳大利亚、泰国、文莱和缅甸的IRCA指数均在1.25～2.5之间，进口需求水平较高；日本、韩国、新西兰、越南、马来西亚、印度尼西亚、柬埔寨和菲律宾的 IRCA 指数均在 0.8～1.25 之间，具有中等进口需求。②细分行业来看，不同细分产品市场的进口需求水平存在明显的国别异质性。A 产品市场中，日本和泰国的 IRCA 指数均超过 2.5，进口需求极高，韩国具有较高进口需求菲律宾和文莱具有中等进口需求，其余各国进口需求较低；C 产品市场中，除新加坡外均具有中等以上进口需求，其中新西兰、老挝和缅甸进口需求极高日本、澳大利亚、柬埔寨和菲律宾进口需求较高；D 产品市场中，除澳大利亚、越南、泰国、老挝和缅甸外均具有中等以上进口需求，其中印度尼西亚进口需求极高，日本、韩国、新西兰、新加坡和菲律宾进口需求较高；E 产品市场中，澳大利亚、新西兰、马来西亚和印度尼西亚进口需求较高，韩国、泰国和缅甸具有中等需求，其余各国进口需求较低；F 产品市场中，除柬埔寨和老挝外均具有中等以上进口需求，其中澳大利亚、泰国和缅甸进口需求较高。③分国别来看，不同国家的海洋产业进口需求水平因地理条件和自然资源禀赋差异而存在显著的行业异质性。其中，日本和泰国在 A 行业进口需求极高，新西兰、老挝和缅甸在 C 行业进口需求极高，印度尼西亚在 D 行业与 E 行业中的进口需求最高，缅甸在 F 行业进口需求最高。

表 4　　　　　　　　**2020 年 RCEP 区域海洋产业 IRCA 指数**

国家	T	A	C	D	E	F
日本	1.20	2.58	1.74	2.04	0.71	0.97
韩国	1.12	1.67	0.87	1.55	1.21	0.93
澳大利亚	1.26	0.57	1.88	0.44	1.41	1.25
新西兰	1.22	0.36	2.54	1.44	1.36	1.11
新加坡	0.64	0.35	0.45	1.38	0.60	0.81
越南	0.99	0.99	1.05	0.44	0.71	1.19
泰国	1.55	2.88	1.18	0.37	1.24	1.44
马来西亚	1.16	0.80	0.92	1.23	1.74	0.91
印度尼西亚	1.20	0.31	0.85	2.94	1.98	0.97

续表

国家	T	A	C	D	E	F
柬埔寨	0.81	0.05	2.50	0.88	0.70	0.77
菲律宾	1.04	1.00	1.44	1.56	0.76	1.16
老挝	0.77	0.12	2.95	0.51	0.79	0.49
缅甸	1.34	0.10	2.68	0.46	1.09	1.64

由表 5 可以看出，RCEP 各国对于海洋高技术产品进口依赖度特征：①总体来看，除柬埔寨和老挝外，RCEP 各国对于海洋高技术产品均具有中等以上的进口需求。澳大利亚、泰国、缅甸的 IRCA 指数位于 1.25 ~ 2.5 之间，表明这些国家的进口需求水平较高；日本、韩国、新西兰、新加坡、越南、马来西亚、印度尼西亚、菲律宾的 IRCA 指数位于 0.8 ~ 1.25 之间，表明该国具有中等进口需求。②细分行业来看，海洋高科技产业不同细分产品市场的进口依赖度表现出明显的国别异质性。F1 市场中，除老挝外均具有中等以上进口需求，其中泰国的 IRCA 指数均超过 2.5，进口需求极高，澳大利亚、新西兰越南、马来西亚、柬埔寨、菲律宾和文莱具有较高进口需求，日本、韩国、新加坡、印度尼西亚和缅甸具有中等进口需求；F2 市场中，缅甸进口需求极高，泰国和印度尼西亚具有较高进口需求，日本、韩国、澳大利亚、新西兰、新加坡、越南、马来西亚、菲律宾和文莱具有中等进口需求；F3 市场中，澳大利亚和缅甸进口需求较高，日本、新西兰、菲律宾和文莱进口需求处于中等水平，其他国家的进口需求较低；F4 市场中，老挝的 IRCA 指数均超过 2.5，进口需求极高，澳大利亚和新西兰进口需求较高，日本、韩国、越南和印度尼西亚的进口需求处于中等水平。③分国别来看，不同国家的海洋高技术产业进口需求水平因地理条件和自然资源禀赋差异而存在显著的行业异质性。其中，泰国在 F1 行业进口需求极高，缅甸在 F2 和 F3 行业进口需求极高，老挝在 F4 行业进口需求最高。

表5　　　　RCEP 伙伴国海洋高科技产品及细分产品 IRCA 指数

国家	F	F1	F2	F3	F4
日本	0.97	1.06	0.86	1.02	1.17
韩国	0.93	1.21	1.14	0.54	1.03
澳大利亚	1.25	1.31	1.20	1.32	1.74
新西兰	1.11	1.25	1.08	1.11	1.47
新加坡	0.81	0.82	1.00	0.55	0.35
越南	1.19	2.31	0.99	0.51	0.97
泰国	1.44	2.92	1.44	0.55	0.65
马来西亚	0.91	1.29	1.02	0.47	0.59
印度尼西亚	0.97	0.96	1.84	0.46	1.12
柬埔寨	0.77	1.39	0.72	0.46	0.73
菲律宾	1.16	1.78	0.98	0.87	0.52
老挝	0.49	0.73	0.72	0.19	4.36
缅甸	1.64	1.21	2.60	1.43	0.49

综上所述，RCEP 各个成员国在海洋产品及细分产品市场进口依赖度数值相差较大，整体而言进口依赖度较高，对海洋高科技产品进口需求较大的 RCEP 自贸区在货物贸易和海关程序与贸易便利化方面的优惠条款为我国海洋产品贸易，以及海洋高科技产品贸易带来新的发展机遇。

（四）中国与 RCEP 伙伴国海洋产业贸易前景分析

基于本研究测算的中国在 RCEP 区域内海洋高科技产品的出口贸易拓展空间以及 RCEP 各成员国进口显示性比较劣势指数，结合波士顿矩阵分析法探讨中国与 RCEP 各个成员国在海洋高科技产业的贸易前景情况并得出相应结论，结果如表6所示。

表6 中国出口 RCEP 伙伴国海洋高技术产品贸易前景评价

国家	F			F1			F2			F3			F4		
	依赖度	空间(TS)	前景	依赖度	空间(TS)	前景	依赖度	空间(TS)	前景	依赖度	空间(TS)	前景	依赖度	空间(TS)	前景
日本	0.97	0.57	I	1.06	0.93	I	0.86	0.43	IV	1.02	0.62	I	1.17	0.49	IV
韩国	0.93	0.11	IV	1.21	0.84	I	1.14	0.1	IV	0.54	0.09	III	1.03	0.58	I
澳大利亚	1.25	0.74	I	1.31	0.89	I	1.2	0.75	I	1.32	0.05	IV	1.74	0.11	IV
新西兰	1.11	0.88	I	1.25	0.91	I	1.08	0.90	I	1.11	0.68	I	1.47	0.30	IV
印度尼西亚	0.97	0.62	I	0.96	0.86	I	1.84	0.44	IV	0.46	0.53	II	1.12	0.71	I
马来西亚	0.91	0.05	IV	1.29	0.54	I	1.02	0.08	IV	0.47	0.14	III	0.59	0.24	III
菲律宾	1.16	0.27	IV	1.78	0.63	I	0.98	0.47	IV	0.87	0.34	IV	0.52	0.14	III
新加坡	0.81	0.10	IV	0.82	0.66	I	1.00	0.07	IV	0.55	0.08	III	0.35	0.48	III
泰国	1.44	0.15	IV	2.92	0.63	I	1.44	0.12	IV	0.55	0.07	III	0.65	0.23	III
越南	1.19	0.07	IV	2.31	0.11	IV	0.99	0.06	IV	0.51	0.11	III	0.97	0.10	IV
柬埔寨	0.77	0.12	III	1.39	0.62	IV	0.72	0.23	III	0.46	0.66	II	0.73	0.11	III
老挝	0.49	0.70	II	0.73	0.83	II	0.72	0.54	II	0.19	0.95	II	4.36	0.48	IV
缅甸	1.64	0.79	I	1.21	0.81	I	2.6	0.76	I	1.43	0.56	I	0.49	0.66	II

注：4个贸易前景中，I 代表贸易前景光明，II 代表贸易前景可期，III 代表贸易前景暗淡，IV 代表贸易前景瓶颈。

对海洋高科技产品市场（F）的结果进行分析贸易前景可期区的国家为老挝，贸易前景暗淡区的国家为柬埔寨，处于贸易前景光明区的国家为日本、澳大利亚、新西兰、印度尼西亚、缅甸，其他国家处于贸易前景瓶颈区。从细分市场分析，在 F1 市场中，贸易处于前景光明区的有：日本、韩国、澳大利亚、新西兰、印度尼西亚、马来西亚、菲律宾、新加坡、泰国和缅甸，贸易处于前景可期区的国家是老挝，贸易处于前景瓶颈区的国家有日本、越南和柬埔寨，没有国家贸易处于前景暗淡区。在 F2 市场中，贸易处于前景光明区的国家有澳大利亚、新西兰和缅甸，贸易处于前景可期区的国家为老挝，贸易处于前景暗淡区的国家为柬埔寨，其余国家贸易处于前景瓶颈区。在 F3 市场中，日本、新西兰、缅甸的贸易处于前景光明区，印度尼西亚、柬埔寨、老挝贸易处于前景可期区，澳大利亚、菲律宾的贸易处于前景瓶颈区，其余国家贸易处于前景暗淡区在 F4 市场中，贸易处于前景光明区的国家为韩国和印度尼西亚，贸易处于前景可期区的国家为缅甸，贸易处于前景瓶颈区的国家有日本、澳大利亚新西兰、越南、老挝，其余国家贸易处于前景暗淡区。

五、结论及政策建议

上述研究结果表明，2012～2020 年我国与 RCEP 成员国在海洋高科技产业的出口贸易效率逐年下降，存在较大贸易拓展空间；从各细分市场上看，海洋高科技细分产品市场上的贸易效率和贸易前景存在较大差异，F1 和 F4 市场的贸易效率呈下降趋势，F2 和 F3 市场的出口贸易效率呈上升趋势但整体而言中国与 RCEP 成员国的海洋高科技产品贸易前景较为光明，RCEP 的签订为区域内海洋高科技产业贸易带来了发展机遇和挑战，为实现我国海洋高科技产业更好发展，提出以下政策建议。

（1）推动 RCEP 条款发挥作用，提高 RCEP 成员国间产业链供应链融合度。作为全球最大自贸区，RCEP 目前达成的相关协定中，确立了一致的原产地规则和规定了参与国之间 90% 的货物贸易将实现零关税，这有既利于促进区域内投资和供应链转移，还有利于推动自贸区区域内产品和服务自由流动，对于进一步扩大和加深亚洲和区域供应链发挥着重要作用。

（2）提升中国海洋创新水平和海洋高技术产业竞争力。提升国内海洋高技术产品产业和企业竞争力。推动海洋高新技术产业创新性发展，进而推动海洋产业优化升级，利用 5G、高精尖设备以及人工智能等高科技发展海洋经济，以技术创新突破海洋经济发展瓶颈形成新的竞争优势。

（3）明确沿海省（自治区、直辖市）的海洋开放格局，优化各区域海洋产业所处的营商环境，合理规划不同地区的海洋开放创新重点，加大海洋经济对外开放合作力度，以普惠性政策打造更开放、包容、高效的海洋企业经营环境。

（4）提升海洋经济创新能力。注重在海洋交通运输业、海洋生物医药业等重点海洋产业领域增加科研经费和科研人员的投入，加快推进海洋经济创新理论研究，并且提高海洋专利技术的转换率和利用率，将创新的理论成果运用到实际经济生产活动中去。同时要注重海洋产业现代专业人才的培养和引入，以提高海洋从业人员的知识水平和综合能力，提高海洋经济发展的创新能力。

参 考 文 献

［1］曹忠祥（2013）. 我国海洋经济发展的思路与重点. 经济日报，（7）.

［2］柴媛，张伟和黄硕琳（2019）. 海洋经济系统与海洋生态环境系统耦合度协调分析：以上海市为例分析. 中国渔业经济，（4）：50 – 56.

［3］陈雨生（2022）. RCEP 自贸区内中国农产品出口效应及贸易前景——基于随机模型及细分市场的实证分析. 中国流通经济，（4）：56 – 66.

［4］杜声浩和王勤（2021）. 区域全面经济伙伴关系协定对台湾的经济影响——基于价值链分析和 GTAP 政策模拟. 台湾研究集刊，（1）：76 – 89.

［5］杜运苏和刘艳平（2020）. RCEP 对世界制造业分工格局的影响——基于总值和增加值贸易的视角. 国际商务研究，（4）：62 – 74.

［6］郭瑾（2020）. 我国海洋文化产业内涵意蕴与发展方略. 山东社会科学，（4）：177 – 182.

［7］李丹和武杰（2022）. 中国数字出口动态因素解构与贸易潜力研究：基于《区域全面经济伙伴关系协定》的分析. 亚太经济，（3）：46 – 54.

［8］李明等（2021）. 中国出口 RCEP 成员国农产品贸易效率及潜力——基于随机前沿引力模型的分析. 世界农业，（8）：33 – 43，68，119.

［9］联合国贸易和发展会议（2017）. UNCTAD 海洋产业分类.

［10］林清泉，郑义和余建辉（2021）. 中国与 RCEP 其他成员国农产品贸易的竞争性和互补性研究. 亚太经济，（1）：75 – 81，151.

［11］刘艺卓和赵一夫（2017）. "区域全面经济伙伴关系协定"（RCEP）对中国农业的影响. 农业技术经济，（6）：118 – 124.

［12］陆菁，高宇峰和王韬璇（2021）．区域经济一体化对中国制造业的影响——基于RCEP的模拟分析．苏州大学学报（哲学社会科学版），（3）：124 - 135.

［13］罗晓斐和韩永辉（2022）．RCEP区域水产品产业链特征及中国参与治理路径．中国流通经济，（5）：90 - 105.

［14］同春芬和吴楷楠（2020）．经济新常态背景下海洋社会政策托底建构的思考．中国海洋大学学报（社会科学版），（4）：1 - 7.

［15］王春宇和王海成（2022）．RCEP关税减免对我国贸易的主要影响及对策．宏观经济管理，（6）：74 - 81，90.

［16］王孝松和周钰丁（2022）．RCEP生效对我国的经贸影响探究．国际商务研究，（3）：18 - 29.

［17］许玉洁，刘曙光和王嘉奕（2021）．RCEP生效对宏观经济和制造业发展的影响研究——基于GTAP模型分析方法．经济问题探索，（11）：45 - 57.

［18］杨朝光（2018）．把握海洋强国建设的重点、推动海洋经济高质量发展．人民日报，（7）.

［19］张洁，秦川乂和毛海涛（2022）．RCEP全球价值链与异质性消费者贸易利益．经济研究，（3）：49 - 64.

［20］张裕仁和郑学党（2017）．TPP与RCEP贸易自由化经济效果的GTAP模拟分析．重庆大学学报（社会科学版），（5）：1 - 9.

［21］周玲玲和张恪渝（2021）．双循环视域下RCEP建立对中国区域制造业的影响．经济问题探索，（10）：74 - 83.

［22］自然资源部海洋战略规划与经济司（2022）．2021年中国海洋经济统计公报.

［23］Armstrong, S. P.（2007）. Measuring trade and trade potential：a survey. Crawford School Asia Pacific Economic Paper，（368）.

［24］Balassa, B.（1965）. Trade liberalization and revealed comparative advantage. The Manchester School of Economic and Social Studies，33（2）：99 - 124.

［25］Bergstrand, J. H.（1989）. The generalized gravity equation, monopolistic competition, and the factor-proportions theory in international trade. Review of Economics & amp；Statistics，71（1）：143 - 153.

［26］Linnemann, H.（1966）. An econometric study of international trade flows. Amsterdam：North-Holland Publishing Company.

第四篇 | 海洋经济发展战略

海洋经济发展走向多元[*]

刘曙光[**]

21 世纪是海洋的世纪。作为巨大而富饶的资源宝库和各国利益拓展的新空间,开发利用海洋成为国际竞争的主要目标之一。近来,多国在北极地区频频动作,沿海国家不断寻找开辟新航线,都是受海洋经济利益的驱使。海洋经济正在成为全球经济的一个新增长点。

海洋经济发展由来已久。国际范围的海洋经济现象,至少应追溯到古代东地中海周边腓尼基人和雅利安人在海上的经济交往。当时的海洋经济更多地具有"亦盗亦商"甚至"以盗为主,以商为辅"的原始形态。欧洲中世纪后期北欧维京海盗的海上和沿海洗劫,东西地中海城邦国家的海上贸易线路和港口的争夺战,都表现了海洋经济发展较为血腥的一面。伴随着北欧汉萨同盟的建立和壮大,南北欧通过荷兰和英国的贸易口岸实现了海上及沿海经济贸易融合,展示了海洋区域经济与规模经济的发展轨迹。16 世纪以来,通过葡萄牙和西班牙探险者开拓海上航线、荷兰建立海上贸易线路与海外殖民地,以及英、法等国推进海洋战略据点建设,"宗主国—殖民地"跨海国际经济贸易格局逐步形成,海洋经济发展开始表现为大陆之间更大尺度的所谓

---

* 发表于《人民日报》2011 年 11 月 23 日,第 22 版。

** 刘曙光,1966 年出生,男,博士,中国海洋大学经济学院、经济发展研究院教授,博士生导师,研究方向:海洋经济、区域创新与国际经济合作。

"大航海时代"的海上经济交往。

随着二战后国际经济秩序的重新调整，越来越多的国家开始参与和推动海洋经济与贸易活动，海洋资源开发与海洋空间利用、海洋环境保护等方面的法律法规体系和国际组织体系建设逐步完善。第二次工业革命以来的科技进步，更是极大地促进了海洋经济发展手段的革新，拓展了其活动范围和层次。近年来，以可持续发展为基调的高技术经济、生态经济、环境经济等新概念的提出，为国际海洋经济发展提供了更广阔的空间。

海洋产业集群的培育和升级是目前各国关注的重点。作为海洋经济活动的主要载体之一，海洋产业集群的主要部门包括航运、船舶制造、海事设备、海洋港口、海事服务、离岸服务、捕鱼等，广义而言，还应包括海军和海岸警卫队、内陆航运、海事工程等部门。英国伦敦海洋服务产业集群处于全球价值链的高端。为提升集群的全球竞争能力，其金融业产业集群正在鼓励涉海公共和私有部门之间在本地和全球进行交流与整合，设立集群协调机构，并努力形成海洋产业集群信息一体化网络。

由于海洋开发规模不断扩大，越来越多的国家开始进行海洋空间规划，旨在通过整体规划协调和规范沿海地区、海洋港口区及相关海域的海陆利益相关者，促进和实现海陆资源的可持续利用。

建立国家海洋创新体系也是不少国家正在进行的有益尝试。20世纪90年代以来，需要各相关国家共同支持和参与的全球性海洋观测计划和深海钻探计划深入发展。加拿大积极推进的"海王星"海洋观测站计划，是目前世界上最大的海底有线局域网，其所拥有的持续实时观测海底、板块规模调查等技术在提供持续动力和远程仪器控制等方面都具有强大的创新能力。加拿大在该项目的研究、优化运行和商业实践方面都取得了进展，并且已经开始与美国、欧盟、日本、中国等开展国际合作。

海洋经济应走向"深蓝"[*]

刘曙光[**]

蓝色经济已然成为引领青岛经济发展的新引擎。进入 2013 年,青岛的蓝色经济必将是拉动青岛地区生产总值(GDP)增长的主力军。从蓝色经济的外延来看,有关涉海的、临海(港)的、海上的经济形式都可以算作蓝色经济。从蓝色经济的内涵出发,蓝色经济必然是环境友好的、资源节约的、生态进步的、科技引领的、动态开放的海洋或涉海经济,它超越了我们传统意义上的海洋经济。

蓝色经济本身就是对海洋的"绿色投资",或者更为直接地说,建设蓝色经济是在为蓝色生态文明作贡献,实际上就是在进行"蓝色投资"。我们说经济发展的主要目标,一是带来经济效益,二是带来社会效益,再就是带来生态效益。近年来,青岛加大了对海洋自然资本的投入,这就是"蓝色投资"的表现。我们直接对海洋环境进行投资,就避免了先污染后治理的落后发展方式,在美化海洋"蓝色"环境的同时,带动了海洋治理产业和工程方面的相关"蓝色"就业。我们可以这样理解,蓝色经济的发展是海洋经济发展的一个目标,它的本质是传统海洋经济的"蓝化",而它的宗旨就是在经

* 原载《人民日报》2013 年 5 月 23 日,第 2 版。

** 刘曙光,1966 年出生,男,博士,中国海洋大学经济学院、经济发展研究院教授,博士生导师,研究方向:海洋经济、区域创新与国际经济合作。

济发展的同时，带动蓝色生态文明的发展。

与许多城市相比，青岛蓝色经济发展的起点是高的，特别是在自然环境条件和海洋科技研发等方面具备相当强的国际竞争力。

青岛蓝色经济的发展有着山东半岛蓝色经济区建设这一国家级战略，可以说初步具备了国家和地方政府在蓝色经济发展初期予以支持的有利条件，只有在政府的引导、政策的引领下，才能实现青岛传统海洋经济的转型和新型蓝色产业的发展。目前，青岛已经打开了国际化战略之门，通过"蓝洽会"等方式，引进了一大批高端蓝色人才，这就为青岛今后加快蓝色经济发展打下了坚实的基础。

青岛蓝色经济今后发展有三条主线：第一条主线是以东翼蓝色硅谷核心区为载体的蓝色经济"全球高端竞争"路线；第二条主线是以西海岸经济新区为载体的蓝色经济"国际横向合作"路线；第三条主线是以红岛经济区和城阳区为载体的蓝色经济"引进辐射带动"路线。

在今后很长一段时间内，它们将是"大青岛"发展格局的稳定支撑。这三个蓝色经济建设区都是国家级战略与地方发展相结合的重要载体，也是青岛蓝色经济发展的主阵地。

从 2013 年来看，蓝色经济还要继续坚持开放式的建设之路。第一，要进一步加大资金、技术的引进，加强与国际上的交流和合作，在引进过程中，要注重团队、机构的引进，更要注意机制的学习，不可生搬硬套；第二，要紧抓国家战略不放手。在发展蓝色经济方面，一定要打"国家牌"，只有依靠国家政策的指引，才有足够的实力参与到国际竞争中来；第三，要强化序列化和战略性"蓝色投资"研究和配置，通过"蓝色投资"拉动地方整体经济发展；第四，将三大蓝色经济区建设纳入青岛未来城市和产业发展战略的核心，作为城市空间拓展的重要支撑，进而拉动蓝色产业的健康、有序发展。

海洋强国建设战略任重道远[*]

刘曙光^{**}

中共中央政治局于 7 月 30 日就建设海洋强国研究进行第八次集体学习，中共中央总书记习近平在主持学习时发表重要讲话（以下简称《讲话》），指出海洋强国战略实施对推动经济持续健康发展，对维护国家主权、安全、发展利益，对实现全面建成小康社会目标、进而实现中华民族伟大复兴都具有的重大而深远的意义。下面就我国推进海洋强国建设战略的相关内容谈几点认识和理解。

一、以海强国的历史与现实审视

《讲话》明确提出，要着眼于中国特色社会主义事业发展全局，统筹国内国际两个大局，通过和平、发展、合作、共赢方式，扎实推进海洋强国建设。这一阐述至少引申出以下三个方面的思考：首先，海洋强国建设战略应以史为鉴。古代历代王朝的兴盛都意味着向海洋开放的发展以及越洋和平交

* 原载《中国海洋报》2013 年 8 月 12 日，第 A2 版。

** 刘曙光，1966 年出生，男，博士，中国海洋大学经济学院、经济发展研究院教授，博士生导师，研究方向：海洋经济、区域创新与国际经济合作。

往的繁荣，而闭关锁国则是落后甚至衰败的代名词，因此必须从战略高度重视海洋及跨海交流与合作。其次，认真借鉴世界海洋强国兴衰的他山之石。历史上曾经的南欧海洋诸强，通过控制和拓展区域性甚至全球性海洋从而实现国家的强盛，但由于缺乏合理的国家战略规划和策略，并没有转换为本国经济与社会可持续发展的能力。反观当今欧美和大洋洲海洋强国，无一不是重视国家海洋战略的制定与实施，并积极参与全球海洋事务的竞争与合作。最后，海洋强国战略路在脚下。海洋强国战略不仅需要战略指引和顶层设计，而且需要各部门和各地区制定相应的时间表和路线图，通过认真贯彻实施已有涉海各项规划，整合各地区海洋发展规划，探索具有中国特色的海洋强国之路。

二、海洋经济运行面临艰难转型

《讲话》指出，发达的海洋经济是建设海洋强国的重要支撑，要提高海洋资源开发能力，着力推动海洋经济向质量效益型转变。海洋经济无疑既是建设海洋强国的重要手段和基础，也是海洋强国建设的重要目标。而海洋经济的强势发展需要至少面临如下重大课题：一是如何提升海洋资源开发的整体能力。海洋是相对完整的巨型复合生态系统，海洋资源的开发利用需要对海洋的系统认知，更需要具备合理和充分的经济技术手段。因此，作为海洋经济最为基本活动的海洋资源开发，考验着一个国家的整体经济能力和科学技术支持水平。二是如何转变传统海洋产业发展模式。海洋经济涵盖国民经济的三大产业体系，其中传统产业如海洋渔业、海洋交通运输业和海洋旅游业等，面临着高端人才、技术、资金匮乏，产业组织相对松散等一系列特色难题。三是如何选择海洋战略性新兴产业。当今国际海洋诸强纷纷尝试在海洋新能源开发、海洋生物技术开发、深海水综合利用等方面开展自主及联合研发，并且通过严格的知识产权保护，避免其过早和过快出现技术扩散和转移。

三、海洋科学技术需要创新引领

《讲话》强调着力发展海洋科学技术，推动海洋科技向创新引领型转变。国际历史经验表明，海洋科技发展是推动实现海洋强国的根本保障，而海洋科技发展是需要长期坚持的系统工程。今后我国海洋科技发展建议在如下方面实现战略性突破：一是建立并推进国家海洋创新体系。加拿大、澳大利亚、挪威等海洋强国都明确提出国家海洋（科技）创新体系建设战略，并在涉海产学研合作创新模式方面推进各具特色的成功实践。其中，挪威以高端海洋产业国际化竞争为核心的国家创新体系、加拿大的国家深海观测体系建设，都给我们诸多启示。二是建立国家海洋（深远海）开发重大工程。学习借鉴世界主要海洋强国围绕国家级海洋研究中心开展的海洋开发重大工程，推动我国海洋科学与技术实验室建设，以此为平台，推动涉海尤其是深远海开发系列化重大工程的建设。三是强化海洋科学与技术的基础研究和人才团队建设。海洋科技的发展必须基于长远而稳定的海洋科学发展与技术创新战略，要继续并强化海洋技术科学的研究与学科建设投入，建立面向未来的尤其是深远海开发的海洋科学及学科体系，在敏感、关键技术和共用技术开发方面进行充分的自主创新人才团队建设。

四、海洋生态文明呼唤陆海统筹

《讲话》提出要保护海洋生态环境，着力推动海洋开发方式向循环利用型转变。生态文明建设成为新时期我国推进可持续发展的国家战略，而海洋生态文明建设必须坚持陆海统筹兼顾的原则。统筹建设海洋生态文明需要考虑的主要内容包括：第一，明确陆海统筹战略下的海洋生态文明主体意识。传统的生态文明建设往往重陆轻海，而海洋生态系统建设缺乏明确的利益相关者，可谓"沧海无言"，但是其造成的危害更为严重和难以治理。第二，通过陆海协同治理保护海洋环境。进行分区流域环境治理与近海环境保护的多主体协同和分工，严格控制高污染和高环境威胁产业及工程的无序向海迁移，开展沿海地区、海岸带及近海相协调的空间综合规划。第三，建立海陆循环的陆海环境治理产业链。学习借鉴法国等国际海洋环境污染（如绿藻污染）的产业化利用的经验，将更多的海洋污染物处理与陆地产学研综合体建设相一致，将海洋环境治理行动转化为有着生态、经济和社会多重效益的蓝色投资。

五、海洋权益维护追求合作共赢

《讲话》提出要维护国家海洋权益，着力推动海洋维权向统筹兼顾型转变。这极大地加深了我们对于和平崛起前提下海洋强国建设战略的理解。首先，要客观和冷静地对待复杂的涉海权益关系。海洋问题纠缠着有史以来的多元利益主体之间的多层次和多角度利益矛盾甚至冲突，往往挑战一个国家和地区处理国际事务的战略智慧和耐心，需要认真予以梳理和应对。其次，应该学会利用和转化涉海权益矛盾。放大对待具体涉海争议问题的背景尺度，寻求和扩大有利于问题和平解决的途径和预案，追求与周边涉海国家和地区的共赢发展。最后，坚持海洋维权能力建设与跨海域合作的协调。通过海洋维权能力建设，提升区域性海洋开发与利用的安全保障能力，积极主动推动跨海区域（次区域）合作，共享和平与安全保障前提下的涉海事业发展机遇。

全球海洋公域治理的经济学探讨[*]

刘曙光　郭　越[**]

全球海洋公域具有全球公共品的属性。格劳秀斯（Hudo Grotius）在其著作《海洋自由论》中提出公海自由原则；马汉（Alfred Mahan）在其著作《海权对历史的影响：1660～1783》中，将"公域"概念赋予海洋；哈丁（Garrett Hardin）提出，海洋因为"公地悲剧"问题而不断受到威胁。1982年通过的《联合国海洋法公约》（UNCLOS）明确规定了海洋公域的范围。据此，海洋公域治理意味着针对处于国家管辖权之外的空间及资源的治理，其新兴热点包括南北两极地区治理、深海矿产资源开发与管理、公海生物遗传资源共享等。目前，关于海洋公域治理领域的经济学研究尚存在诸多空白，这里仅从与之相关的制度经济学与生态经济学视角做一些梳理。

制度经济学研究制度对于人类经济行为和社会经济发展的影响，制度是约束人与人之间互动关系的人为设计。对于全球海洋公域治理，整体主义的内涵更多体现在对治理制度的有效提供，而个体主义则更多反映各个治理主体行为对于治理制度的形成与推动作用。制度学派的观点表明了在全球性问

　＊　原载《中国社会科学报》2019年6月5日，第4版。本文系研究阐释党的十九大精神国家社科基金专项课题"新时代中国特色社会主义思想指引下的海洋强国建设方略研究"（18VSJ067）阶段性成果。

　＊＊　刘曙光，1966年出生，男，博士，中国海洋大学经济学院、经济发展研究院教授，博士生导师，研究方向：海洋经济、区域创新与国际经济合作。郭越，中国海洋大学经济学院本科生。

题的治理制度下，主体行动的复杂性与主权国家政府的主导性。

在新制度经济学领域，科斯通过对新古典零交易成本假定的修正，提出通过制度创新降低交易成本的新研究视角，界定了企业的"边界"。威廉姆森从降低交易成本出发，得出企业组织存在的意义，并指出在市场失效时，组织可以代替政府来实现资源的有效配置。交易成本的提出引领了新制度经济的发展，而其发展推动了对全球海洋公域治理的核心问题——产权问题的研究。科斯指明了产权的意义在于弥补资源使用的外部性，通过降低社会成本使得资源有效配置。波斯纳（Richard Posner）认为，效率与比较优势是影响产权配置的因素，能够比较高效利用资产的所有者应该拥有更大的所有权。由此，在全球海洋公域治理中，大国在寻求更多资源使用权的同时，由于其治理能力方面的优势，需要在资源养护、生态修复等方面承担更大的责任。

巴泽尔（Yofam Barzel）提出，资产的潜在所有者无法完全认识其特性与价值，这使得界定产权的预期收益无法详尽。由于交易成本的存在，资产的产权便无法被完全界定，所以资产的产权存在着介于明确界定与未界定之间的未明确界定的"公共领域"。海洋公域便是典型的存在产权"公共领域"的资产。各个国家对于海洋公域部分资源使用权界定模糊，对于此类资源的合理利用有赖于对其预期收益与交易成本的合理估计。此外，奥斯特罗姆创造性地提出了对公共事务自主治理的多中心治理理论，为以海洋公域为代表的公共池塘资源治理开创了新的研究路径；并认为依赖国际合作进行的大海洋生态系统的管理是最艰难的挑战之一，之后又提出了分析社会生态系统可持续性的一般性框架。

生态经济学着眼于生态环境、自然资源，主要研究人类活动与包括海洋在内的生态系统之间的相互作用，在学科演进过程中考虑了生态资源、生态产品到生态空间等。很多经济学家已经较早关注到自然资源、环境以及生态问题，如霍特林（Harold Hotelling）讨论了非可再生资源的最优开采率问题，克鲁蒂拉（John Krutilla）率先研究了"舒适型资源"的经济价值，其后克鲁蒂拉和费舍尔（Anthony Fisher）在著作中更进一步地对商品型和舒适型的自然资源进行探讨。而生态经济学的概念则是由博尔丁（Kenneth Boulding）首次正式提出。戴利（Herman Daly）认为，标准的新古典经济学建立在经济远离两个极限的假定基础之上，即生物物理限制和伦理社会限制总是不存在的，但是生态经济学家们却秉持着"自然界承载能力有限，资源将可能耗尽"的观点，且认为由于自然环境资源的破坏是不可逆转和灾难性的，因此他们倾向于提出基于预防原则的警示措施。

占地球表面积71%的海洋是全球三大生态系统之一，海洋生态系统在调节全球水循环、调节气候、支持地球生命等方面具有重要作用，海洋生态系统的平衡对于人类生存和可持续发展具有重要意义。在环保领域具有代表性的著作《寂静的春天》（*Silent Spring*，1962）的笔者卡森（Rachel Carson）即为一位海洋生态学家。科斯坦萨（Robert Costanza）等提出，海洋面临着过度捕捞、泄漏事件、生态系统破坏、陆地污染和气候变化五个主要问题，并提出了"负责任、规模匹配、预防不确定性、自适应管理、分配全部成本、利益攸关方参与"六项核心原则，指导海洋资源可持续性利用及治理；将生态系统所提供的产品和服务进行货币化评估，测算发现当时63.0%左右的生态系统服务价值来自海洋。全球海洋公域的生态环境亟待科学治理，伯施（Donald Boesch）考察了科学在海洋治理中的作用，他指出科学有助于理解代际效应和空间效应，解决海洋生态系统行为的内在不确定性，以适应管理所需综合生态经济模型的构建及评估。海洋治理中包括全球氮循环和沿海富营养化、不可逆转的栖息地退化、生物资源的无序开发以及气候变化对海洋和海岸环境的影响等问题。在为保护海洋生物多样性而限制公海捕鱼的背景下，席勒（Laurenne Schiller）等分析了公海渔获量和贸易数据，发现公海渔业在解决全球粮食安全方面发挥的作用微不足道。在海洋公域治理过程中，各国还需要考虑海洋生态系统的承载力或生态阈值，合理测度与评估，同时将其自然资源产品或服务的价值在经济核算中予以内部化，从而实现各方相互协调，共同保护海洋生态环境。

新时代海洋强国建设研究
视域提升的初步思考[*]

刘曙光　尹　鹏[**]

在国家海洋事业发展方面，党的十九大报告提出"坚持陆海统筹，加快建设海洋强国"的总体要求。如何深入理解和系统研究习近平新时代中国特色社会主义思想指引下的我国海洋强国建设方略，成为近期我国海洋发展战略研究领域的重大课题。

改革开放以来，海洋强国建设战略地位不断提升。根据杨金森的理解，凡是能够利用海洋获得比大多数国家更多的海洋利益，从而成为比其他国家更发达的国家，都可以称为海洋强国。中国海洋强国建设不仅是和平崛起境况下的时代追求，也是对我国历史发展过程中海洋经略传统的历史继承和"闭关锁国"教训的深刻反省。1978年党的十一届三中全会以来，我国对海洋的认识升至战略高度，先后提出了"近海防御、主权属我、搁置争议、共同开发"等海洋战略思想、"一定要从战略的高度认识海洋、实施海洋开发

---

　*　原载《中国社会科学报》2018年5月4日，第6版。本文系研究阐释党的十九大精神国家社科基金专项课题"新时代中国特色社会主义思想指引下的海洋强国建设方略研究"（18VSJ067）初期成果。

　**　刘曙光，1966年出生，男，博士，中国海洋大学经济学院、经济发展研究院教授，博士生导师，研究方向：海洋经济、区域创新与国际经济合作。尹鹏，1987年出生，男，中国海洋大学经济学院博士/博士后。

战略、为建设具有强大综合作战能力的现代化海军而奋斗"等理论观点、"远海防卫、和谐海洋、努力锻造一支与履行新世纪新阶段我军历史使命相适应的强大的人民海军"等海洋战略思想。党的十八大首次提及海洋强国建设，凸显中国政治、经济、社会发展到一定阶段的内在要求。以习近平同志为核心的党中央不断丰富完善海洋强国思想体系，逐步确立全面经略海洋与实现中华民族伟大复兴中国梦的战略关系。

海洋强国建设需要辩证发展与普遍联系思维。近代地理大发现以来，西方海上列强的全球海外拓展和"依海兴国"行动，促成其领军甚至主导世界的强国历史地位，但都带有强烈的近代殖民色彩，更留下全球非均衡与非和平发展格局的现实困境，海洋强国建设的"他山之石"需要我们冷静甄别。20世纪90年代，我国海洋事业全面发展，使得海洋强国建设与沿海地区发展密切结合，海洋发展成为国民经济建设和国际合作的生力军，但是不同维度海洋发展非均衡和不充分矛盾日益突出，迫切需要新时代强国建设内涵的充实与升级。21世纪初期，全球人地关系矛盾加剧，尤其是海洋资源枯竭和全球气候变化，促使世界大国纷纷更新海洋强国战略，争取新一轮全球海洋治理秩序的话语权，使得我国的海洋强国建设面临新的机遇与挑战。如何处理国内海洋事业发展与全球海洋事务参与的关系，使得新时代中国海洋强国建设研究具有了全球意义。

新时代强国建设思想为海洋强国建设研究提供整体思路。习近平新时代中国特色社会主义思想是解读新时代海洋强国建设的整体指导思想。新时代中国特色社会主义事业建设总目标定位是建设富强、民主、文明、和谐、美丽的社会主义现代化强国，为海洋强国建设目标定位提供了战略指导。新时期社会主要矛盾的转变，为海洋强国建设的动力机制建设，以及海洋领域充分发展与时空协同发展提供了分析依据。新时代经济、政治、社会、文化、生态文明建设"五位一体"总体布局，为海洋强国建设事业的总体布局提供了基本逻辑依据。新时代中国特色大国外交旨在推动建设人类命运共同体，为新时代海洋强国建设的全球海洋事务参与和处理国内外海洋事务指明了研究方向。习近平新时代中国特色社会主义建设重大方略更是为海洋强国建设方略提供了基本思路和行动指南。

"五位一体"总体布局为海洋强国建设研究提供关系维度。我国社会主义事业发展经历了由单一维度向多维度发展的渐变历程，海洋事业发展内涵也日益丰富，需要更为全面和系统的多维度内涵解析。海洋强国建设是新时代陆地、海洋、空天、网络等空间视角国家强国建设体系中的基本维度和关键领域。"陆海统筹"发展实际上是陆地、海洋、空天、网络等统筹发展的高度凝练和概括，更是将海洋强国深度融入国家的强国建设体系之中。海洋强国建设本身是庞大而复杂的系统工程，其中的海洋经济发展及科技与人才支撑、海洋政治治理及法律体系建设、海洋文化繁荣及海洋文明积累、海洋传统及非传统安全维护、海洋环境破坏及海洋生态修复等已经与国家"五位一体"总体布局形成对应，更为海洋经济、海洋治理、海洋文化、海洋安全、海洋生态文明的分学科研究的学科跨越与融合提供了指导。

总之，习近平新时代中国特色社会主义思想指引下的我国海洋强国建设研究思路调整，是历史选择和现实应对的必然出路，是我国海洋强国建设对多学科融合研究的重大需求，是推动中国特色海洋发展研究国际化，开展与国际传统海洋发展观念交流与碰撞的重大机遇和责任。新时代海洋强国建设问题研究呼唤整体思维创新和学科群融合，需要为我国新时代海洋强国建设实践，进而为我国的整体建设事业提供有力支撑。

"渤海绿色高质发展十年行动计划"建构*

王诗成　刘曙光　杨红生**

【摘要】渤海是我国唯一内海，是新时代国土空间绿色与高质量发展的有机整体。渤海综合整治收效明显但是问题犹存，生物生态退化趋势尚未得到根本遏制。因此，需要以习近平生态文明思想和海洋命运共同体理念为指导，以《"联合国海洋科学促进可持续发展十年（2021~2030 年）"实施计划》为重要契机，制定我国"渤海绿色高质发展十年行动计划"，明确"洁净渤海""生态渤海""低碳渤海"和"高质渤海"建设任务，启动科技、生态、产业与管理等渤海重大专项，树立全球海洋可持续发展的中国样板。

【关键词】渤海　绿色高质发展　十年行动计划

海洋生态系统健康与安全关系全人类健康福祉（王福涛等，2021）。渤

＊ 本文发表于《中国科学院院刊》2022 年第 6 期。本文受国家社会科学基金（18VSJ067）和中国工程科技发展战略山东研究院重大委托课题（202002SDZD02）资助。本文系研究阐释党的十九大精神国家社科基金专项课题"新时代中国特色社会主义思想指引下的海洋强国建设方略研究"（18VSJ067）阶段性成果。

＊＊ 王诗成，著名海洋专家，山东半岛蓝色经济区咨询专家，国家海洋功能区划专家，中国海洋发展研究中心研究员，研究方向：海洋经济、海洋管理、生态保护。刘曙光，1966 年出生，男，博士，中国海洋大学经济学院、经济发展研究院教授，博士生导师。杨红生，1964 年出生，男，博士，中国科学院海洋研究所研究员、教授、博士生导师。

海是我国唯一内海，渤海海域及环渤海地区是我国国土空间规划体系亟待统筹协调的重要组成部分（樊杰，2020）；渤海持续发展战略牵动京津冀协同发展、东北振兴，以及黄河流域生态保护和高质量发展等一系列重大区域战略的协调推进（樊杰、周侃和陈东，2016）。环渤海陆源输入、围填海工程、长期过度捕捞等胁迫因子导致渤海海洋生态系统严重退化（宋德彬等，2017）。

渤海综合治理成效对外关乎我国海洋治理国际形象，对内涉及国家区域协调发展和陆海统筹发展战略布局的顺利推进。为此，本文通过解读渤海可持续发展的国际国内背景和剖析渤海生态环境问题的根源，从国家区域整体发展与布局高度提出渤海实现绿色和高质量发展的设想，并初步建议制定"渤海绿色高质发展十年行动计划"（以下简称"渤海十年行动计划"），旨在引起政府决策者和社会公众对于我国内海发展命运的重视，为我国海洋强国建设和参与全球层次海洋命运共同体建设提供一定决策支持。

一、"渤海十年行动计划"提出依据论证

（一）渤海应成为海洋命运共同体建设中国样板

渤海肩负着国家陆海协调统筹发展重任。2019 年 4 月，习近平总书记提出海洋命运共同体理念，体现共谋海洋和平发展和共建海洋生态文明的深刻内涵。渤海是首都海洋门户，其绿色高质发展关乎新时代国家发展形象。蓝海与陆域是国家区域协调发展的有机统一体（魏后凯、年猛和李玏，2020），渤海与黄河共同见证中华民族顺应自然和治理环境的壮阔历程，渤海治理关乎国家陆海统筹高质量发展的整体格局。

渤海承载海洋命运共同体建设承诺。渤海联通高度复杂敏感的东北亚海域，属于西北太平洋大海洋生态系统重要组成部分，是《"联合国海洋科学

促进可持续发展十年（2021～2030年）"实施计划》（以下简称"海洋十年"计划）重点关注海域之一（Winther et al. , 2020），渤海绿色高质发展不仅是我国响应"海洋十年"计划的重要举措，更是我国推进海洋命运共同体建设的重大实践。

（二）渤海应成为新时代区域高质量发展典范

渤海在国土空间格局中地位重要。渤海是我国唯一内海，面积达7.7万平方千米；环渤海地区包括北京、天津两大直辖市及河北、辽宁、山东、山西和内蒙古中部地区，陆域面积达112万平方千米，总人口2.6亿。[①] 作为国家国土空间规划统筹布局内在组成的海域空间单元，近海应融入国土空间顶层规划布局体系（李彦平、刘大海和罗添，2021），实现与东北振兴、京津冀协同发展、黄河流域生态保护和高质量发展等发展战略对接。

渤海面临向高质量转型发展考验。2018年3月，习近平总书记在参加十三届全国人大一次会议山东代表团审议时强调，海洋是高质量发展战略要地。要尽快建设世界一流的海洋港口、完善的现代海洋产业体系、绿色可持续的海洋生态环境，为海洋强国建设作出贡献。[②] 渤海湾区港口群升级、海洋产业转型、海洋生态环境治理任务艰巨，渤海绿色高质发展战略实施将加快国家陆海统筹发展进程。

（三）渤海生态文明建设面临严峻挑战

渤海生态环境现状总体不容乐观。国家有关部门协同环渤海地区政府长期致力于渤海环境治理，渤海环境质量和生态系统功能得到有效改善和恢复。

---

① 中国政府网. 环渤海地区合作发展纲要. （2015 - 10 - 24）［2022 - 03 - 24］. https：//www. gov. cn/foot/site1/20151024/84371445667586814. pdf.

② 新华社. 习近平 李克强 王沪宁 赵乐际 韩正分别参加全国人大会议一些代表团审议. （2018 - 03 - 09）［2022 - 03 - 18］. http：//jhsjk. people. cn/article/29857100.

但由于缺乏有效海洋综合治理模式，加上长期人类活动和近期全球气候变化深刻影响，渤海海水质量、生态系统健康、油气区环境、渔业水域环境等主要指标基本低于全国平均水平；[①] 海洋荒漠化和海水富营养化问题依然突出，赤潮、水母等生态灾害频发，海洋生物多样性和渔业资源持续下降态势没有得到根本改善（刘旭东等，2021），渤海重要生物产卵场、索饵场、洄游通道面临严重退化窘境。例如，中国对虾产量从 20 世纪 70 年代的 4 万吨减至 2021 年的 0.3 万吨。

渤海综合治理体系与能力亟待加强。渤海海域依然面临陆域污染输送跨区分管问题，以蓬莱 19 - 3 油田溢油事故为代表的海洋溢油事故时有发生（童砚滨、邓增安和姜晓铁，2020）；环渤海围海填海工程及其海洋生态破坏后续影响依然严重（侯西勇等，2018），海洋装备和海洋工程导致的腐蚀与生物污损问题日益突出（于俊峰等，2020；Wu et al.，2020）；海洋产业发展和海洋环境治理缺乏有效规划导引和矛盾冲突协调机制（曹洪军和谢云飞，2021）；渤海环境治理科技投入相对分散（李华、高强和吴梵，2017），渤海智能监测和科技协作网络尚未形成（郭建科、丁奕丹和秦娅风，2021）；渤海重大灾害应对及气候变化适应体系尚未真正建立（张学珍、郑景云和郝志新，2020），渤海沉积型污染因水体交换能力低下而难以得到根治（王诗成，2006）。

二、"渤海十年行动计划"主要内容阐释

（一）愿景与使命

以习近平生态文明思想和海洋命运共同体理念为指导，对接联合国"海

---

① 生态环境部. 2020 年中国海洋生态环境状况公报.（2021 - 05 - 26）[2022 - 03 - 34]. http：//www.mee.gov.cn/hjzl/sthjzk/jagb/.

洋十年"计划,制订"渤海十年行动计划",坚持生态优先,建设"洁净渤海""生态渤海""低碳渤海"和"高质渤海";实施渤海综合治理系列重大专项,推进渤海治理体制机制改革,编制渤海治理中长期总体规划,开展渤海治理国际合作交流,打造"渤海命运共同体",树立全球海洋可持续发展的中国样板。

(二)目标与任务

(1)"洁净渤海"建设。①渤海环境评估与监测网建设。厘清渤海水交换过程与能力,恢复过去50年渤海环境演变过程,估算未来100年渤海环境演变态势。②渤海环境协同治理体系建设。建立陆海统筹及沿海近邻省份渤海污染治理协同机制,查明渤海污染源头,明确陆域与海域污染责任主体,分阶段消除污染源,实现渤海环境整体优化。③渤海环境净化示范工程。精确计算渤海纳污容量及其随时间演化过程,从陆海统筹管理角度控制陆源污染排放,实施渤海"洁净海洋"示范工程。④联合国"海洋十年"计划环境治理渤海示范工程。开展海洋科学区域治理,纳入联合国海洋环境治理示范工程体系。

(2)"生态渤海"建设。①渤海生态安全监测与评价。将渤海生物多样性纳入生态质量综合评价指标框架,规划建设渤海重点生态功能区、生物多样性保护优先区域、自然保护地等重要生态空间;建设生态质量监测综合站和检测样地样带,实现生态系统格局、生物多样性等多维度协同监测,遏制生物多样性丧失和生态系统退化趋势。②渤海生态系统保护能力建设。勘查陆域与海基污染源对渤海生态系统及生物多样性影响,研究气候变化和人类活动对渤海生态系统的改变过程及影响程度,加强渤海自然及人为动力、生态等多灾种综合预警服务,促进渤海可持续海洋观测系统和海洋数字化系统建设。③渤海生态系统保护工程。划定渤海生态保护红线,建立以国家公园为主体的自然保护地体系,实施渤海生物多样性保护重大工程,有效保护莱州湾、渤海湾、辽东湾、黄河口的迁徙鸟类及洄游水生生物种群及栖息地安全；治理外来物种对生物多样性造成的危害，建立渤海生态系统损害补偿机制与补偿标准，筑牢环渤海河口生物多样性根基。④渔业资源生态系统恢复工程。推进渤海十年禁渔和限额捕捞行动，建立渔业资源生态系统恢复评估体系和健康管理体系，完善渔业资源生态系统监测，建立渔业资源损失补偿机制。

（3）"低碳渤海"建设。①渤海蓝碳检测调查评估试点基地建设。参与全国蓝碳储量和年埋藏速率监测评估工作，选择合适区域建设渤海蓝碳检测调查评估试点基地，建立渤海蓝碳生态系统监测评估业务体系，参与制定国家蓝碳相关调查评估标准。②渤海滨海湿地生态系统蓝碳基地建设。系统保护和合理规划布局渤海近岸海藻床、滨海柽柳林基地和海湾盐沼等滨海湿地生态系统，优化莱州湾滨海盐田、渤海湾滨海盐田、辽东湾滨海盐田等部分废弃盐田生态系统，推进莱州湾柽柳林保护区、黄河三角洲湿地、滦河口湿地、辽河口湿地等碳汇湿地协同建设。③渤海渔业碳汇与微生物碳泵试点建设。构建全域型碳汇海洋牧场，实现海洋牧场与海上风电、波浪能发电等融合发展，推进渤海生态渔业碳汇的国家级基地建设试点，论证开展渤海水生微生物碳泵基地建设试点。④渤海海洋蓝色碳汇交易市场建设。融入国家统一碳交易市场，探索海洋碳汇交易渤海模式，统筹规划和建设渤海蓝色碳汇示范基地，参与海洋碳汇核算技术和方法学研究与制定，探索海洋碳汇发展投融资路径，争取国家蓝碳项目渤海交易试点。

（4）"高质渤海"建设。①渤海湾区陆海产业转型协同规划。对接京津冀协同发展规划、东北振兴规划、黄河流域生态保护与高质量发展规划等重大区域产业转型发展规划，规划推进环渤海产业和海洋产业同步与协同转型，强化陆海产业循环经济综合体建设，优化环渤海港口群空间组织，支持国家经济双循环战略。②渤海新能源产业集群培育工程。规划建设渤海风电、光伏、海水氢能、波浪能、潮汐能等海洋新能源产业集群，研究推进渤海海洋设施透水工程，畅通渤海海洋近岸环流，探索海洋生物新能源与蓝色碳汇产业。③渤海设施与装备防腐工程。研究渤海海洋腐蚀与生物污损规律，研发长效防腐防污技术及新材料，开展海洋腐蚀技术工程应用示范，推动渤海环境治理相关基础设施和关键装备防腐安全。④渤海绿色高质渔业建设工程。启动中国对虾等渤海重要生物产卵场、索饵场、洄游通道恢复工程，构建河口型和海湾型超大海洋生态牧场，推进黄河三角洲渔光互补、渔旅融合工程。

三、"渤海十年行动计划"重大专项设置

（一）渤海环境治理科技专项

设立国家渤海高质量发展科技创新专项基金；整合环渤海海洋科技研发力量，推动洁净、生态渤海基础研究与科研调研；开展海洋生物多样性与湿地恢复与治理实验；推进海洋富营养化及典型生态灾害治理模式构建；加快渤海水体交换动力专项可行性研究；开展胶莱人工海河建设水动力前期专项研究。

（二）滨海湿地生态修复专项

加强辽东湾、渤海湾、莱州湾河口产卵场温盐度变化监测，制订黄河定期向渤海排水的预备方案；查明河口湿地生物多样性特征，提出保护策略；科学评估河口湿地环境与生物承载力，系统规划保护与持续利用空间布局，构建滩涂生态农牧场，大力发展滨海咸水生态农业。

（三）渤海资源开发管控专项

建立渤海实行严格休渔和配额捕捞制度执行与监控网络，协同做好休渔期渔民转产与生态保护再就业；建立健全立体化渤海石油开采与运输监控体系，控制渤海石油开采现有规模，开展渤海海底地质断裂带油井实行实时监

控，做好地震封闭油井防范预案，试点渤海油井转型与海底碳封存结合工程。

（四）渤海低碳与碳汇产业专项

融入国家"双碳"目标，开展低碳及蓝碳技术在渤海产业化应用；推进海上新能源、环渤海生态湿地旅游等低碳产业发展；开展海草床、盐沼、水生生物固碳和碳汇渔业试点工程，研究海洋藻类固碳与高附加值产品开发结合模式。

（五）渤海现代化生态牧场专项

开展生态海洋牧场规划布局与生物承载力评估，研发精准海洋牧场生物功能群构建技术，研制智能海洋牧场生态安全保障设施，创新"海洋牧场+"多产业融合模式；协同黄河下游生态补水和三角洲光伏工程，重建中国对虾等渤海重要海珍品种群培育基地。

（六）渤海海岛生态文明建设专项

总结山东长岛海洋生态文明建设案例，推进海岛植被、"海底森林"修复、海水淡化及节水等海山岛立体生态系统建设试点；探索智能化养殖渔场建设模式，开展渤海无人岛屿海洋能、光伏和风能、电解海水制氢等新能源集成开发试点，适时开展海岛生态文明建设在联合国"海洋十年"计划框架内的示范与推广。

四、"渤海十年行动计划"措施对策建议

（1）强化渤海治理行动计划组织领导。将渤海综合治理工作提上国家重

大决策日程，合理参考国家长江流域综合治理模式和粤港澳大湾区治理模式，整合提升现有"湾长制"及"河长制"陆海治理模式，建立渤海综合治理国家高层决策管理机构，健全国内外专家及利益相关者参与的决策咨询机构，强势推进实施"渤海十年行动计划"。

（2）编制渤海绿色高质发展总体规划。融入国土空间总体规划及环渤海相关国家重大区域发展战略规划实施进程，借鉴国际区域海综合治理过程规划与管理经验，编制《渤海绿色高质发展中长期总体规划》，为"渤海十年行动"提供实施依据。

（3）开展渤海综合治理国际合作。对接《"联合国海洋科学促进可持续发展十年（2021～2030年）"实施计划》议程，加强与全球区域性海洋治理组织机构交流合作，推广中国海洋治理经验，为全球海洋命运共同体建设作出贡献。

（4）强化渤海治理制度建设与社会监督。推进渤海治理海域发展与保护相关法律立法工作，适当借鉴日本濑户内海治理特别法设立经验，探讨渤海治理有效法律体系建设机制，健全渤海治理与协同发展的社会参与及舆论监督体系。

参 考 文 献

［1］曹洪军和谢云飞（2021）. 渤海海洋生态安全屏障构建问题研究. 中国海洋大学学报（社会科学版），（1）：21 - 31.

［2］樊杰（2020）. 我国"十四五"时期高质量发展的国土空间治理与区域经济布局. 中国科学院院刊，（7）：796 - 805.

［3］樊杰，周侃和陈东（2016）. 环渤海－京津冀－首都（圈）空间格局的合理组织. 中国科学院院刊，（1）：70 - 79.

［4］郭建科，丁奕丹和秦娅风（2021）. 中国海洋科研合作网络的空间联系. 热带地理，（3）：584 - 595.

［5］侯西勇等（2018）. 渤海围填海发展趋势，环境与生态影响及政策建议. 生态学

报，(9)：3311 – 3319.

[6] 李华，高强和吴梵 (2017). 我国海洋产业开发潜力评价. 中国渔业经济, (1)：82 – 89.

[7] 李彦平，刘大海和罗添 (2021). 国土空间规划中陆海统筹的内在逻辑和深化方向——基于复合系统论视角. 地理研究, (7)：1902 – 1916.

[8] 刘旭东等 (2021). 渤海山东近岸海域大型底栖动物的群落结构及多样性分析. 海洋环境科学, (6)：929 – 936.

[9] 宋德彬等 (2017). 渤海生态系统健康评价及对策研究. 海洋科学, (5)：17 – 26.

[10] 童砚滨，邓增安和姜晓轶 (2020). 溢油模型与 SSD 曲线法评估渤海溢油事件的海洋生态风险. 海洋通报, (3)：390 – 400.

[11] 王福涛等 (2021). 地球大数据支撑海洋可持续发展. 中国科学院院刊, (8)：932 – 939.

[12] 王诗成 (2006). 黄、渤海区域经济生态协调发展的新思维：建设胶莱人工海河战略工程. 海洋科学进展, (3)：280 – 284.

[13] 魏后凯，年猛和李玏 (2020). "十四五" 时期中国区域发展战略与政策. 中国工业经济, (5)：5 – 22.

[14] 于俊峰等 (2020). 渤海湾海底管道理化性能检测和腐蚀风险分析. 石油工程建设, (1)：126 – 132.

[15] 张学珍，郑景云和郝志新 (2020). 中国主要经济区的近期气候变化特征评估. 地理科学进展, (10)：1609 – 1618.

[16] Winther, J. G. et al. (2020). Integrated ocean management for a sustainable ocean economy. Nature Ecology and Evolution, 4 (11)：1451 – 1458.

[17] Wu, N. et al. (2020). Co-effects of biofouling and inorganic matters increased the density of environmental microplastics in the sediments of Bohai Bay coast. Science of the Total Environment, 717：134431.